零起点学创业系列
LINGQIDIAN XUECHUANGYE XILIE

零起点

学办肉制品加工厂

马汉军 等编著

U0230796

 化学工业出版社
·北京·

图书在版编目（CIP）数据

零起点学办肉制品加工厂/马汉军等编著.—北京：
化学工业出版社，2015.8（2020.1重印）
（零起点学创业系列）
ISBN 978-7-122-24374-4

Ⅰ．①零…　Ⅱ．①马…　Ⅲ．①肉类加工厂-基本
知识　Ⅳ．①TS251.5

中国版本图书馆 CIP 数据核字（2015）第 136148 号

责任编辑：邵桂林　　　　　　　　　装帧设计：刘丽华
责任校对：宋　玮

出版发行：化学工业出版社（北京市东城区青年湖南街 13 号　邮政编码 100011）
印　　装：北京虎彩文化传播有限公司
850mm×1168mm　1/32　印张 8　字数 234 千字
2020 年 1 月北京第 1 版第 3 次印刷

购书咨询：010-64518888　　　　　　售后服务：010-64518899
网　　址：http://www.cip.com.cn
凡购买本书，如有缺损质量问题，本社销售中心负责调换。

定　　价：29.00 元

前 言

近年来，肉制品加工厂因其投资灵活、效益稳定以及具有发展潜力等特点成为人们创业致富的一个好途径。但经营管理知识和加工技术等方面的欠缺制约了许多有志人士的创业步伐和前行速度。而且目前市场上有关这方面的书籍较少。所以，我们编写了本书。本书注重系统性、实用性和可操作性。我国人口基数大，想创业的人员众多，因此本图书的出版发行应具有较广阔的市场前景。

本书对肉制品厂的选址原则、设备选择、各种香肠火腿、罐头、酱卤食品生产技术和配方加工技术、质量安全及管理等全方位进行了系统介绍，为广大有志创办肉制品厂的人士提供技术支持和指导，具有较强的实用性和可操作性。

本书由河南科技学院马汉军、高海燕、余小领、宋照军编著。在编写过程中参考了相关文献，吸收了其所长，在此对原作者表示感谢，同时本书出版也得到化学工业出版社的大力帮助和支持，在此致以最诚挚的谢意。

由于作者水平有限，不当之处在所难免，敬请读者批评指正。

编著者

2015 年 6 月

目录

第二章　肉品原辅料

第四章 香肠火腿加工工艺与配方

第五章 肉罐头加工工艺与配方 <<<

第六章 酱卤肉制品加工工艺与配方 ◄◄◄

第七章　食品质量安全及卫生管理

第八章　冷链物流体系 〈〈〈

参考文献 ⟨⟨⟨

第一章

办厂准备

<<<<<

第一节　肉制品市场调查和必备条件

一、市场调查

市场是指肉类、水产品小食品或某种小食品的需求量。由于商品需求量是通过买方体现出来的，因此也可以说，市场是小食品的所有现实购买者和潜在购买者需求量的总和。调查本地有哪些特色传统小食品和民族小食品，当前市场有哪些小食品销售，有什么特色，有多少是本地生产，有多少是外地生产。这些小食品的销售量和销售规律。

1. 原料资源调查

原料资源很重要，充分利用企业所在地丰富的水产品和家畜家禽资源是企业的优势。由于水产品生产的集中性、季节性以及原料的易腐性给水产品加工提出了很高要求。水产品资源丰富的地方在沿海、大型江河湖泊沿岸。肉类因家禽家畜种类的饲养不同，原料资源就不相同。调查本地原料资源的种类、数量，有利于选项和将来加工生产小食品。

2. 竞争企业的调查

竞争企业的调查主要包括竞争企业的数量及分布地区；竞争企业在生产、销售、服务、技术等方面相对于本企业的优劣势；竞争企业的产品在质量、性能、用途、价格、包装、商标、交货期等方面相对于本企业产品的优劣势。

3. 消费者调查

消费者调查是对消费者或用户及其购买行为的调查。它主要包括对消费者基本情况（年龄、性别、民族、生活习惯、收入、职业、籍贯、文化程度等）的调查，消费者购买能力（收入水平、消费水平、消费结构、消费趋向、消费心理等）的调查，消费者购买动机、购买习惯的调查。

4. 政治环境调查

政治环境调查主要指国家政府颁布的有关政策、法令等，如税收政策、金融政策、外贸政策、价格政策、专利法、合同法、商标法等。

5. 经济环境调查

经济环境调查主要指国民生产总值和国民收入总值、人口总数、工资水平、自然资源状况、环保标准和交通运输条件等。应选择在有良好水质和充足水源的地方，水质必须符合国家饮用水标准；能源（电力、煤炭、天然气）供应充足；应选择在靠近公路、码头等交通方便的地方，保证原料的及时运入和产品的运出；以保证企业正常生产和职工生活的需要。

二、食品质量安全市场准入制度

食品必须符合国家法律、行政法规和国家标准、行业标准的质量安全规定，满足保障身体健康、生命安全的要求，不存在危及健康和安全的不合理的危险，不得超出有毒有害物质限量要求。国家制定了《中华人民共和国食品卫生法》、《食品生产加工企业质量安全监督管理实施细则（试行）》。实行食品质量安全市场准入制度。

从事食品生产加工的企业，必须具备保证食品质量安全必备的生产条件（简称"必备条件"），按规定程序获取工业产品生产许可证（简称食品生产许可证），所生产加工的食品必须经检验合格并加印（贴）食品质量安全市场准入标志后，方可出厂销售。

按照《食品生产加工企业质量安全监督管理实施细则（试行）》的有关规定，凡是在我国境内从事已纳入食品质量安全市场准入制度管理范围内的食品生产企业、法人或者其他组织，只要其全部或部分产品在国内销售，都必需单独申请一个《食品生产许可证》。

食品质量安全市场准入制度的核心内容首先是食品生产加工企业必须具备保证产品质量的必备条件，获得食品质量安全生产许可证后，方可生产加工食品。《食品生产许可证》有效期一般为 3 年。

企业未取得食品生产许可证的，不得生产。未经检验合格、未加印（贴）食品质量安全市场准入标志的食品，不得出厂销售。

食品质量安全市场准入标志即食品生产许可证标志，属于质量标志，以"质量安全"的英文 Quality safety 缩写"Qs"表示，其式样由国家质检总局统一制定（简称 Qs 标志）。实施食品质量安全市场准入制度的食品，出厂前必须在其包装或者标识上加印（贴）QS 标志。没有 QS 标志的，不得出厂销售。乡镇及乡镇以上政府所在地以及街道、社区所辖区域在集中交易市场以外有食品经营项目的销售门店，不得销售应当取得而未取得"QS"认证的食品。肉类、水产品小食品实行"QS"认证的有水产制品和肉类制品。

三、食品质量安全市场准入程序

食品生产经营企业必须先取得卫生行政部门发放的卫生许可证方可向工商行政管理部门申请登记。食品生产加工企业获得营业执照后，应当单独申请食品生产许可证，其经营范围应当覆盖申请取证产品。

食品生产加工企业按照地域管辖原则，在规定的时间内向所在地的省级或者市（地）级质量技术监督部门提出办理食品生产许可证的申请。

食品生产加工企业按照下列程序申请获得食品生产许可证。

① 食品生产加工企业按照地域管辖和分级管理的原则，到所在地的市（地）级以上质量技术监督部门提出办理食品生产许可证的申请。

② 企业填写申请书，准备相关材料，然后报所在地的质量技术监督部门；在准备申报材料的过程中需要注意申报材料的完整性、准确性和有效性。所谓完整性是指规定的材料均需提供，并能表明企业具备《实施细则》规定的基本条件；所谓准确性是指申报材料的填写内容应准确，企业名称、法人及地址与营业执照一致，生产工艺流程图中标注的关键设备和参数与《企业主要设备、设施一览表》中所列

设备的情况一致；所谓有效性是指企业提供的相关材料应合法有效，如食品卫生许可证、营业执照、组织代码证、注册商标应在有效期内，企业所执行的标准应合法。

③ 接到质量技术监督部门通知后，领取《食品生产许可证受理通知书》。

④ 企业接受受理的质量技术监督部门组织的审核组的书面材料审查、现场审查和发证检验；接受审查组对企业必备条件和出厂检验能力的现场审查。

⑤ 现场审查和产品发证检验合格的企业上报国家技术监督局批准、备案，即可获得《食品生产许可证》及其副本。

四、食品生产加工企业必备条件

1. 质量管理职责

（1）组织领导

① 企业领导中至少有一人全面负责企业的质量工作。

② 企业应设置相应的质量管理机构或人员，负责质量管理体系的建立、实施和保持工作。

（2）质量目标企业应制定明确的质量目标，并贯彻实施。

（3）管理职责

① 企业应制定各有关部门质量职责、权限的管理制度。

② 企业应当制定不合格管理办法，对企业出现的各种不合格及时进行纠正或采取纠正措施。

2. 企业场所要求

（1）厂区要求

① 企业厂区周围应无有害气体、烟尘、粉尘、放射性物质及其他扩散性污染源。

② 企业厂区应当清洁、平整、无积水；厂区的道路应用水泥、沥青或砖石等硬质材料铺成。

③ 企业生活区、生产区应当相互隔离；生产区内不得饲养家禽、家畜；坑式厕所应距生产区 25m 以外。

④ 厂区内垃圾应密闭式存放，并远离生产区，排污沟渠也应为密闭式，厂区内不得散发出异味，不得有各种杂物堆放。

（2）车间要求

① 生产车间或生产场地应当清洁卫生；应有防蝇、防鼠、防虫等措施和洗手、更衣等设施；生产过程中使用的或产生的各种有害物质应当合理置放与处理。

② 生产车间的高度应符合有关要求；车间地面应用无毒、防滑的硬质材料铺设，无裂缝，排水状况良好；墙壁一般应当使用浅色无毒材料涂覆；房顶应无灰尘；位于洗手、更衣设施外的厕所应为水冲式。

③ 生产车间的温度、湿度、空气洁净度应满足不同食品的生产加工要求。

④ 企业的生产工艺布局应当合理，各工序应减少迂回往返，避免交叉污染。

⑤ 生产车间内光线充足，照度应满足生产加工要求。工作台、敞开式生产线及裸露食品与原料上方的照明设备应有防护装备。

（3）库房要求

① 企业的库房应当整洁，地面平滑无裂缝，有良好的防潮、防火、防鼠、防虫、防尘等设施。库房内的温度、湿度应符合原辅材料、成品及其他物品的存放要求。

② 库房内存放的物品应保存良好，一般应离地、离墙存放，并按先进先出的原则出入库。原辅材料、成品（半成品）及包装材料库房内不得存放有毒、有害及易燃、易爆等物品。

3. 生产资源提供

（1）生产设备

① 企业必须具有审查细则中规定的必备的生产设备，企业生产设备的性能和精度应满足食品生产加工的要求。

② 直接接触食品及原料的设备、工具和容器，必须用无毒、无害、无异味的材料制成，与食品的接触面应边角圆滑、无焊疤和裂缝。

③ 食品生产设施、设备、工具和容器等应加强维护保养，及时进行清洗、消毒。

（2）人员要求

① 企业负责人应了解生产者的产品质量责任和义务，以及食品

质量安全知识。

②企业质量管理人员应具有一定的质量管理知识及相关的食品生产知识。

③企业的技术人员应掌握食品生产专业技术知识和食品质量安全知识。

④企业生产加工人员能掌握相关技术文件（作业指导书等），并能正确熟练操作设备。食品生产加工人员必须身体健康，无传染性疾病，穿戴工作衣帽进入生产车间，不在车间里吃饭，不佩戴首饰、饰品等进行生产操作。

（3）技术标准

①企业应具备和执行审查细则中规定的现行有效的国家标准、行业标准及地方标准。

②明示的企业标准应符合国家标准、行业标准的要求，并经当地标准化主管部门备案。

（4）工艺文件企业应具备生产过程中所需的各种工艺规程、作业指导书等工艺文件。企业的各种工艺文件应经过正式批准，并应科学、合理。产品配方中使用食品添加剂规范、合理。

（5）文件管理　企业应制定文件管理制度。并有部门或专（兼）职人员负责企业的文件管理，以保证使用部门随时获得文件的有效版本。

4. 采购质量控制

（1）采购制度　企业应制定原辅材料及包装材料的采购管理制度。企业如有外协加工或委托服务项目，也应制定相应的采购管理办法（制度）。

（2）采购文件　企业应制定主要原辅材料、包装材料的采购文件，如采购计划、采购清单或采购合同等，并根据标准的采购文件进行采购。应具有主要原辅材料产品标准。

（3）采购验证　企业应当采购符合规定的原辅材料、包装材料，并对采购的原辅材料、包装材料以及外协加工品进行检验或验证，并应有相应的记录。食品标签标识应当符合相关规定。

5. 过程质量管理

（1）过程管理

① 企业应制定生产过程质量管理制度及相应的考核办法。

② 企业职工应严格按工艺规程、作业指导书等工艺文件进行生产操作。

（2）质量控制　　企业应根据食品质量安全要求确定生产过程中的关键质量控制点，制定关键质量控制点的操作控制程序或作业指导书，切实实施质量控制，并有相应的记录。

（3）产品防护

① 在食品生产加工过程中应有效地防止食品污染、损坏或变质。

② 在食品原料、半成品及成品运输过程中应有效地防止食品污染、损坏或变质。有冷藏、冷冻要求的，企业必须满足冷链运输要求。

6. 产品质量检查

（1）检验设备　　企业应具备审查细则中规定的必备的出厂检验设备，出厂检验设备的性能、准确度应能达到规定的要求，实验室布局合理。

（2）检验管理

① 企业应具有独立行使权力的质量检验机构或专（兼）职质量检验人员，并具有相应检验资格和能力。

② 企业应制订产品质量检验制度以及检测设备管理制度。有相关的检验方法标准。企业的检测设备应在检定或校准的有效期内使用。

③ 企业应制定检验项目检验计划。有检验能力的企业，应按规定自行检验检验项目。无检验项目检验能力的企业，应当定期委托有资质的检验机构进行委托检验。

（3）过程检验　　企业在生产过程中应按规定开展产品质量检验工作，并做好各项检验记录。

（4）出厂检验

① 企业应严格按产品标准及有关规定对出厂食品进行检验，并出具产品质量检验报告。

② 检验不合格的食品应按有关规定进行处理，检验不合格的食品不得以合格食品出厂。

第二节　肉制品加工厂要求

一、肉制品加工厂一般准则

（1）工厂建筑物、设备、工具用具和其他机械设施，包括供汽、供水及排水系统必需经常保持良好状态。

（2）进厂的原料、辅料必须符合国家卫生、质量标准，肉及副产品必须有兽医检疫检验证明。调味料、香辛料、发色剂、黏稠剂、着色剂等必须品质纯正，符合国家卫生标准和食品添加剂卫生管理办法规定。

（3）各工序必需严格遵守操作规程，操作人员不能随意调换工作岗位，各工序的容器、车辆及工具用具要专用，严防工序间交叉污染。

（4）必须防止操作人员对加工产品的污染，操作人员需穿着干净的工作服、发帽，养成工作前、便后洗手消毒，不穿工作服、靴鞋去公共场所的习惯，在操作中随时保持手和工具的清洁。

（5）加工中用水应符合国家饮用水卫生标准，非饮用水产生的蒸汽也不能用于蒸煮肉制品。

（6）生产加工人员不得将有碍食品卫生的危险品及私人物品带入车间，不要戴戒指。

（7）管理人员及参观人员需符合卫生要求后才能进入车间。

二、原料肉处理

用于投放市场或作为加工原料的胴体大分割、去骨、整形称为原料处理。

原料处理在卫生管理方面是极为重要的工序。这是因为在进行胴体分割时，都离不开与手的接触，这样就很有可能受到细菌的高浓度污染。原料的卫生情况好坏，可对成品肉的质量影响很大。原料处理中应注意的问题和卫生管理要点如下。

1. 使用合格的原料肉

原料肉是否已受到细菌污染，或者是否受到农药、化学药品、抗生物质的污染，仅凭肉眼是很难判定的。因此，应选择使用未受污染的、未变质的及鲜度好的、经兽医卫生检验合格的原料肉。严防调进和使用腐败和其他不符合卫生要求的原料。

2. 原料搬入冷藏库及库内保管期间的卫生要求

原料搬入冷藏库时经常会出现与人手接触的情况，但为了避免此时受到污染，最好不用手搬运，而尽可能利用机械完成。另外，搬运车和冷藏库最好为密闭式，以减少与外部空气接触的机会。

冷藏库需保持清洁，库内温度和湿度要稳定，原料肉受冷要充分，尤其应注意不要将热肉搬入库内。

3. 解冻时的卫生要求

即使是冻结的原料肉，细菌也不会完全被杀死，只要温度条件适合，细菌仍然会增殖。因此，在解冻时也必须进行卫生管理。解冻的方法很多，解冻的装置也不少，但使用最多的还是自来水解冻。用自来水解冻时，应注意不要反复使用已不干净的水，最好使用喷淋水等流动水。装过冻结肉的纸箱、薄膜包装材料等应马上处理，不要使其对室内产生污染。

4. 原料冷藏间和修割间要邻近，修割间和加工间要远离

原料肉非常容易受到细菌的污染，要避免已经被污染的原料肉再对其他肉制品产生污染。因此，容易受到污染的原料肉冷藏间和修割间应设在同一场所或相互邻近。而加工间应绝对避免细菌的污染，所以要稍微远离修割间。

5. 机械、器具要专物专用

处理原料所使用的机械、器具类必须专物专用，不得再用作其他。如需作它用时，必须先进行清洗、消毒，养成保持其清洁的习惯。如果小型卡车和搬运车需要出入原料冷藏库和修割间，则应该在室内出入口设置装有清洗杀菌液的设施，车辆出入室内时需从杀菌液中通过。另外，原料修割人员不得进入肉制品加工间。

6. 修割间要经常保持低温

修割间应尽可能地保持低温，以防止细菌的增殖。但另一方面还应该充分考虑到温度对操作人员身体的影响，不可把温度定得过低。

夏季如果打开窗户处理原料肉，会使外界空气等进入室内，从而降低原料肉的鲜度，同时也对卫生管理不利。解决的方法是尽可能地保持室内稳定的低温。

7. 分割、整形、去筋膜工序的卫生要求

在进行分割、整形、去筋膜等处理时，会增加细菌污染的机会，对肉的品质产生很大影响。所以，在修割肉期间要经常保持清洁卫生。原料肉应存放在干净的专用容器（或车辆、池内），原料肉不得与地面直接接触。修割时要除净毛、烂疮、污物和三腺（甲状腺、肾上腺、淋巴腺）。同时修割过程中要保持地面整洁，修整好的原料和下脚料须分别放在专用容器内，落地原料和下脚料及时拣起，清洗干净。

操作台最好按畜种实行专用。如果需要处理其他畜肉，应在使用前先进行操作台的清洗和消毒。掉在地上的肉屑等混入肉中会使制品发生变绿现象，所以要及时做废弃处理。工具、用具、操作台长时间连续使用，最终也会变成细菌的污染源，不但工具、用具变得不好使用，还会产生危害。因此，应减少人手与原料肉的接触机会，尽可能使用手套。在每天生产结束后，工具、容器、设备要彻底清洗，将肉屑、脂肪屑等清除干净。

三、腌制

在加工肉制品时，腌制工序是必不可少的。有效地对腌制工序实施卫生管理是很重要的，腌制的目的是提高肉制品的保存性，增强风味和保水性，保持肉制品特有的颜色（红色）等。但是，如果缺乏正确的管理，操作时不讲究卫生，在腌制过程中就会产生肉的变败。也就是说，肉在腌制中有异物附着或者盐水注射器的污染，会使肉败坏，产生恶臭，发生褐色。腌制过程中应注意的问题和卫生管理要求如下。

1. 防止中毒性细菌和其他有害细菌侵入肉中

进行原料处理和盐腌时要讲究卫生，把腌制肉的污染控制在最小限度。另外，还要充分注意由盐水注射器和注射液产生的污染。注射器的针头、肉传送带、盐水循环装置等都很容易使肉发生污染。

2. 使用卫生的腌制剂和机械

腌制剂可以说基本上是无菌的，但在配制腌制液时也应加强卫生管理。另外，机械类和腌制容器虽是耐腐蚀、无毒无害的不锈钢或塑

料制成，但每使用一次都要进行清洗，并且注意冷藏库中的管理。

3. 腌制间要保持清洁、控制温度

腌制间和冷藏库要保持清洁及适当的温度。腌制间一般控制在 0～4℃（也可用 2～6℃），相对湿度为 80％。由于在腌制过程中肉还处于生鲜状态，如果受到污染，就会加快肉的腐败，同时还会对腌制液产生不良影响。因此，卫生管理和温度管理是非常重要的。因为进入腌制间的肉是生肉，它可形成相当大的污染源，所以保持清洁是最为重要的。腌肉容器摆放要合理，不得直接接触地面，每次用完后必须刷洗干净，腌制间的结构应便于对腌制槽、地面和墙壁的冲洗。

4. 腌肉应选用新鲜、干净、无异味的鲜肉、冷却肉或鲜冻肉

腌肉用盐和发色剂要符合国家有关规定数量投入到原料肉中，并搅拌均匀。腌肉入库后放在适当的位置，明显标出每批肉进库日期、重量、用途，并按工艺规定的腌渍时间顺序出库。

5. 对操作人员的要求

操作人员进出腌制间应随手关门，防止跑冷，稳定库温，库房内要经常保持整洁。

四、细切、混合、充填

腌制好的肉即可转入细切、混合、充填工序。首先将肉绞成肉馅，然后加入调味料、香辛料等进行混合、斩拌，最后灌入肠衣。这期间必须注意的是此时的原料仍然为生鲜状态，一旦原料、机械、器具受到细菌等的污染，就会形成污染源，最终导致制品整体被污染。在此之前的工序可称为原料处理或前处理，这以后可称为加工。细切、混合、充填加工间最重要的是保持清洁，绝对避免污染。

在加工过程中，必须注意不要有细菌、霉菌、酶、寄生虫卵、鼠类和昆虫的粪便、遗骸、化学物质、尘埃、机械器具的碎片及其他异物混入。以上物质可以说随处可见，而且很容易传播，稍不注意就可能混入制品，从而危害消费者的健康。

加工中使用的机械装置和器具如果洗得不干净，肉屑和脂肪就会牢牢地黏在其表面，形成污染源，那么无论怎样保持室内墙壁、地面的清洁也等于徒劳。因此，在加工过程中，即使是相同的原料，也会由于卫生管理不好，对产品品质产生很大影响。

目前，加工用机械、器具类更趋于合理化、高效化，其特点是形体大、处理能力高，产品连续生产。但随之也带来了问题，即清洗、保管变得更为复杂，卫生管理制度也就应该制定得既可以保证其卫生的清洗保养，又要让工人能接受，不流于形式。

细切、混合、充填时需要注意的问题和卫生管理要求如下。

1. 加工间内温度需要保持 10℃ 左右

加工间的温度以 10℃ 左右为宜。然而在此温度条件下不利于操作，而且对人体健康也无益。但是，肉在此温度下，可使其保水性和结着性不受影响，并且可以抑制细菌的增殖。因此，车间内保持一定的低温，操作人员操作时穿着防寒服还是必要的。

2. 加工间结构应有耐久性，并符合卫生标准

为了防止加工间内有异物混入产品中，损害消费者健康，因此，加工间更需要使用耐久性材料，并且有利于清洗，不易产生肉屑、脂肪屑等的残留。

3. 高处理能力的机械，需要有与其相对应的容器

随着生产的发展，有些厂家需要引进高处理能力的大型机械。由于一次性的处理量增加了，如果没有相应容量的大容器，就只好将处理完的肉分装在小容器内。例如：一次性处理 200kg，处理后分装在 2 个 100kg 容量的容器内，那么在进入下一道工序时，相同的作业就要反复 2 次，这不仅降低了工效，而且还增加了细菌污染的机会。理想的方法是不使用容器，而是使用不与外界接触的连续作业式机械和器具。

4. 经常保持机械器具和地面、墙壁的清洁

机械器具和地面、墙壁等很容易产生肉屑和脂肪的附着，因此，需要经常进行清洗。尤其是机械更容易产生这些物质的积存，再加上混入灰尘和机械油，而使清洗变得更为困难。但为了防止污染，必须将机械、墙壁、地面等各个角落冲洗干净。另外，还需要加强出入口、排水沟的管理，以防鼠类和昆虫的进入。

5. 原料处理、调味、香辛料、食品添加剂及辅料室应与加工间分开

原料处理、调味、香辛料、食品添加剂及辅料室与加工间分开是为了防止原料处理阶段的污染和添加剂、辅料混入制品中，特别是为了杜绝对人体有影响的化学物质混入制品中。放入加工间的添加剂和肠衣等辅料，不应超过 1d 的使用量。

6. 出库

腌肉出库时，应检查每个容器内的腌肉卫生质量，有异味的肉不得做填充原料。

7. 动物肠衣、膀胱

动物的肠衣、膀胱用前应浸泡搓洗干净（不能用脚踩），不得有异臭味，浸泡时防止泡臭。进口人造肠衣需经当地卫生防疫部门批准后，方可使用。

8. 调味料

调味料要符合国家卫生标准。淀粉使用前应把干淀粉过筛，使用时要将淀粉水泡后过箩。葱、姜、蒜要掰开，摘皮去根，清洗干净。禽蛋在打蛋前要清洗消毒（用漂白粉水溶液的清液）。

9. 充填

充填时，操作台、地面要保持清洁，操作台上的破肠、漏馅要及时清理，收集使用。地面上的落馅要拣起，清洗后分别处理，防止泥沙、污物混入。充填好的生肠类要按灌肠类粗细分开穿竿，摆放均匀，留有适当的距离。

10. 设备清洗

每日充填前要把工具、用具、机器设备冲洗一遍，严防灰尘、杂质混入。每日生产完毕，地面、工具、用具、机器设备要彻底清洗，清洗重点应放在充填机、搅拌机、斩拌机内面和下侧等不易看到的地方，以免肉屑在这些地方附着、残留。有些器具表面水珠和油迹需要擦拭干净。

五、干燥、烟熏

在烟熏过程中，细菌数量会有所增加。这是由于干燥和烟熏对于细菌来说，低于表面温度的中心温度适合于细菌的生长；另一方面熏烟成分难于渗透到制品中心部位，形成了有利于细菌增殖的良好条件。但是这与制作条件也是有一定关系的。

过去由于大多使用明火式的烟熏炉，炉内温度差较大，熏烟浓度也不稳定，因此受热程度和熏烟成分的附着不均匀。现在的可连续进行干燥、烟熏、蒸煮、冷却的全自动烟熏炉基本解决了这一问题。这种烟熏炉可以进行肉制品的大量生产，且品质均匀，温度和烟量稳定。它与明火式烟熏不同，采用的是蒸汽式，可以保持较高温度，所以有一定的杀菌效果。因此更应该从卫生角度加强本工序的管理。干燥、烟熏过程中应注意的问题和卫生管理要点如下。

1. 充分干燥

对产品来说，干燥是非常重要的环节。如果利用全自动烟熏炉或只按一下按钮便可完成全部作业的设备，那么在进行第二批干燥时，经常会形成因大量生产而使以前的蒸汽未全部散尽的状态下，就将下一批制品送入烟熏炉内。因此，即使干燥工序加以调整，也仍然会由于烟熏炉内湿度较高而导致细菌增殖。再者，由于产品表面干燥不充分，无论怎样烟熏，熏烟成分也不能大量渗透到产品中，从而无法提高产品的保存性，大肠菌群呈阳性，加大细菌数增加的可能性。目前，烟熏装置虽然有了一定的发展，闷热的梅雨季节也能有效地进行烟熏，产品的出品率也得到了提高，但在品质和卫生上仍存在一些问题。

2. 烟熏炉（包括蒸煮间）应与加工间分开

烟熏炉和蒸煮间的烟和热气一旦进入加工间，就会影响操作人员的操作，还会因加工间气温上升，而使产品产生不良影响。因此，烟熏炉和蒸煮间从工厂布局上就应离开加工间。另外，烟熏炉和蒸煮间内需排气通畅。

烟如果进入加工间，焦油等就会附着在室内的设施和机械上，从而不利于清洗。因此，应安装风幕加以隔离。

3. 及时清洗烟熏炉

焦油和树脂等在烟熏炉内附着时间过长则难以洗净，所以每次用过后应及时清洗。清洗剂的品种很多，但清洗烟熏炉不要使用一般的中性清洗剂，而要使用配有可去除焦油和树脂成分的清洗剂。

4. 经常监视烟熏状态（即烟熏温度、烟量、时间等）

自动烟熏炉虽然只需按一下按钮便可以进行调整、控制，但这只是对一般常规量而言。在肉制品的实际烟熏操作中，有时装入烟熏炉的产品量过少或过多，这时就需要正确地调整，恰当地控制。明火式烟熏也是同样道理，需要了解和掌握产品数量与温度、烟量和时间的关系。

六、烧（蒸）煮和冷却

烧（蒸）煮具有使肉的蛋白质凝固，使肉制品产生适当的硬度，增添风味等作用。加热的另一个重要目的是杀死产品中的细菌。加热结束后，应马上使产品冷却。冷却的目的是为了提高杀菌效果。产品加热后如果就此放置，会由于冷却速度缓慢而导致芽孢杆菌增殖的温度环境持续较长时间，从而加快腐败的进程。因此，需要尽可能缩短冷却时间。快速冷却可在短时间内通过细菌增殖的环境温度带，同时还可以依靠急剧的温度变化进一步起到杀菌作用和抑制细菌增殖。烧（蒸）煮和冷却过程中应注意的问题和卫生管理要点如下。

1. 充分认识烧（蒸）煮不足会导致食物中毒

必须严格按照规定对产品进行加热，应有专人看管操作烧（蒸）煮机械和设备。

2. 产品烧（蒸）煮前需要认真检查

产品烧（蒸）煮前，操作人员有权检查半成品规格（块的大小、长短、直径粗细和重量等）、质量（颜色、气味、清洁度等）情况，不符合要求的，退回上道工序返工。

3. 正确把握各种产品的加热温度和时间

由于肉中存在的细菌数量和种类不同，因此如果以同一条件加热，残存的细菌数量也会有多有少。尤其是要充分认识到加热之前的干燥和烟熏阶段，细菌数最多。然后使用不同的加热温度和时间，将各种产品的残存细菌数控制在最小范围，并养成用中心温度计检查温度，并测定时间的习惯。

4. 容量和温度的均等化及其装置的检查

同一蒸煮炉或蒸煮间内，装入不同容量的产品，如用相同条件加热，那么达到同一中心温度所需时间必然是不一样的，所以，在装入产品之前要做到定品种、定量、定竿，摆放均匀，距离适当，防止过挤或超量，然后再设定温度和时间。

烧（蒸）煮操作人员要坚守岗位，认真观察有关控制烧（蒸）煮设备仪表显示，检查水（汽）、温度和压力，不断调整，定时翻倒炉或锅物品，使其受热均匀，保证产品煮熟煮透。

5. 用可食肉作原料

加工灌肠类肉制品时，必需达到食用安全无害。在烧（蒸）煮时，产品中心温度须达到80℃后，并持续10min，方可食用。

6. 去骨后回锅加热

带骨原料加工去骨后，必须回锅加热煮沸5～10min。落地产品应及时拣起，清洗后加热，再放到干净的产品里。

7. 使用低温流动的冷却水并保持其清洁

冷却水与加热水不同，如果使用不干净的冷却水，就有可能污染产品，并成为污染源。因此，需要经常对冷却水的成分进行检查，防止有害物质附着在产品表面，并保持水处于流动状态。但是冷却水的水温如果较高，也达不到冷却的目的。理想的冷却水水温应低于10℃。

8. 按照规定严格实施冷却

在肉制品生产旺季，经常会忽视对产品的冷却，或者不进行充分冷却就转入冷藏，而达不到冷却的目的，降低了产品的保存性。为此，必须使产品中心温度降至10℃以下才可以结束冷却，绝对不允许在产品中心温度未降到工艺规定温度前就转入冷藏。同时，冷却设备也要保持卫生清洁，避免不洁物质的污染。

9. 生产器具的清洁工作

直接接触成品的工具、用具、容器、小车等设备，生产前要严格消毒。加工酱卤类产品的工具、用具、设备在生产中要勤清洗、消毒，并保持高度清洁，防止产品熟后再被污染。

10. 生产结束后清洁工作

每天工作完毕，工具、用具、容器、设备和地面要清洗干净，设备表面的水珠、油迹须擦拭干净。

七、包装和保存

目前，食品的包装材料和包装形态得到了很大的发展，各种性质的包装薄膜应运而生，适应了肉制品的包装要求。包装方法也出现了多样化，例如，小包装或小包装的切片包装、深拉包装、充气包装、真空包装等种类繁多的包装形式。还有用于以上包装的高性能、连续式包装，从而进一步改善了包装食品的卫生状况。

现在很多工厂都设置了无菌包装室。无菌室或保持低温或经常进行加压消毒，为防止灰尘和其他污染物质的混入或使用空气清洁机或使用空气过滤器，使室内处于无菌状态。为了避免人的皮肤与产品直接接触，手上需戴手套，进入室内时要先进行工作服和长筒靴等的消毒。虽然经过真空包装，但如果操作不当或温度管理不善，仍有可能很快丧失商品价值，因此要制定严格的卫生公约，对从业人员进行深入的卫生教育，以减少产品的污染。包装过程中应注意的问题和卫生管理要点如下。

1. 包装与肉品保存性关系密切

肉制品的小型产品或切片产品，虽经包装，污染度仍然较高，所以应特别注意小型产品的污染度控制在最小范围。即使是包装的大型产品，也应尽可能逐根、逐块或抽查其结扎是否结实、严密，是否有可能受到污染，不要过分相信包装。

2. 经常保持包装机械的清洁、保持产品容器的卫生

熟悉包装机械的特征、避免发生机械故障，降低次品率、尽可能一次包装成功。认真擦拭机械、每天检查是否有油类等混入产品及机械周围有无污染源。包装过的产品需装入清洁、卫生的容器内。

3. 其他材料也要保持清洁、卫生

包装前的产品即使是卫生的，但如果被包装材料、标签及其他物品污染，也会对产品卫生产生损害。因此，用于包装的各种用具、标签、操作台等也要注意卫生，防止其对产品的污染。特别应该注意绝对不可有导致产品污染的物品进入包装室内。

4. 保存中产品的搬运、保管要讲究卫生，不要使产品产生温度差

产品的保管室可以按包装室的卫生要求进行管理。产品的搬运也要讲究卫生。对肉制品来说，如果出现温度差，就会使其保存性降低，因此需要设置双层门或风幕，尽可能地避免直接与外界空气和灰尘接触。保管室里绝对不可放入其他物品。产品包装表面，务必注明制造年、月、日后再运入保管室。

5. 贮存保管

（1）熟肉制品贮存于专用库房，并与生的腌腊制品分库保管，依据各类熟肉制品性质和耐存时间最好存放于温湿度不同的库房，防止互相影响质量。

（2）各类熟肉制品贮存的最佳温湿度不尽相同，但以通风良好、较低的温湿度为宜。

按正规生产工艺及卫生要求生产的腌腊制品、干香肠类在 20℃以下温度可以贮存数月，高档灌肠制品及西式火腿类小包装，必须从制成品直至售出冷藏于 0～5℃，否则不能保证其质量。含水量高、淀粉量多的中低档灌制品，在 0～5℃保管期也不宜超过 3d。一般周转用的成品库库温控制在 20℃以内，存放时间夏季最多为 8～15h，以成品入库再转送到消费者手中总的时间不超过 24h 为原则。

（3）熟肉制品入库之前，应在晾货间散热晾去表面水分，可减少入库后库温上升较高而致墙壁、顶板霉菌增殖。

（4）每天销售不完的剩余熟肉制品，应按当地卫生监督部门规定的不同季节贮存保管时间，凡超过规定时间的，退交生产车间回锅加热（变质产品除外），不得擅自发出。

（5）库房要保持整洁，库内不得存放退货和杂物，必须做到无尘土、无蚊蝇、无鼠害、无霉斑。

（6）每天工作完毕，工具、容器、设备要认真清洗消毒擦干。

八、添加物和辅料

生产肉制品需要使用很多添加物和辅料，如果不洁添加物和辅料加到产品中会对产品产生污染，所以添加物和辅料的卫生管理十分重要。

1. 确定购买品种和购买商店或厂家

肉制品所用添加物的品种非常多，经营添加物的厂家经常是把各种添加物混合在一起出售，特别是很多厂商极力推销的可大大提高肉制品出品率的添加物等，但作为肉制品生产企业来讲一定要慎重从事，上述作法绝不应该提倡。添加物应在不降低产品品质的范围内使用，并尽可能地限制在最小范围内，不是必须使用的不要购买。不要过分相信厂家的广告宣传。对天然的或合成的添加剂和辅料要熟悉其使用目的和作用，以及对卫生和产品质量会产生哪些有益影响。如果认为有必要使用，应该先做一次使用试验，或者委托检测部门做出适合使用的判断，然后再购入。购入添加剂和辅料应选择信誉高的商店或厂家。

2. 添加物的品质须稳定、安全

有些添加物食品卫生法规定是不得用于肉制品加工的，有些则虽允许使用，但却规定了用量，所以在使用时一定要先确认该添加物的使用方法和限定数量。有时在核实成分表时，会产生化学名称与一般名称不相符的情况，所以要加以注意。对于某些香辛料和添加物在购入时最好先进行细菌数的检查。购入添加物和辅料时还要检查容器外部有无成分表示，包装是否完整、是否受到污染等，如发现问题应及时退货。

3. 保管设施要整洁、卫生

保管场所内存放的大多是直接加入肉制品的添加物、香辛料、淀粉、肠衣等，所以在建筑结构上应能防止鼠类和昆虫的侵入，并尽可能便于温湿度控制，降低细菌和灰尘的散落率。直接用于肉制品的添加物和辅料应与标签、包装材料、纸箱等非直接用于肉制品的材料分别保管。直接用于肉制品的添加物和辅料也应根据使用目的分别放置，特别是亚硝酸盐等危险品应单独入库并加锁保管，非保管人员不得擅自进入。同时应注意，新入库的物品应往里放，形成外旧内新，使用时做到推陈出新。

4. 记录每天使用的数量

直接用于肉制品的添加物中，有的限制了使用量，有的属于危险品，不可随意使用。因此务必每天记录其使用量，这样既可以掌握库存量，也防止了过量添加。

5. 保持配料室的卫生

在配料室内调配添加物和香辛料时，经常会出现撒落现象，沉积在地面、墙壁和货架上、台案上，形成不卫生状况，所以要经常打扫、清洗，并要安装换气扇或除尘设备。

第二章

肉制品厂建设

第一节 肉品厂址选择与建筑要求

一、地址选择

肉制品加工厂的选址条件没有严格的限制，但是从城市规划和食品卫生的角度考虑厂址，除要得到城市有关部门的批准外，最好取得街道部门的同意。一般选址主要要求运输车辆调度方便，电力和水源充足，以及污物、污水容易处理。

1. 设施的卫生要求

肉制品加工厂卫生要求较高，特别是其成品加工车间，要求严密、防蝇、防尘、防污染。因此，必须从其建筑设计时即开始考虑保证产品质量的各方面及各环节的卫生条件。

2. 厂址选择

（1）肉制品加工厂应同居民区有一定的卫生防护距离，地下水位在1.5m以下，水源充足，交通方便，位于居民区的下风侧和饮水源的下游。

（2）应有排放污水的场地和承受污水流放的下水道。

（3）应不受周围环境有害气体、烟尘、灰砂及其他污染物的污染。

（4）在具备规定的卫生条件下，经卫生环保等有关部门批准，可设在居民区附近。厂址应同垃圾、明沟、坑厕等污染源保持至少50～100m的距离。

二、厂区布局

厂房、处理场、仓库、店铺等建筑物的大小、结构均应适应各自使用的目的。

加工厂必须设备齐全，并有宽敞、明亮的作业条件，流水线畅通，没有障碍。注意厂房的隔离，如原料、成品、加工场所、包装存放物、辅助设备等均应相互隔离。

地面要用耐火材料敷设，要求平坦并有一定坡度，一般要求2%以上，以便于排水。厂内不应有影响排水的障碍，并要求设有良好的排水设施。

除作为工厂主体的加工车间外，还应配有其他必要的设施。其中比较重要的是原料仓库（冷冻、冷藏库）、材料仓库、包装间及成品发货间、成品保管库、化验室、办公室、车库及车辆冲洗场等。为了美化工厂环境，可以考虑利用适当的场所和办法建造绿化。

（1）肉制品加工厂厂区应划分为生产区与生活区。厂区周围应有不低于2m高的围墙，人员和原料、成品、废弃物、垃圾等的运输车辆，应经专线专门出入厂区。

（2）生产区各车间的布局和设备应符合从原料到成品的流水作业及生产要求，有与生产相适应的工作空间，防止产品交叉污染。

（3）车间布局有利于肉品卫生检验和监督。

三、肉制品厂房建筑要求

肉制品加工厂虽然根据其生产性质，可以分成各种不同类型，但对厂房建筑的要求基本相同。

1. 结构及材料

厂房结构应为钢筋混凝土结构，建筑材料应不渗水、易清洗、耐磨和防腐蚀。为了反射光线和卫生起见，墙与天花板的表面颜色应为白色或浅色。若有可能，则使用不需用刷油漆的材料。一般不采用易吸潮和难以保持清洁的材料，如木材、塑料板、多孔吸音板和砖瓦。

2. 地面

地面必须采用耐久防水材料，为安全起见应避免过分光滑。将磨料细粒渗混在地坪的表面，可以得到良好的防滑效果。水泥地面的最后工序为用木搓板搓平。经调研，掺入一部分乳胶或合成树脂打底的水泥或水磨石地面，其防油和耐酸性优于一般地坪。全部室内地坪与墙结合的阴阳角，必须做成圆弧形，以利于清洗和消毒。

3. 墙壁

内墙墙壁必须光滑、平整，并采用不渗水材料，如瓷砖、上釉砖等。并要设有合乎卫生条件的围护装置，以防止手推车、胴体胫骨和其他硬物碰撞而破坏墙面。

4. 天花板

天花板应有足够的高度，一般不低于 3.05m。只要结构条件许可，天花板要求做得光滑、平整，设计应尽量减少不必要的突缘或缝隙，以保持天花板的洁净。

5. 窗台

窗台应做成 45°斜面，以利于卫生。为了防止碰撞，窗台高度不低于 0.91m。

6. 通道和门

产品进出的通道应有足够的宽度，一般宽度为 1.37m。通道的门必须用防锈金属或其他符合卫生要求的材料。若用木料做门，则两面都必须用防锈金属包起来，缝口应紧密结合或焊接。门框也要用防锈材料紧密地包起来，而且门要严密，以防止虫害及不洁物进入。凡昆虫有可能侵入的窗、门和一切敞开的通道口，必须安装能防止昆虫和鼠类入侵的有效装置（金属网、风幕、封条等）。

7. 木器

凡室内暴露的木器都必须涂有符合卫生要求的涂层，或用热亚麻仁油处理及木蜡处理。

8. 楼梯

肉食产品车间的楼梯应采用不渗水材料，做成整体的踏阶和踏面，扶手应是整块封闭式的，扶手和踏面的材料应相同。

9. 照明

凡不宜采用自然照明或自然照明不足的地方，要求有光照均匀、光质良好的人工照明。

10. 设备

设备要符合国家规定，并经有关部门确定允许使用的设备。永久性设备的安装必须离地坪有足够的距离，以便清洗和检查。不便提高的设备要与地面隔开，防止水渗入。

11. 其他

厂房建筑还要考虑设有足够的卫生设施，如洗手池、消毒池、更衣室、厕所、浴室等。为了不使外来参观的人员进入车间，应考虑在车间的侧面开辟参观走廊，与车间隔开。

四、厂区环境卫生设施

1. 厂区环境卫生设施

（1）厂区道路、场地、地面平坦无积水，主要通道和场地无暴露土地，应有清洗用的供水系统和排水设施。

（2）生产区和生活区的建筑物周围、道路两侧，都应进行绿化，绿地分布和绿荫能起到美化环境，净化空气的作用。

（3）生产、生活用锅炉必须装置有效的消烟除尘设备。烟尘、污水排放必需达到国家环保法规的排放标准。

（4）应在远离车间的适当地点设置废弃物、垃圾、粪肥堆放的专用场所和无害处理设施，并及时处理清运出厂。

（5）厂区室外厕所应设有冲水、洗手、防蝇设施。

2. 生产车间建设卫生要求

地面应能防渗水、防滑、防腐蚀，易清洗消毒，有适当的排水坡度及符合卫生要求的废水排放系统，地面不能积水。墙壁应防水，防潮，防霉，易清洗消毒，墙裙应砌 2m 以上的白色或淡色瓷砖及其他防水材料。

顶角、墙角、地角应成弧形，天花板应能防霉，防止灰尘聚积和冷凝水，并易于清扫。门窗应采用密闭、不变形的防水材料制成，车辆出入门应设有效的防蝇、防虫装置，肉制品加工车间的电梯应原料与成品分开专用，以防交叉污染。

3. 生产车间卫生设施

（1）车间与外界相通的门口均应设适合车辆和工人靴鞋消毒的消毒池。车间进出口处及加工适当地点应设足够消毒设施。

（2）应有充足的生产用水，水的卫生标准应符合国家饮用水卫生标准。

（3）污水、废汽净化系统应经常检查维修，污水、废汽排放应符合环保法规标准。

（4）生产车间的生产用电和照明用电系统的输电线路应安置在预埋层内，最好不设拉线开关。

（5）生产车间应有充足的自然和人工采光，照明灯具的光泽应不影响被加工物的本色，分布与亮度要满足各工序加工操作人员工作需要，并装有安全防护装置，以防灯具破损污染食品。

（6）车间应有良好的通风装置，特别是产生蒸汽的工序车间，要防止水汽凝结和不良气味的聚集，成品库及小包装车间应安装空调设备，同时个别生产工序根据需要也要安装空调设备。

（7）更衣室、女工卫生间、厕所等设施必须与车间的人数相适应。更衣室有个人专用衣柜，地面采用便于清洗消毒材料构成。墙裙应砌白瓷砖，这些场所应照明充足，通风良好，有防蝇、防虫设施。

（8）车间洗手设备应设有不用手开关的冷热水、清洁剂，还应有干手器或擦手巾。

（9）生产车间可配备调温高压冲洗机，便于车间内环境及设备的清洗（50℃温水）和消毒。国外熟肉制品加工车间消毒工具、容器及环境所用热水温度为82～83℃。

（10）生产加工车间各工序均应根据需要设废弃物的临时贮存专用容器或车辆，避免污染场地、设备和产品。

（11）生产车间的设备、工具、容器应采用无毒塑料制成，不要使用竹木制品。使用前需用82～83℃热水冲洗消毒。

4. 操作人员卫生健康要求

（1）肉制品生产加工的操作人员，应定期进行卫生知识方面的教育，新工人必须经过岗前培训。

（2）凡患有急性、慢性痢疾、伤寒、传染性肝炎、活动性肺结核、化脓性或渗出性皮肤病（包括性病）及其他有碍食品卫生的疾病者，不得参加接触直接入口食品的工作，疾病痊愈后并有医院证明的，方可恢复工作。

（3）操作人员，工作中要经常保持手的清洁。熟肉制品加工人员在下列情况下必须洗手消毒，例如工作前、便后、工间休息后，手接触土壤和污物后，中途离开岗位回来后，吸烟或饮食后，要接触熟制食品和清洗消毒过的成品包装之前。

（4）操作人员不准穿着工作服帽、靴鞋、进入厕所、托儿所、医务室、食堂等公共场所。

（5）操作人员在工作时应保持良好的个人卫生，做到勤洗澡、勤换衣、勤理发、勤剪指甲、不使用化妆用品。

（6）生产场所不允许放置个人物品，工作服口袋里不准放各种金属物品，以防落入食品里。

（7）养成良好卫生习惯，不随地吐痰，在生产现场不吃食物、不吸烟。

某熟肉制品加工厂把卫生管理归纳为四勤、四经常、四分开和四消毒。简单明了，便于职工遵守。

① 个人卫生（四勤）：勤洗手、剪指甲，勤洗澡、理发，勤洗衣服、被褥，勤换工作服。

② 车间卫生（四经常）：地面经常保持干净，室内经常保持无苍蝇，工具经常保持整洁，原料经常注意清洁，不得接触地面。

③ 加工保管（四分开）：生与熟开分（人员、工具、场所），半成品与成品分开，高温肉与合格肉分开，食品与杂品分开。

④ 防止食品污染（四消毒）：上班前、便后洗手消毒，拣拿物品前洗手消毒，工具、容器洗刷消毒，污染产品回锅消毒。

第二节　肉制品加工厂厂房设计

肉制品加工厂厂房布局的设计应根据生产规模来确定厂房面积的大小，并按各种类产品的工艺流程，如原料入库和贮藏、制品工艺、保管、包装、销售、机械维修，以及和管理有关的事务研究、更衣、休息、福利设施、将来的发展等，来确定厂房布局和土建。因此，必须进行充分的可行性研究，避免盲目建厂。

厂房布局设计可分为单一品种和多品种生产两种。除了较大型的单一加工厂外，我国的肉制品加工厂大部分是多品种生产，主要为中式产品、西式火腿、灌制品等，这样可以提高原料利用率。根据不同档次原料肉来生产不同规格的肉制品，并且部分设备可通用，也提高了设备利用率。因此，无论在设备、人员安排上，还是原料选择上，有较大的灵活性，从而可以大大降低生产成本，提高经济效益。

一、单一品种肉制品加工厂布局

这种单一品种的加工厂，从进料到出成品整个流程为一个 U 字形。工序安排比较合理，辅以各种传送系统连接，可组成生产流水线，有利于单品种大批量生产。

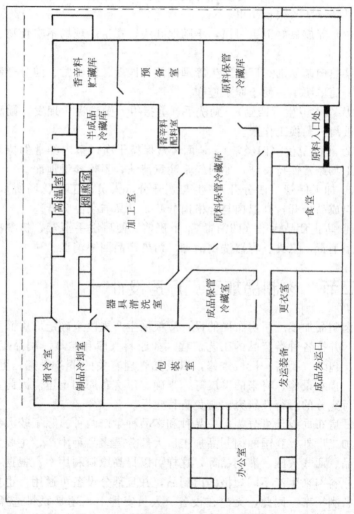

图 2-1　中等规模香肠加工厂布局设计图

在设计上还应考虑食堂、更衣室、办公室、洗刷、消毒等场所。图 2-1 所示为一个中等规模香肠加工厂布局设计图。

二、多品种肉制品加工厂布局

这种加工厂首先把来自屠宰车间的白条肉送入分割肉加工车间。原料分割后再根据不同的用途输送到各专门车间进行继续加工，其制成成品分别集中到批发中心货场。这种加工厂生产的品种虽然比较多，生产过程也比较繁琐，但整个布局设计却是一个整体。

在肉类原料分割等初加工方面，一般有如下几条作业线。

1. 火腿预制线

选择用肉部位和进行剔骨。

2. 碎肉的挑选计量线

根据肉制品的特殊需要，分肥瘦按比例和重量送往有关加工间。

3. 原料及成品输送线

由各式传送带等机械动作来完成。这样可以提高原料的利用率，大大降低生产的成本，有利于企业的经济核算。

这种肉制品加工厂生产平面示意图如图 2-2 和图 2-3 所示。

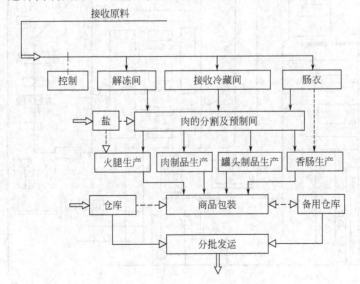

图 2-2　多品种肉制品加工厂布局图 1

三、年产1500t肉制品加工厂设计标准基本要求及投资匡算内容

1. 肉品加工厂布局

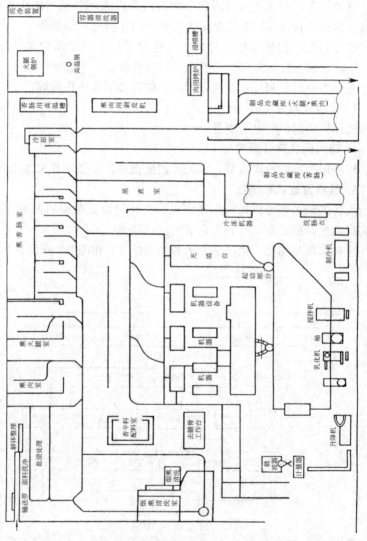

图 2-3 多品种肉制品加工厂布局图 2

2. 基本要求

设计生产能力为年产各种肉制品 1500t，每天一班生产，全年生产 300d，即班产量为 5t，其中灌肠类 3t，酱卤类 1.5t，花样品种类 0.5t，生产上述产品，每天所需主要原料为产白条肉的猪 100 头，副产品（头、蹄、心、肝、肺、肚等）500 套。

总投资额 1709745 元，其中土建 2655m²，投资 795845 元，设备投资 913900 元。劳动定员，按全员生产率每人 50kg 计，需职工 100 人。

每生产 1t 肉制品需用电 60 度，水 18t，蒸汽 2.3t，全年共消耗电 9 万度，水 2.7 万吨，蒸汽 0.345 万吨。

四、年产1500t 肉制品加工厂工艺设计及设备

1. 灌肠类

（1）西式灌肠工艺流程 如图 2-4 所示。

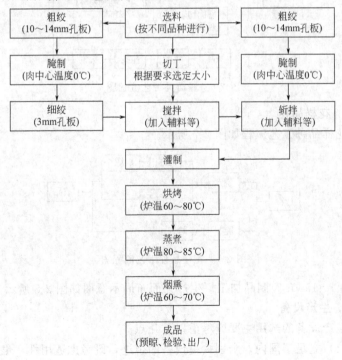

图 2-4 西式灌肠工艺流程图

（2）广式香肠工艺流程　如图 2-5 所示。

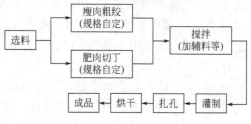

图 2-5　广式香肠工艺流程图

2. 酱卤类

酱卤类工艺流程如图 2-6 所示。

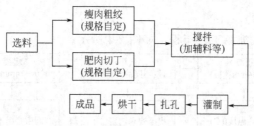

图 2-6　酱卤类工艺流程图

3. 花样品种

花样品种工艺流程如图 2-7 所示。

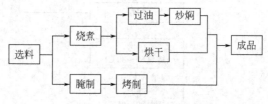

图 2-7　花样品种工艺流程图

年产 1500t 肉制品加工厂生产平面布局示意图如图 2-8 所示。

4. 生产设备

生产设备的选用主要应考虑以下几点。

（1）立足于国内，个别关键设备的引进，既考虑适用性，也考虑经济性。

建筑面积：2655m²
比　例：1：400

| 辅料库 60m² | 腌制冷却间 80m² | 原料冷却间 80m² | 压缩机房 100m² |

生产建筑 255m²
其中：
办公室25m²
化验室30m²
休息室50m²
更衣室100m²
浴室30m²
厕所20m²

肠类灌制间 400m²

剔骨备料间 200m²
副产品加工间 200m²

花样产品间 360m²
酱卤制品间 240m²

锅炉房 150m²
维修间 150m²
变电间 40m²

烤煮熏间 300m²
（包括广东香肠烘房60m²）

成品库 200m²
（包括预晾间）

小包装间 40m²

图 2-8　年产 1500t 肉制品加工厂生产平面布局示意图

（2）主要设备配置的数量除满足日常生产外，另考虑 1 台备用。

（3）工具、容器、刀具及其他一些零星小用具没作考虑，根据情况自行配备。表 2-1 所示为年产 1500t 肉制品加工厂设备配置。

表 2-1　年产 1500t 肉制品加工厂设备配置

设备名称	规格	数量	投资/元	用　途
白条肉分段机		1 台	3000	用于将肉分割、装在剔骨备料间
绞肉机	1000kg/h	2 台	8000×2＝16000	用于绞肉、剔骨备料间配一台用于粗绞，一台装在肠类灌装间
切肉丁机	200kg/h	1 台	95500	用于肥肉切丁，装在剔骨备料或肠类灌制间
劈头机	400 头/h	1 台	5000	将猪头劈开或再去骨，装在副产品整理间
清洗机	80kg/次	1 台	4000	用于清洗各种副产品，装在副产品整理间
斩拌机	盘容积 125L	2 台	50000×2＝10000	用于斩碎和搅拌肉泥，装在肠类灌制间

续表

设备名称	规格	数量	投资/元	用　　途
搅拌机	1000kg/h	2 台	6000×2＝12000	用于含肉丁肠类及其他产品原料搅拌
灌肠机	700kg/h	2 台	8000×2＝16000	用于灌制肠类，装在肠类灌制间。如有广式香肠的生产，要配叶片泵灌肠机 1 台
烤熏炉	容量 400kg/间	6 间	10000×6＝60000	用于烘烤和烟熏灌肠，装在烤、煮、熏间
双层锅	容量 200kg/个	7 个	10000×7＝70000	用于酱卤制品的煮制，装在酱卤加工间内
煮锅	容量 250kg/个	4 个	10000×4＝40000	用于煮肠、装在烤、煮、熏
真空解冻设备	2t/3h	1 台	30000	用于原料冻肉解冻，装在剔骨备料间
花样产品加工设备	—	1 套	30000	用于加工各式花色品种，装在花样产品间
原料用盘	—	500 个	15×500＝7500	用于盛装各种原料
成品用塑料箱	—	1000 个	15×1000＝15000	用于盛装各种产品
操作台案	对面 4 人操作式	18 个	2500×18＝45000	剔骨备料间配置 4 个,灌间配置 5 个,其余根据情况配置于酱卤、花样产品间
柱式提升机	140kg/次	4 台	5000×4＝20000	用于提升肉泥、肉块等，为搅拌机、灌肠机配套
各种运输小车	—	21 辆	1000×21＝21000	用于原料、半成品、成品等的运输,专车专用
原料用货架	180kg/车	60 个	750×60＝45000	用于原料的腌制
成品用货车	210kg/车	30 个	750×30＝22500	用于成品的挂晾、暂存
叉车	—	1 台	20000	用于各种重物的搬运
制冷设备	41.86 万千焦	1 套	100000	冷却间、制冷间

续表

设备名称	规格	数量	投资/元	用 途
配电设备	—	—	30000	—
高压冲洗	—	6 台	3000×6=18000	用于生产环境和设备的冲洗设备
检验仪器	—	—	20000	—
更衣淋浴设备	—	—	20000	—
锅炉	2t	2 台	60000	生产和生活用供汽
空调设备	—	—	74400	—
总计			913900	

五、年产1500t肉制品加工厂土建及其他

1. 建筑面积

建筑总面积为 $2695m^2$。其中，生产及辅助生产车间建筑面积 $2400m^2$，占 90%；生产设施建筑面积 $255m^2$，占 9.0%。

（1）原料处理部分 原料冷却间：考虑到原料进货不均匀，每天按进 150 头猪的白条肉计，并考虑副产品经整理后有一部分有时不能加工而需暂存的情况，每头猪占 $0.53m^2$，共 $80m^2$。

腌制冷却间：每天进货 5t、腌制时间为 3d，累计 15t，每吨占 $5.3m^2$，共 $80m^2$。剔骨备料间：每吨原料（按 20 头猪的白条肉计）需 $24m^2$，5t 原料需 $120m^2$，1 台真空解冻设备，1 台绞肉机占 $80m^2$，共 $200m^2$。副产品整理间。每套副产品整理需 $0.4m^2$，500 套共 $200m^2$。

（2）生产间部分 肠类灌制间：每灌制 1t 香肠需 $133m^2$，3t 共 $400m^2$。烤、煮、熏间：每烤、煮、熏 1t 香肠需 $100m^2$，3t 共 $300m^2$，其中设广式香肠烘房 $600m^2$。

酱卤制品间：每生产 1t 酱卤制品需 $160m^2$，1.5t 共 $240m^2$。

花样产品间：生产 0.5t 花样产品需 $160m^2$。

成品间：每 33.5kg 成品需 $1m^2$，5000kg 共 $150m^2$，另设产品预晾间 $50m^2$，小包装间 $40m^2$，共 $240m^2$。

（3）生活设施部分　工人休息室：每人需 0.5m^2，100 人共 50m^2。

工人更衣室：每人需 1m^2，100 人共 100m^2。

淋浴室：每人需 0.3m^2，100 人共 30m^2。

厕所：每人需 0.2m^2，100 人共 20m^2。

（4）其他建筑部分　考虑到实际需要设：压缩机房 100m^2，辅料间 60m^2，维修间 150m^2，化验室 30m^2，变电间 40m^2，办公室 25m^2，锅炉房 150m^2。

2. 土建做法要求

根据生产工艺的要求，从提高产品加工和卫生质量出发，加工间温度及土建的一些做法应满足提出的要求。

表 2-2 所示为年产 1500t 肉制品加工厂土建情况。

表 2-2　年产 1500t 肉制品加工厂土建情况

建筑名称	面积/m^2	单位面积造价/元	投资/元	室温	墙面	墙裙	屋顶	地面	备注
原料冷却间	80	373	29840	0	—	—	—	—	按冷库土建要求做,氨制冷
腌制冷却间	80	373	29840	−7					
剔骨备料间	200	313	62600	20	水泥砂浆抹面喷白塑料	2m 高白瓷砖	水泥砂浆抹面喷白塑料	水磨石	双层窗空调设备
副产品整理间	200	313	62600	20	水泥砂浆抹面喷白塑料	2m 高白瓷砖	水泥砂浆抹面喷白塑料	水磨石	双层窗空调设备
肠类灌制间	400	313	125200	20	水泥砂浆抹面喷白塑料	2m 高白瓷砖	水泥砂浆抹面喷白塑料	水磨石	双层窗空调设备
花样产品间	160	313	40080	20	水泥砂浆抹面喷白塑料	2m 高白瓷砖	水泥砂浆抹面喷白塑料	水磨石	双层窗空调设备

续表

建筑名称	面积/m²	单位面积造价/元	投资/元	室温	墙面	墙裙	屋顶	地面	备注
成品间	240	313	75120	20	水泥砂浆抹面喷白塑料	2m高白瓷砖	水泥砂浆抹面喷白塑料	慢陶板加防滑楞	双层窗空调设备
酱卤制品间	240	313	75120	20	水泥砂浆抹面喷白塑料	2m高白瓷砖	水泥砂浆抹面喷白塑料	慢陶板加防滑楞	机械通风排汽,屋顶气筒式自然通风
烤熏煮间	300	313	93900	20	水泥砂浆抹面喷白塑料	2m高白瓷砖	水泥砂浆抹面喷白塑料	慢陶板加防滑楞	机械通风排汽,屋顶气筒式自然通风
压缩机间	100	313	31300	—	—	—	—	—	—
维修间	150	313	46950	—	—	—	—	—	—
变电间	40	313	12520	—	—	—	—	—	—
锅炉房	150	313	46950	—	—	—	—	—	—
辅料间	60	313	18780	—	—	—	—	—	—
化验室	30	313	9390	—	—	—	—	—	—
办公室	25	313	7825	—	—	—	—	—	—
更衣室	100	253	2530	—	—	—	—	—	—
浴室	30	253	7590	—	—	—	—	—	—
厕所	20	253	5060	—	—	—	—	—	—
休息室	50	253	12650	—	—	—	—	—	—
总计	2655	—	795845	—	—	—	—	—	—

注：包括上下水、电、采暖通风在内。

3. 生产布局

肉制品加工厂要建在卫生条件好、便于原料和成品进出的地域。各个生产间的布局，要按原料→成品的流程安排，做到原料和成品分开，生产间和辅助生产间分开，生活设施和生产建筑分开。

4. 其他

（1）污水径下水道流入全厂污水处理设施，或按当地有关部门规定处理。

（2）所建锅炉房要尽量远离生产车间以减少污染。

（3）各生产间配备人员，要根据生产品种安排。

第三章

肉品原辅料

第一节　原料肉

一、原料肉类型

原料肉不同的原料肉及原料肉组成可用于不同类型香肠的生产，使产品具有各自的特点，掌握原料肉中蛋白质、脂肪、水分、胶原蛋白、色素物质的含量以及原料肉的持水性、黏着性，对于合理选用加工条件以及进行配方设计具有很大的指导作用。

原料中的蛋白质与水分比及脂肪与瘦肉比是十分重要的参数，涉及产品的保水性、质构、色泽和乳化特点。有资料说明，最终产品的水分含量不应超过蛋白质含量的 4 倍再加上 10。充足的盐溶性蛋白质含量和溶出量，尤其是肌球蛋白的含量和溶出量对香肠均相乳化凝胶体的形成具有重要作用。通常用黏着性表示肉所具有的乳化脂肪和保持水分的能力，也泛指使瘦肉粒黏合在一起的能力。黏着性高，产品的黏弹性、切片性、质构均匀性及产品得率高。骨骼肌具有良好的黏着性，随着脂肪含量的升高，黏着性不断下降。牛骨骼肌具有很好的黏着性，头肉、颊肉和猪瘦肉及其碎肉具有中等黏着性，脂肪含量高的肉、非骨骼肌肉及一般的猪肉边角料、牛肉边角料、牛胸肉、横膈膜肌等的黏着性很低。另外，动物内脏组织虽然具有一定的营养价值，但几乎没有黏着性，在香肠加工中通常用作填充肉而酌情选用。

原料肉的预处理过程对产品质量也有影响。用僵直之前的热鲜肉加工的香肠与用成熟之后的肉加工的香肠相比，具有较高的硬度和多汁感，但包装产品的水分流失较大，产品的滋味和香味较差。利用冷冻之后的原料，尤其是用冷冻时间较长的原料加工香肠，则产品的风味差、持水性差、得率低，并且产品色泽发暗。此外，原料肉的微生物学特性不仅影响产品的卫生品质，对食用品质和营养品质也具有很大影响。

（一）猪肉类

1. 猪的经济类型

猪的品种有100多种，按其经济类型可分为脂用型、肉用型、腌卤型（加工型）三种。

（1）脂用型 这类猪的胴体脂肪含量较多。但因人们对脂肪需求的下降，其销路不好，另外，在肉类加工中，肥膘越多，肉的利用率越低，成本越高，越缺乏竞争力。这类品种猪有东北猪，新金猪和哈白猪。

（2）肉用型 肉用型猪介于脂用型猪和加工型中间，肥育期不沉积过多的脂肪，瘦肉多，肥膘少，无论是消费者、销售者或肉品加工厂都乐于选用。这类品种如丹麦长白猪、改良的约克夏猪和金华猪。

（3）加工型 这类猪与前两者相比，肥肉更少，瘦肉更多，可利用于加工肉制品的肉更多，是肉制品加工厂首选猪种。从丹麦引进的兰德瑞斯猪，其身躯长，身体匀称，臀部丰满，肥肉少，瘦肉多，用于加工的肉比例高，且生长快，繁殖率高，是一种较理想的加工型猪。

2. 我国地方猪种的类型

我国幅员辽阔，各地区农业生产条件和耕作制度的差异，以及社会经济条件的不同，为猪种的形成提供了不同条件，经过长期的选育形成了许多优良猪种。根据猪种的起源、生产性能、外形特点，结合当地的自然环境、农业生产和饲养条件，将我国的猪种大致分为以下六个类型。

（1）华北型 华北型猪分布最广，主要在淮河、秦岭以北，包含东北、华北和内蒙古自治区，以及陕西、湖北、安徽、江苏等四省的北部地区。特点是体质健壮，骨骼发达，体躯较大。一般膘不厚，但板油较多，瘦肉量大，肉味香浓，近年来，由于大型华北猪成熟慢，饲料消耗大，已逐渐趋于减少。

（2）华南型　华南型猪主要分布在云南省的西南和南部边缘广西壮族自治区，广东省的偏南大部分地区以及福建省的东南，一般体躯较短、矮、宽、圆、肥。早期生长发育快，肥育脂化早，早期易肥。肉质细致，体重 75～90kg，屠宰率平均可达 70%，肥膘 4～6cm。

（3）华中型　华中型猪分布于长江和珠江三角洲间的广大地区。体形基本与华南型猪相似，体质较疏松，背较宽，骨骼较细，体躯较华南型猪大，额部多有横纹，皮毛疏松，肉质细致，生长较快，成熟早，如浙江金华猪、广东大白花猪、湖南的宁乡猪和湖北的蓝利猪。

（4）江海型　江海型猪又称华北、华中过渡型猪，主要分布于汉水和长江中下游。外形特征介于华北、华中型之间，经济成熟，小型 6 个月可达 60kg 以上，大型可达 100kg，屠宰率达 70%左右。如太湖流域的太湖猪、浙江虹桥猪、上海的枫泾猪等均属这一类型。

（5）西南型　西南型猪主要分布在云贵高原和四川盆地。猪种体质外形基本相同，腿较粗短，额部多旋毛或横行皱纹，毛以全黑的和"大白"的较多。

（6）高原型　高原型猪主要分布于青藏高原，体型小，紧凑，四肢发达，皮较厚，毛密长，鬃毛发达而且富有弹性。

3. 几种瘦肉型猪杂交利用品种

（1）大白猪（大约克夏猪）作父本　用大白猪作父本与太湖猪进行两品种杂交。

（2）长白猪（兰德瑞斯猪）作父本　用长白猪作父本进行两品种或三品种杂交，一代杂种猪，在良好的饲养条件下，可得到较高的生长速度、较好的饲料利用率和较多的瘦肉。例如长白猪与嘉兴黑猪或东北民猪杂交，一代杂种猪肥育期日增重可达 600g 以上，胴体瘦肉率 47%～50%；长白猪与北京黑猪杂交，一代杂种猪日增重 600g 以上，胴体瘦率 50%～55%；长白猪与约×金（约克夏公猪配金华母猪杂种母猪杂交）杂种母猪杂交，其杂种猪胴体瘦肉率 58%。

（3）杜洛克猪作父本　用杜洛克猪作父本与地方猪种进行两品种杂交，一代杂种猪日增重 500～600g，胴体瘦肉率 50%左右。用杜洛克作父本与培育猪种进行两品种交或三品种杂交，其杂种猪日增重 600g 以上，胴体瘦肉率 56%～62%。例如，杜洛克与荣昌猪杂交，一代杂种猪胴体瘦肉率 50%左右；与上海白猪杂交，一代杂种猪胴体瘦肉率 60%。

（4）汉普夏猪作父本　汉普夏猪与长×本（长自公猪配本地母猪）杂种母猪杂交，其杂种猪体重在 20～90kg 阶段，饲养期需 110～116 天，日增重 600g 以上，胴体瘦肉率 50% 以上。

（5）三江白猪作父本或母本　三江白猪与哈白、苏白和大约克夏等猪正反杂交，在日增重方面均呈现杂种优势。

（6）湖北白猪作母本　用杜洛克猪、汉普夏猪、大约克夏猪、长白猪作父本，分别与湖北白母猪杂交，其一代杂种猪体重在 20～90kg 阶段，日增重分别为 611g、605g、596g、546g，每妇增重耗配合饲料分别为 3.41kg、3.45kg、3.48kg、3.42kg，胴体瘦肉率分别为 64%、63%、62%、61%。

（7）浙江中白猪作母本　以杜洛克猪作父本，浙江中白猪作母本进行杂交，其一代杂种猪 175 日龄体重达 90kg，在 20～90kg 体重阶段，平均日增重 700g，每 1kg 增重耗配合饲料 3.3kg 以上，胴体瘦肉率 61.5%。

4. 我国培育猪种

（1）新淮猪　育成于江苏省淮阴地区，主要分布在江苏省淮阳和淮河下游地区。它具有适应件强、产仔数较多、生长发育较快、杂交效果较好等特点，以青绿饲料为主，搭配少量配合饲料的饲养条件下，饲料利用率较高。

① 外貌特征　头稍长，嘴平直微凹，耳中等大小，向前下方倾垂，背腰平直，腹稍大但不下垂，臀略斜，四肢健壮，被毛除体躯末端有少里白斑外，其他均呈黑色。成年公猪体重 230～250kg，体长 150～160cm；成年母猪体重 180～190kg，体长 140～145cm。

② 生长肥育性能　从 2 月龄到 8 月龄，肥育猪日增重 490g，每千克增重消耗配合饲料 365kg、青饲料 2.47kg。肥育猪体重 90kg 时屠宰，屠宰率 71%，背膘厚 3.5cm，眼肌面积 25cm^2，腿臀占服体重 25%。胴体瘦肉率 45% 左右。

③ 繁殖性能　性成熟较早。公猪于 103 龄，体重 24kg 时即开始有性行为，母猪于 93 日龄，体重 21kg 时初次发情。初产仔数 10 头以上，成活仔数十头；3 胎以上经产母猪产仔数 13 头以上，成活仔数 11 头以上。

④ 杂交利用 在中等饲养水平下，用内江猪与新淮猪进行两品种杂交，其杂种猪 180 日龄体重达 90kg，60～180 日龄日增重 560g。用杜×二（杜洛克公猪配二花脸母猪）杂种公猪配新淮母猪，其三品种杂种猪日增重 590～700g，屠宰率 72% 以上，腿臀比例 27%。

（2）湖北白猪 湖北白猪分布于湖北省武昌、汉口一带。为适应国内市场和外贸需要于 1978 年开始培育，1986 年基本育成。

① 外貌特征 被毛白色，头稍轻直、两耳前倾稍下垂，背腰平直，体躯较长。腿臀丰满，肢蹄结实，乳头 6 对。成年公猪体重 250～300kg，母猪体重 200～250kg。

② 生长肥育性能 在良好饲养条件下，6 个月龄体重达 90kg，20～90kg 阶段日增 600～650g，饲料利用率为 3.5 以下，90kg 屠宰率为 75%。眼肌面积为 30～34cm^2，腿臀比例为 33%，胴体瘦肉率 55%～62%。

③ 繁殖性能 3 月龄小公猪体重 40 千克时出现性行为。母猪初情期在 3～3.5 月龄，4～4.5 月龄性成熟，7.5～8 个月龄适宜配种，发情周期 20 天，发情持续期为 3～5 天。初产仔猪平均 95～10.5 头、经产在 12 头以上。

④ 主要优缺点 该猪含有大白猪血统 1/2、长白猪血统 1/4、所以具有大白、长白猪品种特殊，生长发育快，省饲料，胴体品质好，瘦肉率高。其繁殖性能好于大白和大白，发情明显，不易漏配。湖北白猪是在夏季炎热地区培育而成的，具有耐热性，夏季容易饲养。

⑤ 杂交利用 用湖北白猪作母本，以杜洛克、汉普夏为父本，杂种猪 20～90kg 阶段日增重分别为 600g、605g，饲料利用效率分别为 3.41 和 3.45。胴体瘦肉率为 64% 和 63%。

（3）汉中白猪 培育于陕西省汉中地区，主要用苏白猪、巴克夏猪和汉江黑猪培育而成。现个种猪 1 万头左右，主要分布于汉中市、汉中县、南郑县和城固县等地。汉中白猪具有适应性强、生长较快、耐粗饲和胴体品质好等特点。

① 外貌特征 头中等大，面微凹，耳中等大小，向上向外伸展。背腰平直，腿臀较丰满，四肢健壮。体质结实，结构匀称，被毛全白。成年公猪体重 210～220kg，体长 145～165cm；成年母猪体重 145～190kg，体长 140～150cm。

② 生长肥育性能　体重20～90kg阶段，日增重520g，每千克增重消耗配合饲料3.6kg。体重90kg居宰，屠宰率71%～73%，胴体瘦肉率47%。

③ 繁殖性能　小公猪体重40kg左右时出现性行为，小母猪体重35～40kg时出现初情。公猪10月龄，体重100kg；母猪8月龄，体重90kg时开始配种。母猪发情周期一般为21天，发情持续期．初产母猪4～5天，经产母猪2～3天。初产仔数平均9.8头，经产仔数11.4头。

④ 杂交利用　汉中白猪与荣昌猪进行正反杂交，其杂种猪日增重610～690g，每千克增重消耗配合饲料3.12kg。体重90kg屠宰，屠宰率70%以上。用杜洛克猪作父本与汉中白猪杂交、其杂种猪日增重642g，瘦肉率55%左右。

(4) 浙江中白猪　主要分布于浙江省。

① 外貌特征　全身白色，体型中等，头颈较轻，面部平直或微凹，耳中等大小呈前倾和稍下垂，背腰较长，腹线较平直，臀部肌肉丰满。

② 生产肥育性能　190日龄体重达90kg，生长肥育期日增重520～600g，90kg屠宰时，屠宰率为73%，胴体瘦肉率为57%。

③ 繁殖性能　浙江中白猪初情期在5.5～6月龄、8月龄适于配种，初产仔猪9头，经产12头左右。

④ 主要优缺点　浙江中白猪足出长白猪、大约克和金华猪杂交培育而成，具有长白猪和大约克的某些优良特性，胴体瘦肉率高，胴体品质好。体质健壮，繁殖力高，这些又优于长白和大约克。该猪在气候炎热的浙江省培育而成，又含有本地金华猪血统，因此表现出耐高温、高湿气候环境的性能。

⑤ 杂交利用　浙江中白猪是生产瘦肉猪的优良母本，与杜洛克公猪交配，其杂交后代生长快，175日龄达90kg，体重在20～90kg阶段，平均日增重达700g，饲料利用率在1∶3.3。长大到90kg时屠宰，胴体瘦肉率为61.5%。

(5) 上海白猪　主要由大约克猪、苏白猪和太湖猪培育而成，主要分布在上海市郊。特点是生长较快，产仔较多，适应性强，胴体瘦肉率较高。

① 外貌特征　体型中等偏大，体质结实。头面平直或微凹，耳中等大小略向前倾。背宽，腹稍大，腿臀较丰满。全身被毛为白色。成年公猪体重 250kg 左右，体长 167cm 左右；母猪体重 177kg 左右，体长 150cm 左右。

② 生长肥育性能　体重 20~90kg 阶段，日增重 615.30g 左右，每千克增重消耗配合饲料 3.62kg。体重 90kg 屠宰，平均屠宰率 70%，眼肌面积 26cm^2，腿臀比例 27%，胴体瘦肉率 52.5%。

③ 繁殖性能　公猪多在 8~9 月龄，体重 100kg 以上开始配种。母猪韧情期为 6~7 月龄，发情周期 19~23 天，发情持续期 2~3 天。母猪多在 8~9 月龄配种。初产仔数 9 头左右。3 胎以上产仔数 11~13 头。

④ 杂交利用　用杜洛克猪或大约克猪作父本与上海白猪杂交，杂种猪体重 20~90kg 阶段，日增重 700~750g，每千克增重消耗配合饲料 3.1~3.5kg。杂种猪体重 90kg 屠宰胴体瘦肉率 60% 以上。

(6) 三江白猪

三江白猪是我国培育的第一个瘦肉型品种。1973 年由红兴隆农管局农科所、东北农学院等单位，在黑龙江省红兴隆农场开始育种，1983 年由农业部验收，现在主要分布在东北三江平原地区。

① 外貌特征　三江白猪全身被毛白色，头轻嘴直，耳下垂，背腰平宽，腿臀丰满，四肢结实，蹄质坚实，具有瘦肉型的体质结构，乳头 7 对，排列整齐，大小适中。成年公猪体重 250~300kg。母猪体重 200~250kg。

② 生长肥育性能　生后 6 个月龄体重达 90kg，平均日增重 500g 以上，饲料利用率为 3.5。90kg 体重屠宰，背膘厚 3.25cm，腿臀比例为 29.5%，胴体瘦肉率为 58.6%，眼肌面积为 29cm^2。

③ 繁殖性能　三江白猪性成熟早，4 月龄时开始发情，发情明显，受胎率高。极少发生繁殖疾患。初产仔猪平均 10.2 头，经产一般 13 头。

④ 主要优缺点　二江白猪是我国高寒地区培育的品种，含有东北民猪血缘，比一般猪耐寒，胴体瘦肉率高。

⑤ 杂交利用　因为三江白猪是用长白猪和东北民猪杂交后培育成的品种，所以应尽量不再与长白猪和东北民猪杂交，以免影响杂交

效果。可与苏白、哈白和大约克等猪进行正反交，效果都较好，呈现出杂种优势。以三江白猪为母本与杜洛克杂交，一代杂种日增重650g，饲料利用率为3.28。

（二）牛肉类

肉用牛主要品种黄牛，分布广，各省市自治区均有饲养，黄牛的主要产区是内蒙古自治区和西北各省，近年来山东、河南也大量引进国外牛种进行饲养。我国肉用牛品种主要有以下几种。

1. 蒙古牛

蒙古牛是我国分布较广、头数最多的品种，原产于内蒙古兴安岭的东南两麓，主要分布在内蒙古自治区，以及华北北部、东北西部和西北一代的牧区和半农牧区。比较知名的品种有如下几种。

（1）乌珠穆泌牛 该种牛产于内蒙古锡林郭勒盟东西乌珠穆泌旗，特别是乌拉盖河流域的牛最好。乌牛的特点可概述为"五短一长"，即颈短、四肢短、身体长。牛的体形方正，体质结实，肌肉丰满，肉质肥嫩。

（2）三河牛 三河牛产于内蒙古呼伦贝尔盟北部、海拉尔及三河一带，它是该地区牛种多元杂交改良而成。三河牛体型宽大，耐寒、耐粗饲，觅食能力强，生长快，出肉率高。

2. 华北型黄牛

华北型黄牛产于黄河流域的平原地区和东北部分地区，是肉用牛的主要品种，以肉质优良闻名中外。华北牛又可按不同产区和特点分为以下几种。

（1）秦川牛 秦川牛又称关中牛，主产秦岭以北、渭河流域的关中平原。秦川牛体躯高大结实，役用力强，肉用价值高。平均最大挽力，公牛398kg，母牛252kg；出肉率53.65%（代骨），净肉率45.03%。肉质细嫩，肌肉发达，前躯发育良好，公牛体重650kg。这是我国培育的优良品种之一。

（2）南阳牛 南阳牛分布在河南省西南部山区，又有山地牛和平原牛两种；按体型大小可分高脚牛、矮脚牛、短角牛三种类型。南阳牛体型高大，结构坚实，肌肉丰满，肉质良好，易于育肥；出肉率40%～45%；毛色多为黄、黄红、米黄、草白等；公牛体重750kg，母牛500kg。

（3）鲁西牛　鲁西牛原产于山东西部济宁、菏泽地区。除役用外还可以向国外出口。鲁西牛体躯高大而短，骨骼细、肌肉发达，具有肉牛的体型；皮毛以黄红色、淡黄色居多，草黄色次之，少数为黑褐色和杂色。鲁西牛耐粗饲，育肥性能好，肉质细嫩，肌纤维间脂肪沉积良好，呈美丽的大理石状。经育肥出肉率55％，净肉率45％。

3. 华南型黄牛

华南型黄牛产于长江流域以南各省，皮毛以黑色居多，黄色较少，身躯较蒙古牛、华北牛小，而且越往西越小。华南型牛以浦东脚牛为最大，各部肌肉丰满，胸部特别发达，出肉率较高。

4. 牦牛

牦牛又称藏牛，原产于西藏、青海、四川甘孜州、阿坝州和凉山州等，被誉为"高原之舟"。我国现有牦牛1230万头，占世界牦牛总数的85％。牦牛是我国高寒牧区特有的牛种，大多属原始型，基本上无人通过育肥得到育肥的牦牛。牦牛因生长在高海拔缺氧情况下，其血红蛋白比普通黄牛高出50％～100％，另外，蛋白质含量比一般牛肉高出2％～3％，脂肪含量也较一般牛肉低，加之牦牛在无污染的雪域（海拔3000～6000m）高原生长，无任何污染，牦牛肉也是一种很好的绿色食品。但牦牛肉肉质较粗，色泽暗红，给牦牛肉加工带来一定的困难。

（三）羊肉类

我国羊的品种有绵羊和山羊，绵羊多为皮、毛、肉兼用，经济价值较高，是我国羊的主要品种。1981年我国羊的总产量为18.773万只，其中绵羊为10.846万只，占总数的57.8％，余者为山羊。

绵羊的产区比较集中，主要产于西北和华北地区，新疆、内蒙古、青海、甘肃、西藏、河北六省区约占全国绵羊总头数的75％。绵羊按其类型大致可分为四种：蒙古绵羊、西藏绵羊、哈萨克羊和改良种羊，其中以蒙古绵羊最多。原产于内蒙古自治区，现在分布全国各地。蒙古绵羊一般为白色，但多数在头部和四肢有黑色，所以又叫黑头羊。公羊有角，母羊无角，尾有多量脂肪，呈圆形而下垂，又叫肥尾羊。公羊体重40～60kg，母羊25～45kg。肉质良好。

山羊多为肉皮兼用，适应性强，全国各省均有饲养。山羊有蒙古山羊、四川铜羊、沙毛山羊、青山羊。山羊主要分布在新疆、山西、河北、四川等省的山区和丘陵地带，平原农业区也有少量饲养。

（四）兔肉类

兔的品种很多，目前我国饲养量较多的肉兔品种有新西兰兔、日本大耳兔、加利福尼亚兔、青紫蓝兔等。兔肉营养丰富，每 100g 肉中含蛋白质 19.7g、脂肪 2.2g 左右，为高蛋白、低脂肪肉类，适合肥胖病人和心血管病人食用。另外，对高血压病人来说，因兔肉的胆固醇含量很少，而卵磷脂却含量较多，具有较强的抑制血小板黏聚作用，可阻止血栓的形成，保护血管壁，从而起到预防动脉硬化的作用。卵磷脂是儿童和青少年时期大脑和其他器官发育所不可缺少的营养物质。

兔肉性凉味甘。有补中益气、止渴健脾、凉血解毒之功效。常用于治疗赢弱、胃热呕吐、便血等。但脾胃虚寒者忌食。

（五）鸡肉类

养鸡业在农牧业生产中十分重要，肉用鸡生长快，饲喂的饲料少，出肉率高，占躯体重的 80% 左右，是肉制品加工重要原料。

肉用鸡的品种有山东九斤黄、江苏狼山鸡、上海浦东鸡、广东惠阳鸡、江西泰和鸡、福建禾田鸡、辽宁庄河鸡、云南武定鸡、成都黄鸡、峨眉黑鸡、兴文乌骨鸡等。从国外引进的鸡品种有白洛克鸡、罗斯鸡、澳大利亚黑鸡、新波罗鸡、洛岛红鸡、来杭鸡、星布罗鸡等。

（六）鸭肉类

鸭肉味美，营养丰富，是中国人最喜欢的肉食之一。鸭的优良品种有北京鸭、上海门鸭、绍兴麻鸭、高邮鸭、香鸭、樱桃谷鸭等。北京的北京烤鸭，南京的盐水鸭，成都的樟茶鸭、乐山的甜皮鸭、重庆白石驿板鸭都是人们乐意接受的鸭肉制品。

（七）鹅肉类

养鹅是我国农村重要的副业，也是人们获得肉类的重要来源。鹅虽不如鸭肉鲜美、细嫩，但鹅肉多且瘦，用于烤制和红烧，别有风味。香港烤仔鹅深受当地居民的欢迎，近来在国内经营这类产品的作坊也在不断增加。鹅类较有名的品种有广东狮头鹅、清远鹅，江苏太湖鹅，浙江东白鹅、灰鹅等。

二、原料肉分级

1. 猪肉的分级

猪肉的分级标准各国不一样，我国基本上按肥膘定级。使用猪肉时可分为鲜躯体肉、冻躯体肉和冻分割肉，鉴定这些肉的规格等级主要依据如下。

（1）无皮鲜、冻片猪肉等级分为三个等级　即一级（脂肪厚度1.0～2.5cm）、二级（脂肪厚度1.0～3.0cm）、三级（脂肪厚度＞3.0cm）。分级的依据是以鲜片猪肉的第六、第七肋骨中间平行至第六胸椎棘突前下方除皮后的脂肪厚度为准。一般猪肉除规定脂肪层厚度外，还有其他质量要求。

（2）部位分割冻猪肉按冻结后肉表层脂肪厚度分为三级　去骨前腿肉一级（表层脂肪最大厚度≤2.0cm）、二级（表层脂肪最大厚度2.0～2.6cm）、三级（表层脂肪最大厚度＞2.6cm）。去骨后腿肉一级（表层脂肪最大厚度≤2.0cm）、二级（表层脂肪最大厚度2.0～2.6cm）、三级（表层脂肪最大厚度＞2.6cm）。大排二级（表层脂肪最大厚度2.0～2.6cm）、三级（表层脂肪最大厚度＞2.6cm）。带骨方肉二级（表层脂肪最大厚度2.0～2.6cm）、三级（表层脂肪最大厚度＞2.6cm）。分部位分割冻猪肉除按上述脂肪层厚度鉴定等级外，还要看肉的部位。

2. 牛肉的分级

牛躯体较大，一般分割为四分体。鲜四分体牛肉是宰后牛躯体经过晾或冷却后的牛肉。冻四分体，指经过冻结工艺过程的四分体带骨牛肉。四分体质量：一级≥40kg、二级≥30kg、三级≥25kg。

（1）一级肉　肌肉发育良好，骨骼不外露，皮下脂肪由肩至臀部布满整个肉体，在大腿部位有不显著的肌膜露出，在肉的横断面上脂肪纹明显。

（2）二级肉　肌肉发育完整，除脊椎骨、髋骨、坐骨节处外，其他部位略有突出现象，皮下脂肪层在肋和大腿部有显著肌膜露出，腰部切面上肌肉间可见脂肪纹。

（3）三级肉　肌肉发育中等，脊椎骨、髋骨及坐骨结节稍有突出，由第八肋骨至臀部布满皮下脂肪，肌肉显出，颈、肩、胛、前肋部和后腿部均有面积不大的脂肪层。

（4）四级肉　肌肉发育较差，脊椎骨突出，坐骨及髋骨结节明显突出，皮下脂肪只在坐骨结节、腰部和肋骨处有不大面积。

3. 羊肉的分级

羊肉有山羊肉和绵羊肉两种。鲜冻躯体羊肉躯体质量：绵羊一级≥15kg、二级≥12kg、三级≥7kg，山羊一级≥12kg、二级≥10kg、三级≥5kg。

一级肉　肌肉发育良好，骨不突出，皮下脂肪密集地布满肉体，但肩颈部脂肪较薄，骨盆腔布满脂肪。

二级肉　肌肉发育良好，骨不突出，肩颈部稍有凸起，皮下脂肪密集地布满肉体，肩部无脂肪。

三级肉　肌肉发育尚好，只有肩部脊椎骨尖端凸起，皮下脂肪布满脊部，腰部及肋部脂肪不多，尾椎骨部及骨盆处没有脂肪。

四级肉　肌肉发育欠佳，骨骼显著突出，坐骨及髋骨结节明显突出，皮下脂肪只在坐骨结节、腰部和肋骨处有不大面积。

4. 兔肉的分级

我国家兔肉的分级，除根据肥度外，还根据重量。

（1）一级肉　肌肉发育良好，脊椎骨尖不突出，肩部和臀部有条形脂肪，肾脏周围可有少数脂肪或无脂肪，每只净重不低于1kg。

（2）二级肉　肌肉发育中等，脊椎骨尖稍突出，每只净重不低于0.5kg。

5. 鸡肉的分级

（1）一级肉　肌肉发育良好，胸骨不显著，皮下脂肪布满尾部和背部，胸部和两侧有条形脂肪。

（2）二级肉　肌肉发育完整，胸骨尖稍显，尾部有如翅上的中断条形皮下脂肪。

（3）三级肉　肌肉不甚发达，胸骨尖显露，仅尾部有如翅上的中断条形皮下脂肪。

6. 鸭肉的分级

（1）一级肉　肌肉发育良好，胸骨尖不显著，除腿和翅外，皮下脂肪布满全体，尾部脂肪显著。

（2）二级肉　肌肉发育完整，胸骨尖稍显，除腿、翅和胸部外，皮下脂肪布满全体。

（3）三级肉 肌肉不甚发达，胸骨尖露出，尾部的皮下脂肪不显著。

7. 鹅肉的分级

（1）一级肉 肌肉发育良好，胸骨尖不显著，除腿和翅外，皮下脂肪布满全体，尾部脂肪显著。

（2）二级肉 肌肉发育完整，胸骨尖稍显，除腿、翅和胸部外，皮下脂肪布满全体。

（3）三级肉 肌肉不甚发达，胸骨尖露出，尾部的皮下脂肪不显著。

三、原料肉选择

1. 选择要求

我国肉制品生产的原料主要是猪肉，其次是牛肉、羊肉、禽肉以及杂畜肉。肉制品用肉一般应符合如下基本要求。

（1）原料必须经兽医卫生检验合格，符合肉制品加工卫生要求，不新鲜的肉和腐败肉禁止使用。并要求屠宰放血良好，刮毛干净或剥皮良好，摘净内脏，除去头、蹄、尾、生殖器官，修净伤斑。用牲畜的头、蹄、内脏加工肉制品时，也必须是质量完好，合乎卫生条件。

（2）要按照产品的特点、质量标准来选择原料，同时将原料肉按蛋白质、脂肪、水分含量分成等级，以利于设计各种肉制品的配方和预测最终产品的营养成分，并根据 pH 值优选原料肉，以保证制品的风味特点和规格质量。

（3）要合理利用原料，做到既符合卫生条件和质量标准，又能充分发挥原料肉的使用价值和经济价值。

2. 各部位原料肉的合理利用

（1）大排肌肉 大排肌肉在上海一带称大排骨，北京称通脊，还有称外脊。它是猪的腰背部。脊椎骨（俗称龙骨）上面附有一条圆而长的一块通脊肉，其上覆盖着一层较厚的肥膘。这块肉不仅是猪身上质地最嫩的肉，且全系瘦肉，质量最好。这块肉还可以加工灌制品、叉烧等，其脊背脂肪可加工成肥膘丁，用于灌制品。

（2）后腿 后腿瘦肉多，肥肉和筋腱都比较少，它可加工成各种产品，是用途最广的原料，如制作西式熏腿、中式火腿、肉松、香肠、灌制品、肉干、肉脯等。

（3）前腿（夹心）　前腿肉基本上是瘦肉，但切开肉体内层，带有夹层脂肪，筋膜含量较多。因此，前腿肉和后腿肉一样，可作为各种肉制品的原料。

（4）方肉　方肉又称奶面、肋条。它是割去脊背大排骨后的一块方形肉块。这块方肉一层肥一层瘦，肥瘦相间，共有5层，俗称五花肉。中式酱汁肉、酱肉、走油肉以及西式培根等都是用方肉作为原料。

（5）奶脯　方肉下端是奶脯，没有瘦肉，肉质较差，不能作肉制品，只能熬油。

（6）颈肉　颈肉又名槽头肉。肥瘦难分，肉质差，可做肉馅原料和低档灌制品。

（7）蹄膀　前蹄膀又名前肘子，瘦肉多，皮厚，胶质重，为肴肉、扎蹄、酱肘子、走油蹄膀的原料。后蹄瘦肉多，较前蹄膀大，用途同前蹄膀。

（8）脚爪　前脚爪，爪短而肥胖，比后脚爪好；后脚爪肉少，质较差。前后脚爪都可抽去蹄筋，成为一种珍贵肉制品的原料。牛、羊肉的分档规格和用途，基本上和猪肉相同。

3. 原料肉的 pH 值及 PSE 和 DFD 肉的应用

肉会变得暗色，而且易于腐败，这种肉称为 DFD 肉。在肉制品加工中，原料肉的 pH 值起着重要的作用，它直接影响着原料肉的保水性。产品中腌制剂的含量、风味和贮藏期，产品的柔嫩性和蒸煮损失取决于保水性。而保水性取决于 pH，原料肉的 pH 在高于 5.8 时，则保水性较好。正常动物肌肉 pH 约为 7.2，宰后 24h 后肌肉 pH 可降到 5.8 或更低。如果宰后 45min 肉的 pH 低于 5.8，肉会变得多汁、苍白、风味和保水性差，这种肉称为 PSE 肉；相反，如果宰后 24h，其 pH 仍高于 6.2，肉会变成暗色，硬且易于腐败，这种肉称为 DFD 肉。在生产各类肉制品时，原料肉首先要按 pH 进行分类。同时，测定原料肉的 pH 还可以帮助我们确保原料肉质量，以便加工成高质量的肉制品。

（1）pH 值　pH 是影响原料肉及肉制品质量的重要因素，它对原料肉及肉制品的颜色、嫩度、风味、保水性和货架期都有一定的影响。pH 是衡量原料肉质量好坏的一个重要标准。然而肉制品的质量在很大程度上又取决于原料肉的质量，所以 pH 是一个影响肉制品质量的决定性因素。

在肉制品加工中，原料肉的 pH 起着重要的作用，它直接影响着原料肉的保水性。产品中腌制剂的含量、风味和贮藏期，产品的柔嫩性和蒸煮损失取决于保水性，而保水性取决于 pH，原料肉的 pH 在高于 5.8 时，则保水性较好。pH 再增加，保水性将更好。

pH 较高的缺点是将使产品中的腌制剂含量减少。因此，在生产各类肉制品时，原料肉首先要按 pH 进行分类。同时，测定原料肉的 pH 还可以帮助我们确保原料肉的质量，以加工成高质量的肉制品。

pH 的测定方法有两种：一是用 pH 试纸；二是用带玻璃电极的 pH 仪。pH 试纸中显色物质最终所呈现的颜色决定于 pH。玻璃电极是依靠测定电极与参比电极之间的电位差测定 pH 的。

在原料肉及肉制品的质量鉴定方面，pH 的测定能为我们提供很有价值的信息，如果肉与肉制品的 pH 与正常值差别很大，其质量常常存在问题，甚至于腐败。相反，如果肉与肉制品的 pH 正常，其质量会达到相应指标，并且其良好的卫生状况及应有的货架期均可得到保证。

（2）PSE 肉（苍白、软质、汁液渗出肉）　这种现象以猪肉最为常见。其识别特征是肉色苍白，质地柔软，几乎软塌，表面渗水。出现这种情况的原因是糖原消耗迅速，致使猪宰杀后肉酸度迅速提高（pH 下降）。当胴体温度超过 30℃时，就使沉积在肌原纤维蛋白上的肌浆蛋白变质，从而降低其所带电荷及保水力。因此，肉品随肌纤维的收缩而丧失水分，使肉软化。又因肌纤维收缩，大部分射到肉表面的光线就被反射回来，使肉色非常苍白，即使有肌红蛋白色素含量也不起作用。

PSE 肉在蒸煮和熏烤过程中失重迅速，致使加工产量下降。另外，PSE 肉的肌原纤维蛋白保水力低，这是因为肌原纤维蛋白被变质的肌浆蛋白所覆盖，其可溶性比正常肉中的蛋白要低。

在屠宰时，对应激敏感的猪往往会表现出 PSE 现象。这种易感性显然是有遗传性的。但如果外界环境太恶劣，所有猪都可不同程度地出现 PSE 现象。当猪受应激条件影响时，就往往消耗糖原，很快产生乳酸积存在组织中，而不像正常猪那样可通过循环系统排除。猪在宰前细心照料（休息），击晕恰当，并且宰后快速冷却以避免肌浆蛋白变质，可在一定程度上减轻 PSE 现象。

（3）DFD 肉（色深、质硬、干燥肉）　有时候肉的颜色会异常深。产生这种情况的原因是牲畜在宰杀前就已完全耗尽其能量（糖原），屠宰后就不再有正常能量可利用，使肌肉蛋白保留了大部分电荷和结合水，肌肉中含水分高使肌原纤维膨胀，从而吸收了大部分射到肉表面的光线，使肉呈现深色。

深色肉的质地"发黏"，由于 pH 较高，因而保水力较强。在腌制和蒸煮过程中水分损失也少，但盐分渗透受到限制，从而改善了微生物的生长条件，结果大大缩短了保存期。深色肉经常有未腌制色斑。牛肉和猪肉都会出现 DFD 现象。

应注意，DFD 肉切不可与成年畜肉或自然存在深色素的肉相混淆。

DFD 肉不适合生产块状膜制包装的火腿（在 2℃时、7d 之内发生腐烂）、小包装火腿（在 2℃、2～3d 之内变质）、生肠和腌制品，适合生产肉汁肠、火腿肠、烤肉和煎肉。

四、原料肉冷冻与解冻

1. 冷却肉

冷却主要用于短时间保存的肉。冷却肉无论是香味、外观和营养价值都很少变化，所以在短途运输中经常被采用。经过冷却的肉表面形成一层干膜，从而阻止微生物增长，可延长保存时间。

冷却肉加工方法是肉进库前库温应保持在 -2℃，肉进库后库温维持在 0℃左右。猪肉冷却时间为 24h，肉在冷却库内应吊挂，肉片与肉片之间应保持 3～5cm 的距离，不能互相接触，更不能堆积在一起，否则接触处常有细菌生长而发黏，并有一种陈腐气味。由于库温在 0℃左右容易生长霉菌，所以一般采用冷风机吹风，使库内保持干燥，防止霉菌滋生。冷却肉如不能及时加工利用，应移入冷藏间贮存。冷藏间温度为 -3℃（传统方法为 -1～0℃，但国外有些专家认为 -3℃优于 -1℃），相对湿度应为 85%～90%，保鲜期限最高可达 50 天（主要取决于屠宰加工的卫生情况，污染愈少的，保鲜期愈长）。

2. 冻结肉

肉的冻结方法常用的有两种：即两步冻结法和一次冻结法。

（1）两步冻结法 两步冻结法的第一步是按上述方法将鲜肉冷却，然后再进行结冻。这种方法能保持肉的冷冻质量，鲜肉经过产酸，肉质较嫩而味道鲜美，但所需冷库空间较大，结冻时间较长。目前国内各肉联厂仍然采用这种方法，因为先经过冷却，肉的深部余热已经散发出来，这样可以减少后腿骨骼附近及肥厚部分因有一定温度而发生深部肌肉酸败，同时也能保证产品的嫩度和风味。

（2）一次冻结法 一次冻结法与前者不同的是，肉在结冻前无需经过冷却，但要经过 4h 晾肉，使肉内余热略有散发，并沥去表面水分。再将肉放进结冻间，吊挂在－23℃下冻结 24h 即成。用这种方法冻结的肉，可以减少水分蒸发，减少干耗，缩短结冻时间。

但在结冻时肉尸常会收缩变形，液汁流失较多。

3. 冻肉的解冻

用作加工的原料肉，以冷却肉和鲜肉为最好。但当鲜肉不能满足时，也需利用一部分冻肉。冻肉在加工之前，先经过解冻。解冻就是冻肉中冰晶吸收热再融化的过程。解冻时肉温应徐徐上升，缓慢解冻，使溶解的组织液重新被细胞吸收，逐渐恢复至新鲜肉的原状和风味。高温解冻虽然速度较快，但溶化的组织液不能完全被细胞吸收而有所流失。解冻过程不仅外界环境、温度适合细菌生长，而且从肉中渗出的组织液含有丰富的营养成分，也为细菌提供了良好的繁殖条件。所以，解冻肉应立即加工，否则易发生腐败、变质。国内目前通用的解冻法是空气解冻法和流水浸泡解冻法。

（1）空气解冻法 将冻肉悬挂在肉架上，利用自然气候加强通风，任其自然解冻。有的加工单位设有专门的解冻间，可以调节温度、湿度和风量，并装有紫外线灯消毒。一般解冻间温度控制在12～15℃之间，相对湿度为 50%～60%。解冻时间为 15～24h，当肉的深部温度达到 0℃时即可。此法优点是解冻后肉汁流失较少，有利于保持肉的质量；缺点是解冻时间长，肉的色泽较差。

（2）流水浸泡解冻法 流水浸泡解冻法是目前各肉制品加工厂普

遍采用的解冻方法。将冻肉放入专用的泡肉池内，自来水由池底层注入，再由池面溢出。此方法所需设备简单，解冻快，用水省，成本低。但肉中可溶性营养素有所流失，且肉易被细菌污染，肉的色泽和质量均较差。但由于表面吸收水分可使总质量增加 2%～3%。

4. 冷冻肉出现异常现象及其处理

（1）发黏 发黏现象多见于冷却肉。其产生原因是由于吊挂冷却时肉尸互相接触，降温较慢，通风不好，招至明串珠菌、细球菌、无色杆菌或假单胞菌在接触处繁殖，并在肉表面形成黏液样物质，手触有黏滑感，甚至有黏丝，同时还发出一种陈腐气味。这种肉如发现较早，无腐败现象，在洗净风干后，发黏现象消失后，或者经修割后即可加工使用。

（2）异味是腐败以外污染的气味，如鱼腥味、脏器味等。如异味较轻，修割后再经煮沸试验，试验无异味者，可作为肉制品原料。

（3）哈喇味 脂肪在受高温、空气、光照、潮湿、水分、微生物等作用后，发生水解和氧化，使其色泽变黄，气味刺鼻，滋味苦涩，一般仅在表层，修净后可供食用。有时在修去发黄的表层之后，下层仍有哈喇味，遇到这种情况，应修割至不显哈喇味为止。

（4）干枯 冻肉存放过久，特别是多次反复融冻，肉中水分丧失，干枯，严重者味同嚼蜡，形如木渣，营养价值低，已不宜做肉制品原料。

（5）发霉 霉菌在表面上生长，经常形成白点或黑点。小白点是由分枝胞霉菌所引起，抹去后不留痕迹，可以使用；小黑点是由芽枝霉菌所引起，一般不易抹去，有时侵入深部。如黑点不多，可修去黑点部分，其他如青霉、曲霉、刺枝霉、毛霉等也可以在肉表面生长，形成不同色泽的霉斑。使用前都要洗刷修割干净。

（6）深层腐败 深层腐败常见于股骨部肌肉，大多数是由厌氧芽孢菌引起的，有时也发现其他细菌，一般认为这些细菌是由肠道侵入的或放血时污染的，随血液转移至骨骼附近。由于骨膜结构疏松，为细菌特别是厌氧菌的繁殖扩散提供了条件。加以腿部肌肉丰厚，散热较慢，而使细菌得以繁殖形成腐败。这种腐败由于发生在深部，检验时不易发现。因此，必须注意屠宰加工中的卫生，宰后采取迅速冷却，可以减少这种变质现象。

（7）发光　在冷库中常见肉上有磷光，这是由一些发光杆菌引起的。肉上有发光现象时一般没有腐败菌生长，一旦有腐败菌生长磷光便消失。发光的肉经卫生清除后，可供使用。

（8）变色　肉的色泽变化除一部分由于生化作用外，常常是某些细菌所分泌的水溶性或脂溶性的黄、红、紫、绿、褐、黑等色素的结果。变色肉如无腐败现象，可进行卫生清除和修割后利用。

第二节　调味品

调味料是指为了改善肉食品的风味、赋予食品特殊味感（咸、甜、酸、苦、鲜、麻、辣等）、使食品鲜美可口、增进食欲而添加食品中的天然或人工合成的物质。其主要作用是改善制品的滋味和感官性质，提高制品的质量。

一、咸味剂

咸味是许多食品的基本味。咸味调味料是以氯化钠为主要呈味物质的一类调味料的统称，又称咸味调味品。

1. 食盐

食盐素有"百味之王"的美称，其主要成分是氯化钠。纯净的食盐，色泽洁白，呈透明或半透明状；晶粒一致，表面光滑而坚硬，晶粒间缝隙较少（按加工工艺分为原盐、复制盐两种，复制盐应洁白干燥，呈细粉末状）；具有正常的咸味，无苦味、涩味，无异嗅。

食盐具有调味、防腐保鲜、提高保水性和黏着性等重要作用。但高钠盐食品会导致高血压，新型食盐代用品有待深入研究与开发。

中国肉制品的食盐用量。腌腊制品6%～10%，酱卤制品3%～5%，灌肠制品2.5%～3.5%，油炸及干制品2%～3.5%，粉肚（香肚）制品3%～4%。同时根据季节不同，夏季用盐量比春、秋、冬季要适量增加0.5%～1.0%左右，以防肉制品变质，延长保存期。

2. 酱油

酱油是我国传统的调味料，优质酱油咸味醇厚，香味浓郁。具有正常酿造酱油的色泽、气味和滋味，无不良气味。不得有酸、苦、涩等异味和霉味，不得浑浊，无沉淀，无异物，无霉花浮膜。富有营养价值、独特风味和色泽的调味品。含有十几种复杂的化合物，其成分为盐、多种氨基酸、有机酸、醇类、酯类、自然生成的色泽及水分等。

肉制品加工中选用的酿造酱油浓度不应低于 22 波美度〔波美度（°Bé）是表示溶液浓度的一种方法。把波美比重计浸入所测溶液中，得到的度数就叫波美度〕，食盐含量不超过 18％。酱油的作用如下。

（1）赋味　酱油中所含食盐能起调味与防腐作用；所含的多种氨基酸（主要是谷氨酸）能增加肉制品的鲜味。

（2）增色　添加酱油的肉制品多具有诱人的酱红色，是由酱色的着色作用和糖类与氨基酸的美拉德反应产生。

（3）增香　酱油所含的多种酯类、醇类具有特殊的酱香气味。

（4）除腥腻　酱油中少量的乙醇和乙酸等具有解除腥腻的作用。另外，在香肠等制品中酱油还有促进成熟发酵的良好作用。

3. 豆豉

豆豉（音 chǐ）是一种用黄豆或黑豆泡透蒸（煮）熟，发酵制成的食品，主要产于重庆市永川区。豆豉，是我国传统发酵豆制品。古代称豆豉为"幽菽"，也叫"嗜"，又称香豉，是以黄豆或黑豆为原料，利用毛霉、曲霉或细菌蛋白酶分解豆类蛋白质，通过加盐、干燥等方法制成的具有特殊风味的酿造品。豆豉是中国四川、江南、湖南等地区常用的调味料。

豆豉作为调味品，在肉制品加工中主要起提鲜味、增香味的作用。豆豉除做调味和食用外，医疗功用也很多。

二、鲜味剂

鲜味料是指能提高肉制品鲜美味的各种调料。鲜味物质广泛存在于各种动植物原料之中，其呈鲜味的主要成分是各种酰胺、氨基酸、有机酸盐、弱酸等的混合物。

（1）味精　味精学名谷氨酸钠。味精为无色至白色柱状结晶或结晶性粉末，具特有的鲜味。味精易溶于水，无吸湿性，对光稳定，其水溶液加温也相当稳定，但谷氨酸钠高温易分解，酸性条件下鲜味降低。是食品烹调和肉制品加工中常用的鲜味剂。在肉品加工中，一般用量为 0.02％～0.15％。除单独使用外，宜与肌苷酸钠和核糖核苷酸等核酸类鲜味剂配成复合调味料，以提高效果。

（2）肌苷酸钠 肌苷酸钠又叫 5′-肌苷酸钠，肌苷磷酸钠，肌苷酸钠是白色或无色的结晶性粉末，性质比谷氨酸钠稳定，与 L-谷氨酸钠合用对鲜味有相乘效应。肌苷酸钠鲜味是谷氨酸钠的 10～20 倍，一起使用，效果更佳。在肉中加 0.01%～0.02% 的肌苷酸钠，与之对应就要加 1/20 左右的谷氨酸钠。使用时，由于遇酶容易分解，所以添加酶活力强的物质时，应充分考虑之后再使用。

（3）鸟苷酸钠、胞苷酸钠和尿苷酸钠 这三种物质与肌苷酸钠一样是核酸关联物质，鸟苷酸钠是将酵母的核糖核酸进行酶分解制成的。胞苷酸钠和尿苷酸钠也是将酵母的核酸进行酶分解后制成的。它们都是白色或无色的结晶或结晶性粉末。其中鸟苷酸钠是蘑菇香味的，由于它的香味很强，所以使用量为谷氨酸钠的 1%～5% 就足够。

（4）鱼露 鱼露又称鱼酱油，它是以海产小鱼为原料，用盐或盐水腌渍，经长期自然发酵，取其汁液滤清后而制成的一种咸鲜味调料。鱼露颜色为橙黄和棕色，透明澄清，有香味、带有鱼膻味、无异味为上乘质量。由于鱼露是以鱼类作为生产原料，所以营养十分丰富，蛋白质含量高，其呈味成分主要是呈鲜物质肌苷酸钠、鸟苷酸钠、谷氨酸钠、琥珀酸钠等；咸味是以食盐为主。鱼露在肉制品加工中的应用主要起增味、增香及提高风味的作用。

三、甜味剂

甜味料是以蔗糖等糖类为呈味物质的一类调味料的统称，又称甜味调味品。甜味调料肉制品加工中应用的甜味料主要是食糖、蜂蜜、饴糖、红糖、冰糖、葡萄糖以及淀粉水解糖浆等。糖在肉制品加工中赋予甜味，去异味，保色，缓和咸味，增鲜，增色作用。

（1）蔗糖 蔗糖是常用的天然甜味剂，其甜度仅次于果糖。果糖、蔗糖、葡萄糖的甜度比为 4:3:2。肉制品中添加少量蔗糖可以改善产品的滋味，并能促进胶原蛋白的膨胀和疏松，使肉质松软、色调良好。蔗糖添加量在 0.5%～1.5% 左右为宜。

（2）饴糖 饴糖主要是麦芽糖（50%）、葡萄糖（20%）和糊精（30%）混合而成。饴糖味甜柔爽口，有吸湿性和黏性。肉制品加工中常用作烧烤、酱卤和油炸制品的增色剂和甜味剂。饴糖以颜色鲜明、汁稠味浓、洁净不酸为上品。宜用缸盛装，注意存放在阴凉处，防止酸化。

（3）蜂蜜　蜂蜜是花蜜中的蔗糖在蚁酸的作用下转化为葡萄糖和果糖，葡萄糖和果糖之比基本近似于1∶1。蜂蜜是一种淡黄色或红黄色的黏性半透明糖浆，温度较低时有部分结晶而显浑浊，黏稠度也加大。蜂蜜可以溶于水和酒精中，略带酸性。蜂蜜在肉制品加工中的应用主要起提高风味、增香、增色、增加光亮度及增加营养的作用。

（4）葡萄糖　葡萄糖甜度约为蔗糖的65%～75%，其甜味有凉爽之感，适合食用。葡萄糖加热后逐渐变为褐色，温度在170℃以上，则生成焦糖。葡萄糖在肉制品加工中的使用量一般为0.3%～0.5%。葡萄糖若应用于发酵香肠制品，其用量为0.5%～1.0%，因为它提供发酵细菌转化为乳酸所需要的碳源。在腌制肉中葡萄糖还有助发色和保色作用。

四、其他调味品

（1）醋　食醋是以谷类及麸皮等经过发酵酿造而成，含醋酸3.5%以上，是肉和其他食品常用的酸味料之一。醋可以促进食欲，帮助消化，亦有一定的防腐去膻腥作用。

（2）料酒　料酒是肉制品加工中广泛使用的调味料之一。有去腥增香、提味解腻、固色防腐等作用。

（3）调味肉类香精　调味肉类香精包括猪、牛、鸡、鹅、羊肉、火腿等各种肉味香精，系采用纯天然的肉类为原料，经过蛋白酶适当降解成小肽和氨基酸，加还原糖在适当的温度条件下发生美拉德反应，生成风味物质，经超临界萃取和微胶囊包埋或乳化调和等技术生产的粉状、水状、油状系列调味香精。如猪肉香精、牛肉香精等。可直接添加或混合到肉类原料中，使用方便，是日前肉类工业上常用的增香剂，尤其适用于高温肉制品和风味不足的西式低温肉制品。

第三节　香辛料

一、天然香辛调味料

香辛料是某些植物的果实、花、皮、蕾、叶、茎、根，它们具有辛辣和芳香风味成分。其作用是赋予产品特有的风味，抑制或矫正不良气味，增进食欲，促进消化。许多香辛料有抗菌防腐作用、抗氧化作用，同时还有特殊生理药理作用。常用的香辛料如下。

（1）大茴香　大茴香是木兰科乔木植物的果实，多数为八瓣，故又称八角，北方称大料，南方称唛头。八角果实含精油 2.5%～5%，其中以茴香脑为主（80%～85%）。有独特浓烈的香气，性温微甜。鲜果绿色，成熟果为深紫色，暗而无光，干燥果为棕红色，并具有光泽。八角是酱卤肉制品必用的香料，有压腥去膻，增加肉的香味和防腐的作用。

（2）小茴香　小茴香别名茴香、香丝菜，为伞形科小茴香属茴香的成熟果实，含精油 3%～4%，主要成分为茴香脑和茴香醇，占50%～60%。茴香为多年生草本，全株表面有粉霜，具有强烈香气。果为卵状，长圆形，长 4～8mm，具有 5 棱，有特异香气，全国各地普遍栽培。秋季采摘成熟果实，除去杂质，晒干。

小茴香在肉制品加工中是常用的香料，以粒大、饱满、色黄绿、鲜亮、无梗、无杂质为上品。是肉制品加工中常用的调香料，有增香调味、防腐除膻的作用。

（3）花椒　花椒为芸香科植物花椒的果实。花椒果皮含辛辣挥发油及花椒油香烃等，主要成分为柠檬烯、香茅醇、萜烯、丁香酚等，辣味主要是山椒素。在肉品加工中，整粒多供腌制肉制品及酱卤汁用；粉末多用于调味和配制五香粉。使用量一般为 0.2%～0.3%。花椒不仅能赋予制品适宜的辛辣味，而且还有杀菌、抑菌等作用。

（4）肉蔻　豆蔻别名圆豆蔻、白豆蔻、紫蔻、十开蔻，为姜科豆蔻属植物白豆蔻的种子。肉蔻由肉豆蔻科植物肉蔻果肉干燥而成。肉蔻含精油 5%～15%。皮和仁有特殊浓烈芳香气，味辛略带甜、苦味。豆蔻不仅有增香去腥的调味功能，亦有一定抗氧化作用。可用整粒或粉末，肉品加工中常用作卤汁、五香粉等调香料。

（5）桂皮　桂皮系樟科植物肉桂的树皮及茎部表皮经干燥而成。桂皮含精油 1%～2.5%，主要成分为桂醛，约占 80%～95%，另有甲基丁香酚、桂醇等。桂皮用作肉类烹饪用调味料，亦是卤汁、五香粉的主要原料之一，能使制品具有良好的香辛味，而且还具有重要的药用价值。

（6）砂仁 砂仁是热带和亚热带姜科植物的果实或种子，是中医常用的一味芳香性药材。目前药用的砂仁的基源主要有三种：第一种是主要产于中国广东省的春砂；第二种是中国海南的壳砂；第三种叫缩砂密，主产于东南亚国家。其中，春砂（果实）入药的疗效比较显著，品质也比较好，在国际药材市场上享有比较高的声誉。中医认为，砂仁主要作用于人体的胃、肾和脾，能够行气调味，和胃醒脾。砂仁常与厚朴、枳实、陈皮等配合，治疗胸脘胀满、腹胀食少等病症。

砂仁为姜科多年生草本植物的果实，一般除去黑果皮（不去果皮的叫苏砂）。砂仁含香精油 3%～4%，主要成分为龙脑、右旋樟脑、乙酸龙脑酯、芳梓醇等。具有樟脑油的芳香味。砂仁在肉制品加工中去异味，增加香味，使肉味鲜美可口。含有砂仁的制品，食之清香爽口，风味别致。

（7）草果 草果又称草果仁、草果子。味辛辣，具特异香气，微苦。草果为姜科多年生草本植物的果实，含有精油、苯酮等，味辛辣。可用整粒或粉末。在肉制品加工中具有增香、调味作用。

（8）丁香 丁香为桃金娘科植物丁香干燥花蕾及果实，丁香富含挥发香精油，具有特殊的浓烈香味，兼有桂皮香味。丁香是肉品加工中常用的香料，对提高制品风味具有显著的效果，但丁香对亚硝酸盐有分解作用。在使用时应加以注意。

（9）月桂叶 又名桂叶、香桂叶、香叶、天竺桂。月桂叶系樟科常绿乔木月桂树的叶子，含精油 1%～3%，主要成分为桉叶素，约占 40%～50%，此外，还有丁香酚等。有近似玉树油的清香香气，略有樟脑味，与食物共煮后香味浓郁。肉制品加工中常用作矫味剂、香料，用于原汁肉类罐头、卤汁、肉类、鱼类调味等。

（10）鼠尾草 鼠尾草又叫山艾，系唇形科多年生宿根草本鼠尾草的叶子，约含精油 2.5%，其特殊香味主要成分为侧柏酮，此外有龙脑、鼠尾草素等。主要用于肉类制品，亦可作色拉调味料。

（11）胡椒 胡椒是多年生藤本胡椒科植物的果实，有黑胡椒、白胡椒两种。胡椒的辛辣味成分主要是胡椒碱、佳味碱和少量的嘧啶。胡椒性辛温，味辣香，具有令人舒适的辛辣芳香，兼有除腥臭、防腐和抗氧化作用。在我国传统的香肠、酱卤、罐头及西式肉制品中广泛应用。

（12）葱　葱别名大葱、葱白。为百合科葱属植物的鳞、茎及叶。常用作调味料，具有一定的辛辣味，鳞、茎长圆柱形，肉质鳞叶白色，叶圆柱形中空，含少量黏液。全国各地均有栽培，洗净去根鲜用。

在肉制品中添加葱，有增加香味，解除腥膻味，促进食欲，并有开胃消食以及杀菌发汗的功能。广泛用于酱制、红烧类产品，特别是生产酱肉制品时，更是必不可少的调料。

（13）洋葱　洋葱又名葱头、玉葱、胡葱，为百合科 2 年生草本植物。叶似大葱，浓绿色，管状长形，中空，叶鞘不断肥厚，即成鳞片，最后形成肥大的球状鳞茎。鳞茎呈圆球形、扁球形或其他形状即葱头。其味辛、辣、温，味强烈。洋葱皮色有红皮、黄皮和白皮之别。洋葱以鳞片肥厚、抱合紧密、没糖心、不抽芽、不变色、不冻者为佳。洋葱有独特的辛辣味，在肉制品中主要用来调味、增香，促进食欲等。

（14）蒜　蒜为百合科多年生宿根草本植物大蒜的鳞茎，其主要成分是蒜素，即挥发性的二烯丙基硫化物，如丙基二硫化丙烯、二硫化二丙烯等。因其有强烈的刺激气味和特殊的蒜辣味，以及较强的杀菌能力，故有压腥去膻、增加肉制品蒜香味及刺激胃液分泌、促进食欲和杀菌的功效。

（15）姜　姜属姜科多年生草本植物，主要利用地下膨大的根茎部。姜具有独特强烈的姜辣味和爽快风味。其辣味及芳香成分主要是姜油酮、姜烯酚和姜辣素及柠檬醛、姜醇等。具有去腥调味、促进食欲、开胃驱寒和减腻与解毒的功效。在肉品加工中常用于酱卤、红烧罐头等的调香料。

（16）陈皮　陈皮为柑橘在 10～11 月份成熟时采收剥下果皮晒干所得。中国栽培的柑橘品种甚多，其果皮均可做调味香料用。陈皮在肉制品生产中用于酱卤制品，可增加复合香味。

（17）孜然　孜然又名藏茴香、安息茴香。伞形科，一年生或多年生草本，果实有黄绿色与暗褐色之分，前者色泽新鲜，子粒饱满，具有独特的薄荷、水果状香味，还带有适口的苦味，咀嚼时有收敛作用。果实干燥后加工成粉末可用于肉制品的解腥。

（18）百里香　百里香别名麝香草，俗称山胡椒。干草为绿褐色，有独特的叶臭和麻舌样口味，带甜味，芳香强烈。夏季枝叶茂盛时采收，洗净，剪去根部，切段，晒干。将茎直接干制或再加工成粉状，用水蒸气蒸馏可得 $1\%\sim2\%$ 精炼油。全草含挥发油 0.15%。挥发油中主要成分为香芹酚，有压腥去膻的作用。

（19）檀香　檀香别名白檀、白檀木，为檀香科檀香属植物檀香的干燥心材。成品为长短不一的木层或碎块，表面黄棕色或淡黄橙色，质致密而坚重。檀香具有强烈的特异香气，且持久，味微苦。肉制品酱卤类加工中用作增加复合香味自香料。

（20）甘草　甘草别名甜草根、红苷草、粉草。为豆科甘草属植物甘草的根状茎及根。根状茎粗壮味甜，圆柱形，外皮红棕色或暗棕色。秋季采摘，除去残茎，按粗细分别晒干，以外皮紫褐紧密细致、质坚实而重者为上品。甘草中含 $6\%\sim14\%$ 草甜素（即甘草酸）及少量甘草苷，被视为矫味剂。甘草在肉制占中常用作甜味剂。

（21）玫瑰　玫瑰为蔷薇科蔷薇属植物玫瑰的花蕾。以花朵大、瓣厚、色鲜艳、香气浓者为好。5～6 月份采摘含苞未放的花蕾晒干。花含挥发油（玫瑰油），有极佳的香气。肉制品生产中常用作香料。也可磨成粉末掺入灌肠中，如玫瑰肠。

（22）姜黄　姜黄别名黄姜、毛姜黄、黄丝郁金，为姜科黄属植物姜黄的根状茎。姜黄为多年生草本，高 1m 左右，根状茎粗短，圆柱形，分枝块状，丛聚呈指状或蛹状，芳香，断面鲜黄色，冬季或初春挖取根状茎洗净煮熟晒干或鲜时切片晒干。

姜黄中含有 0.3% 姜黄素及 $1\%\sim5\%$ 的挥发油，姜黄素为一种植物色素，可做食品着色剂，挥发油含姜黄酮，二氢姜黄酮、姜烯、桉油精等。在肉制品加工中有着色和增添香味的作用。

（23）芫荽子　芫荽子别名胡荽子、香荽子、香菜子。为伞形科芫荽属植物芫荽的果实。夏季收获，晒干。芫荽子主要用以配咖喱粉，也有用作酱卤类香料。在维也纳香肠和法兰克福香肠加工中用作调味料。

其他常用的香辛料还有白芷、山萘等。传统肉制品加工过程中常用由多种香辛料（未粉碎）组成的料包经沸水熬煮出味或同原料肉一起加热使之入味。

二、天然混合香辛料

混合香辛料是将数种香辛料混合起来，使之具有特殊的混合香气。它的代表性品种有：咖喱粉、五香粉、辣椒粉。

(1) 咖喱粉 咖喱粉是一种混合香料。主要由香味为主的香味料、辣味为主的辣味料和色调为主的色香料三部分组成。一般混合比例是：香味料40%，辣味料20%，色香料30%，其他10%。当然，具体做法并不局限于此，不断变换混合比例，可以制出各种独具风格的咖喱粉。通常是以姜黄、白胡椒、芫荽子、小茴香、桂皮、姜片、辣根、八角、花椒、芹菜子等配制研磨成粉状，称为咖喱粉。颜色为黄色，味香辣。肉制品中的咖喱牛肉干、咖喱肉片、咖喱鸡等即以此做调味料。

(2) 五香粉 五香粉系由多种香辛料植物配制而成的混合香料。常用于中国菜，用茴香、花椒、肉桂、丁香、陈皮五种原料混合制成，有很好的香味。其配方因地区不同而有所不同。

① 配方1 花椒18%，桂皮43%，小茴香8%，陈皮6%，干姜5%，大茴香20%配成。

② 配方2 花椒、八角、茴香、桂皮各等量磨成粉配成。

③ 配方3 阳春砂仁100g，去皮草果75g，八角50g，花椒50g，肉桂50g，广陈皮150g，白豆蔻50g，除豆蔻砂仁外，均炒后磨粉混合而成。

(3) 辣椒粉 辣椒粉，主要成分是辣椒，另混有茴香、大蒜等，红色颗粒状，具有特殊的辛辣味和芳香味。七味辣椒粉是一种日本风味的独特混合香辛料，由七种香辛料混合而成。它能增进食欲，帮助消化，是家庭辣味调味的佳品。下面是七味辣椒粉的两个配方。

① 配方1 辣椒50g，麻子3g，山椒15g，芥籽3g，陈皮13g，油菜籽3g，芝麻5g。

② 配方2 辣椒50g，芥籽3g，山椒15g，油菜籽3g，陈皮1g，绿紫菜2g，芝麻5g，紫苏子2g，麻子4g。

现代化肉制品则多用已配制好的混合性香料粉（五香粉、麻辣粉、咖喱粉等）直接添加到制品原料中；若混合性香料粉经过辐照，则细菌及其孢子数大大降低，制品货架寿命会大大延长；对于经注射腌制的肉块制品，需使用萃取性单一或混合液体香辛料。这种预制香辛料使用方便、卫生，是今后发展趋势。

三、提取香辛料

随着人民生活水平的不断提高，香辛料的生产和加工技术得到进一步发展。现在的香辛料已经从过去的单纯用粉末，逐渐走向提取香辛料精油、油树脂，即利用化学手段对挥发性精油成分和不挥发性精油成分进行抽提后调制而成。这样可将植物组织和其他夹杂物完全除去，既卫生又方便使用。

提取香辛料根据其性状可分为：液体香辛料、乳化香辛料和固体香辛料。

（1）液体香辛料　超临界提取的大蒜精油、生姜精油、姜油树脂、花椒精油、孜然精油、辣椒精油、大茴香精油、小茴香油树脂、丁香精油、黑胡椒精油、肉桂精油、十三香精油等产品均为提取的液体香辛料。

液体香辛料的特点是：有效成分浓度高，具有天然、纯正、持久的香气，头香好，纯度高，用量少，使用方便。

（2）乳化香辛料　乳化香辛料是把液体香辛料制成水包油型的香辛料。

（3）固体香辛料　同体香辛料是把水包油型乳液喷雾干燥后经被膜物质包埋而成的香辛料。

第四节　添加剂

添加剂是指食品在生产加工和贮藏过程中加入的少量物质。添加这些物质有助于食品品种多样化，改善其色、香、味、形，保持食品的新鲜度和质量，并满足加工工艺过程的需求。肉品加工中经常使用的添加剂有以下几种。

一、发色剂

（1）硝酸盐　硝酸盐是无色结晶或白色结晶粉末，易溶于水。将硝酸盐添加到肉制品中，硝酸盐在微生物的作用下，最终生成 NO，后者与肌红蛋白生成稳定的亚硝基肌红蛋白络合物，使肉制品呈现鲜红色，因此把硝酸盐称为发色剂。

(2) 亚硝酸钠　亚硝酸钠是白色或淡黄色结晶粉末，亚硝酸钠除了防止肉品腐败，提高保存性之外，还具有改善风味、稳定肉色的特殊功效，此功效比硝酸盐还要强，所以在腌制时与硝酸钾混合使用，能缩短腌制时间。亚硝酸盐用量要严格控制。2007年我国颁布的《食品添加剂使用卫生标准》(GB 2760—2007) 中对硝酸钠和亚硝酸钠的使用量规定使用范围如下。肉类罐头，肉制品，最大使用量：硝酸钠 0.5g/kg，亚硝酸钠 0.15g/kg。最大残留量（以亚硝酸钠计）：肉类罐头不得超过 0.05g/kg，肉制品不得超过 0.03g/kg。

二、发色助剂

肉发色过程中亚硝酸被还原生成 NO。但是 NO 的生成量与肉的还原性有很大关系。为了使之达到理想的还原状态，常使用发色助剂。

(1) 抗坏血酸、抗坏血酸钠　抗坏血酸即维生素 C，具有很强的还原作用，但是对热和重金属极不稳定，因此一般使用稳定性较高的钠盐，肉制品中的使用量为 0.02%～0.05%左右。

(2) 异抗坏血酸、异抗坏血酸钠　异抗坏血酸是抗坏血酸的异构体，其性质与抗坏血酸相似，发色、防止褪色及防止亚硝胺形成的效果，几乎相同。

(3) 烟酰胺　烟酰胺与抗坏血酸钠同时使用形成烟酰胺肌红蛋白，使肉呈红色，并有促进发色、防止褪色的作用。

三、着色剂

着色剂又称色素，可分为天然色素和人工合成色素两大类。中国允许使用的天然色素有红曲米、姜黄素、虫胶色素、红花黄色素、叶绿素铜钠盐、β-胡萝卜素、红辣椒红素、甜菜红和糖色等。实际用于肉制品生产中以红曲米最为普遍。

食用合成色素是以煤焦油中分离出来的苯胺染料为原料而制成的，故又称煤焦油色素和苯胺色素，如胭脂红、柠檬黄等。食用合成色素大多对人体有害，其毒害作用主要有三类——使人中毒、致泻、引起癌症,所以使用时应按照 GB 应该尽量少用或不用。中国卫生部门规定:凡是肉类及其加工品都不能使用食用合成色素。

(1)人工着色剂(化学合成着色剂) 人工着色剂常用的有苋菜红、胭脂红、柠檬黄、日落黄、亮蓝等。人工着色剂在使用限量范围内使用是安全的,其色泽鲜艳、稳定性好,适于调色和复配。价格低廉是其优点,但安全性仍是问题。

(2)天然着色剂 天然着色剂是从植物、微生物、动物可食部分用物理方法提取精制而成。天然着色剂的开发和应用是当今世界发展趋势,如在肉制品中应用愈来愈多的焦糖色素、红曲米、高粱红、栀子黄、姜黄色素等。天然着色剂一般价格较高,稳定性稍差,但比人工着色剂安全性高。

① 红曲米 红曲米是以大米为原料,采用红曲霉液体深层发酵工艺和特定的提取技术生产的粉状纯天然食用色素,其工业产品具有色价高、色调纯正、光热稳定性强、pH 适应范围广、水溶性好,同时具一定的保健和防腐功效。肉制品中用量为 $50\sim500\text{mg/kg}$。

② 高粱红 高粱红是以高粱壳为原料,采用生物加工和物理方法制成,有液体制品和固体粉末两种,属水溶性天然色素,对光、热稳定性好,抗氧化能力强,与天然红等水溶性天然色素调配可成紫色、橙色、黄绿色、棕色、咖啡色等多种色调。肉制品中使用量视需要而定。

③ 焦糖 焦糖又称酱色或糖色,外观是红褐色或黑褐色的液体,也有的呈固体状或粉末状。可以溶解于水以及乙醇中,但在大多数有机溶剂中不溶解。焦糖水溶液晶莹透明。溶解的焦糖有明显的焦味,但冲稀到常用水平则无味。焦糖的颜色不会因酸碱度的变化而发生变化,并且也不会因长期暴露在空气中受氧气的影响而改变颜色。焦糖在 $150\sim200\text{℃}$ 左右的高温下颜色稳定,是中国传统使用的色素之一。焦糖在肉制品加工中的应用主要是为了增色,补充色调,改善产品外观的作用。

四、防腐剂

防腐剂是对微生物具有杀灭、抑制或阻止生长作用的食品添加剂。作为肉制品中使用的防腐剂必须具备下列条件:对人体健康无害；不破坏肉制品本身的营养成分；在肉制品加工过程中本身能破坏而形成无害的分解物；不损害肉制品的色、香、味。目前《食品添加剂卫生标准》中允许在肉制品中使用的防腐剂有山梨酸及其钾盐、脱氢乙酸钠和乳酸链球菌素等。

防腐保鲜剂分化学防腐剂和天然保鲜剂，防腐保鲜剂经常与其他保鲜技术结合使用。

1. 化学防腐剂

化学防腐剂主要是各种有机酸及其盐类。肉类保鲜中使用的有机酸包括乙酸、甲酸、柠檬酸、乳酸及其钠盐、抗坏血酸、山梨酸及其钾盐、磷酸盐等。许多试验已经证明，这些酸单独或配合使用，对延长肉类货架期均有一定效果。其中使用最多的是乙酸、山梨酸及其盐、乳酸钠和磷酸盐。

（1）乙酸　1.5%的乙酸就有明显的抑菌效果。在3%范围以内，因乙酸的抑菌作用，减缓了微生物的生长，避免了霉斑引起的肉色变黑变绿。当浓度超过3%时，对肉色有不良作用，这是由酸本身造成的。如采用3%乙酸加3%抗坏血酸处理时，由于抗坏血酸的护色作用，肉色可保持很好。

（2）乳酸钠　乳酸钠的使用目前还很有限。美国农业部（USDA）规定最大使用量为4%。乳酸钠的防腐机理有两个：乳酸钠的添加可减低产品的水分活性；乳酸根离子对乳酸菌有抑制作用，从而阻止微生物的生长。目前，乳酸钠主要应用于禽肉的防腐。

（3）山梨酸钾　山梨酸钾在肉制品中的应用很广。它能与微生物酶系统中的硫基结合，破坏许多重要酶系，达到抑制微生物增殖和防腐的目的。山梨酸钾在鲜肉保鲜中可单独使用，也可和磷酸盐、乙酸结合使用。

（4）磷酸盐　磷酸盐作为品质改良剂发挥其防腐保鲜作用。磷酸盐可明显提高肉制品的保水性和黏着性，利用其螯合作用延缓制品的氧化酸败，增强防腐剂的抗菌效果。

2. 天然保鲜剂

天然保鲜剂一方面安全上有保证；另一方面更符合消费者的需要。目前国内外在这方面的研究十分活跃，天然防腐剂是今后防腐剂发展的趋势。

（1）茶多酚 主要成分是儿茶素及其衍生物，它们具有抑制氧化变质的性能。茶多酚对肉品防腐保鲜以三条途径发挥作用：抗脂质氧化、抑菌、除臭味物质。

（2）香辛料提取物 许多香辛料中如大蒜中的蒜辣素和蒜氨酸，肉豆蔻所含的肉豆蔻挥发油，肉桂中的挥发油以及丁香中的丁香油等，均具有良好的杀菌、抗菌作用。

（3）细菌素 应用细菌素如 Nisin 对肉类保鲜是一种新型的技术。Nisin 是由乳酸链球菌合成的一种多肽抗生素，为窄谱抗菌剂。它只能杀死革兰氏阳性菌，对酵母、霉菌和革兰氏阴性菌无作用，Nisin 可有效阻止肉毒杆菌的芽孢萌发。它在保鲜中的重要价值在于它针对的细菌是食品。

五、保水剂

磷酸盐 已普遍地应用于肉制品中，以改善肉的保水性能。国家规定可用于肉制品的磷酸盐有三种：焦磷酸钠、三聚磷酸钠和六偏磷酸钠。它可以增加肉的保水性能，改善成品的鲜嫩度和黏结性，并提高出品率。

（1）焦磷酸钠 焦磷酸钠（1％水溶液 pH 为 10）为无色或白色结晶，溶于水，水中溶解度为 11％，因水温升高而增加溶解度。能与金属离子配合，使肌肉蛋白质的网状结构被破坏，包含在结构中可与水结合的极性基因被释放出来，因而持水性提高。同时焦磷酸盐与三聚磷酸盐有解离肌动球蛋白的特殊作用，最大使用量不超过 $1g/kg$。

（2）三聚磷酸钠 三聚磷酸钠（1％水溶液 pH 为 9.5）为白色颗粒或粉末，易溶于水，有潮解性。在灌肠中使用，能使制成品形态完整、色泽美观、肉质柔嫩、切片性好。三聚磷酸钠在肠道不被吸收，至今尚未发现有不良副作用。最大使用量应控制在 $2g/kg$ 以内。

（3）六偏磷酸钠 六偏磷酸钠（1％水溶液 pH 为 6.4）为玻璃状无定型固体（片状、纤维状或粉末），无白色，易溶于水，有吸湿性，它的水溶液易与金属离子结合，有保水及促进蛋白质凝固作用。最大使用量为 $1g/kg$。

各种磷酸盐可以单独使用，也可把几种磷酸盐按不同比例组成复合磷酸盐使用。实践证明，使用复合磷酸盐比单独使用一种磷酸盐效果要好。混合的比例不同，效果也不同。在肉品加工中，使用量一般为肉重的 0.1%～0.4%，用量过大会导致产品风味恶化，组织粗糙，呈色不良。焦磷酸盐溶解性较差，因此在配制腌液时要先将磷酸盐溶解后再加入其他腌制料。由于多聚磷酸盐对金属容器有一定的腐蚀作用，所以使用设备应选用不锈钢材料。此外，使用磷酸盐可能使腌制肉制品表面出现结晶，这是焦磷酸钠形成的。预防结晶的出现可以通过减少焦磷酸钠的使用量。

六、增稠剂

增稠剂又称赋形剂、黏稠剂，具有改善和稳定肉制品物理性质或组织形态、丰富食用的触感和味感的作用。增稠剂按其来源大致可分为两类：一类是来自于含有多糖类的植物原料；另一类则是从蛋白质的动物及海藻类原料中制取的。增稠剂的种类很多，在肉制品加工中应用较多的植物性的增稠剂有淀粉、琼脂、大豆蛋白等；动物性增稠剂有明胶、禽蛋等。这些增稠剂的组成成分、性质、胶凝能力均有所差别，使用时应注意选择。

1. 淀粉

淀粉的种类很多，不同的淀粉会有不同的作用，主要有以下几点。

（1）提高黏结性　保证产品切片不松散。

（2）增加稳定性　淀粉可作为赋形剂，使产品具有弹性。

（3）乳化作用　淀粉可束缚脂肪，缓解脂肪带来的不良影响，改善口感、外观。

（4）提高持水性　淀粉的糊化，吸收大量的水分，使产品柔嫩、多汁。

（5）包埋作用　改性淀粉中的 β-环状糊精，具有包埋香气的作用，使香气持久。

（6）增强制品的感官性能，保持制品的鲜嫩，提高制品的滋味。

通常情况下，制作肉丸等肉糜制品时使用马铃薯淀粉，加工肉糜罐头时用玉米淀粉，制作肉丸等肉糜制品时用小麦淀粉。肉糜制品的淀粉用量视品种而不同，可在 5%～50% 的范围内，如午餐肉罐头中约加入 6％淀粉，炸肉丸中约加入 15％淀粉，粉肠约加入 50％淀粉。高档肉制品则用量很少，并且使用玉米淀粉。

2. 大豆分离蛋白

大豆分离蛋白是大豆蛋白经分离精制而得到的蛋白质，一般蛋白质含量在 90％以上，由于其良好的持水性、乳化性、凝胶形成性以及低廉的价格，在肉制品加工中得到广泛的应用，其作用如下。

（1）改善肉制品的组织结构　大豆分离蛋白添加后可以使肉制品内部组织细腻，结合性好，富有弹力，切片性好。在增加肉制品的鲜香味道的同时，保持产品原有的风味。

（2）乳化作用　大豆分离蛋白是优质的乳化剂，可以提高脂肪的用量。

（3）提高持水性　大豆分离蛋白具有良好的持水性，使产品更加柔嫩。

3. 酪蛋白

酪蛋白能与肉中的蛋白质结合形成凝胶，从而提高肉的保水性。在肉馅中添加 2％时，可提高保水率 10％；添加 4％时，可提高 16％。如与卵蛋白、血浆等并用效果更好。酪蛋白在形成稳定的凝胶时，可吸收自身重量 5～10 倍的水分。用于肉制品时，可增加制品的黏着性和保水性，改进产品质量，提高出品率。

4. 明胶

明胶是用动物的皮、骨、软骨、韧带、肌膜等富含胶原蛋白的组织，经部分水解后得到的高分子多肽的高聚合物。明胶的外观为白色或淡黄色，是一种半透明、微带光泽的薄片或粉粒，有特殊的臭味，类似肉汁。明胶受潮后极易被细菌分解，明胶不溶于冷水，但加水后则缓慢吸水膨胀软化，吸水量约为自身重量的 5～10 倍。明胶在热水中可以很快溶解，形成具有黏稠度的溶液，冷却后即凝结成固态状，成为胶状。明胶不溶于乙醇、乙醚、氯仿等有机溶剂，但可溶解于乙酸、甘油。明胶在水中的含量一般达到 5％左右，才能形成凝胶，明胶胶冻具有柔软性、富于弹性，口感柔软，胶冻的溶解与凝固温度约在 25～30℃。明胶形成的胶冻具有热可逆性，加热时熔化，冷却时凝固，这一特性在肉制品加工中常常有所应用，如制作水晶肴肉、水晶肚等常需用明胶可做出透明度高的产品。明胶在肉制品加工中的作用概括起来有营养、乳化、黏合保水、稳定、增稠、胶凝等作用。

5. 琼脂

琼脂为多糖类物质，主要为聚半乳糖苷。琼脂为半透明白色至浅黄色薄膜带状或碎片、颗粒及粉末；无臭或略有特殊臭味；口感黏滑；表面皱缩、微有光泽、质轻软而韧、不易折，完全干燥品易碎；不溶于冷水，但是冷水中可吸水 20 倍而膨润软化，溶于沸水，冷却后 0.1% 以下含量可成为黏稠液，0.5% 即可形成坚实的凝胶，1% 含量在 32~42℃ 时可凝固，该凝胶具有弹性；琼脂在开始凝胶时，凝胶强度随时间延长而增大，但完全凝固后因脱水收缩，凝胶强度也下降。琼脂凝胶坚固，可使产品有一定形状，但其组织粗糙、发脆、表面易收缩起皱。尽管琼脂耐热性较强，但是加热时间过长或在强酸性条件下也会导致胶凝能力消失。

6. 卡拉胶

卡拉胶系半乳糖及脱水半乳糖组成的多糖类硫酸酯的钙、钾、钠、铵盐。卡拉胶为白色或淡褐色颗粒或粉末、无臭或微臭、无味或稍带海藻味。溶于 80℃ 水，如用乙醇、甘油、饱和蔗糖水浸润则易分散于水中。卡拉胶与 30 倍水煮沸 10min 冷却即成胶体，与蛋白质反应起乳化作用，乳化液稳定。干品卡拉胶性质稳定，长期存放也不降解，在中、碱性溶液中稳定，其最适 pH 为 9.0，此时即使加热也不水解。凝固强度比琼脂低，但透明度好。

卡拉胶作为增稠剂、乳化剂、调和剂、胶凝剂和稳定剂使用，《食品添加剂使用卫生标准》规定：卡拉胶可按生产需要适量用于各类食品。可与多种胶复配，如添加黄原胶可使卡拉胶凝胶更柔软、更黏稠、更具弹性；与魔芋胶相互作用形成一种具弹性的热可逆凝胶；在肉制品加工中，加入卡拉胶，可使产品产生脂肪样的口感，可用于生产高档、低脂的肉制品。

7. 黄原胶

黄原胶是一种微生物多糖，由纤维素主链和三糖侧链构成。黄原胶可作为增稠剂、乳化剂、调和剂、稳定剂、悬浮剂和凝胶剂使用。《食品添加剂使用卫生标准》规定：在肉制品中最大使用量为 2.0g/kg。在肉制品中起到稳定作用，结合水分、抑制脱水收缩。

使用黄原胶时应注意：制备黄原胶溶液时，如分散不充分，将出现结块。除充分搅拌外，可将其预先与其他材料混合，再边搅拌边加入水中。如仍分散困难，可加入与水混溶性溶剂（如少量乙醇）。黄原胶是一种阴离子多糖，能与其他阴离子型或非离子型物质共同使用，但与阳离子型物质不能配伍。其溶液对大多数盐类具有极佳的配伍性和稳定性。添加氯化钠和氯化钾等电解质，可提高其黏度和稳定性。

七、抗氧化剂

有油溶性抗氧化剂和水溶性抗氧化剂两大类，国外使用的有 30 种左右。

1. 油溶性抗氧化剂

油溶性抗氧化剂能均匀地溶解分布在油脂中，对含油脂或脂肪的肉制品可以很好地发挥其抗氧化作用。油溶性抗氧化剂包括丁基羟基茴香醚、二丁基羟基甲苯和没食子酸丙酯，另外还有维生素 E。

（1）丁基羟基茴香醚　又名丁基大茴香醚，简称 BHA。其性状为白色或微黄色蜡样结晶性粉末，带有特异的酚类的臭气和有刺激性的味。BHA 除抗氧化作用外，还有很强的抗菌力。在直射光线长期照射下色泽会变深。

（2）二丁基羟基甲苯　又叫 2,6-二叔丁基对甲酚，3,5-二叔丁基-4-羟基甲苯，简称又叫 BHT。为白色结晶或结晶粉末，无味，无臭，不溶于水及甘油，可溶于各种有机溶剂和油脂。对热相当稳定，与金属离子反应不会着色。具有升华性，加热时有与水蒸气一起挥发的性质。BHT 的抗氧化作用较强，耐热性好，在普通烹调温度下影响不大。一般多与丁基羟基茴香醚（BHA）并用，并以柠檬酸或其他有机酸为增效剂。

BHT 最大用量为 0.2g/kg。使用时，可将 BHT 与盐和其他辅料拌均匀，一起掺入原料肉内；也可将 BHT 预先溶解于油脂中，再按比例加入肉品或喷洒、涂抹在肠体表面；也可用含有 BHT 的油脂生产油炸肉制品。

（3）没食子酸丙酯（PG）　系白色或淡黄色晶状粉末，无臭，微苦。易溶于乙醇、丙酮、乙醚，难溶于脂肪与水，对热稳定。

没食子酸丙酯对脂肪、奶油的抗氧化作用较 BHA 或 BHT 强，三者混合使用时效果更佳；若同时添加柠檬酸 0.01%，既可做增效剂，又可避免避金属着色。在油脂、油炸食品、干鱼制品中加入量不超过 0.1g/kg（以脂肪总重计）。

（4）维生素 E 系黄色至褐色几乎无臭的澄清黏稠液体。溶于乙醇而几乎不溶于水。可和丙酮、乙醚、氯仿、植物油任意混合。对热稳定。天然维生素 E 有 α、β、γ 等七种异构体。α-生育酚由食用植物油制得，是目前国际上唯一大量生产的天然抗氧化剂，在奶油、猪油中加入 0.02%～0.03% 维生素 E，抗氧化效果十分显著。其抗氧化作用比 BHA、BHT 的抗氧化力弱，但毒性低得多，也是食品营养强化剂。

2. 水溶性抗氧化剂

应用于肉制品中的水溶性抗氧化剂主要包括抗坏血酸、异抗坏血酸、抗坏血酸钠、异抗坏血酸钠等。这四种水溶性抗氧化剂，常用于防止肉中血色素的氧化变褐，以及因氧化而降低肉制品的风味和质量等方面。

（1）L-抗坏血酸及其钠盐 L-抗坏血酸，别名维生素 C。其性状为白色或略带淡黄色的结晶或粉末，无臭，味酸，易溶于水。遇光色渐变深，干燥状态比较稳定，但水溶液很快被氧化分解，特别是在碱性及重金属存在时更促进其破坏。L-抗坏血酸应用于肉制品中，有抗氧化作用、助发色作用，和亚硝酸盐结合使用，有防止产生亚硝胺作用。L-抗坏血酸钠是抗坏血酸的钠盐形式，其性状为白色或带有黄白色的粒、细粒或结晶性粉末，无臭，稍咸。较抗坏血酸易溶于水，其水溶液对热、光等不稳定。L-抗坏血酸钠应用于肉制品中作助发色剂，同时还可以保持肉制品的风味，增加制品的弹性；还有阻止产生亚硝胺的作用，这对于防止亚硝酸盐在肉制品中产生致癌物质——二甲基亚硝胺，具有很大意义。其用量以 0.5g/kg 为宜，先溶于少量水中，然后均匀添加。制作肉制品，可将抗坏血酸钠盐溶于稀薄的动物明胶中，喷雾于肉表面。

（2）异抗坏血酸及其钠盐 异抗坏血酸及其钠盐是抗坏血酸及其钠盐的异构体，极易溶于水，其使用及使用量均同抗坏血酸及其钠盐。此外，抗氧化剂还有愈疮树脂、茶多酚、儿茶素、卵磷脂和一些香辛料，如丁香、茴香、花椒、桂皮、甘草和姜等。

第五节 辅助性材料及包装

一、植物性辅料

在香肠生产中，常添加一些植物性辅料，其中以淀粉的应用最为广泛。研究表明，将淀粉加入肉制品中，对肉制品的保水性和肉制品的组织结构均有良好的作用。淀粉的这种作用是由于在加热过程中淀粉颗粒吸水膨润、糊化造成的。淀粉颗粒的糊化温度比肉中蛋白质的变性温度高，因此淀粉糊化时，肌肉蛋白质的变性已经基本完成，并形成了网状结构，此时淀粉颗粒夺取了存在于网状结构中结合不够紧密的水分，并将其固定，因而使制品的保水性提高；同时，淀粉颗粒因吸水而变得膨润而富有弹性并起到黏合剂的作用，可使肉馅黏合、填塞孔洞，使产品富有弹性，切面平整美观，具有良好的组织形态。

另外，在加热煮制时，淀粉颗粒可以吸收熔化成液态的脂肪，从而减少脂肪的流失，提高成品率。不过，添加大量淀粉的肉制品在低温贮藏时极易产生淀粉的老化现象。

二、肠衣

肠衣香肠加工过程中，肠衣主要起加工模具、容器及商品性能展示的作用。肠衣直接与肉基接触，首先，必须安全无毒、肠衣中的化学成分不向肉中迁移且不与肉中成分发生反应；其次，肠衣必须有足够的强度，以达到安全包裹肉料、承受灌装压力、经受封口与扭结应力的作用；第三，肠衣还需具有一定的收缩和伸展特性，能容许肉料在加工和贮藏中的收缩和膨胀；第四，肠衣还需具有较强的冷、热稳定性，在经受一定的冷、热作用后，不变形、不起皱、不发脆、不断裂。除此之外，根据产品特点，有的肠衣需要有一定的气体通透性，有些肠衣则需要有较好的气密性。

肠衣主要分为两大类，即天然肠衣和人造肠衣。过去灌肠制品的生产，都是使用富有弹性的动物肠衣，随着灌肠制品的发展，动物肠衣已满足不了生产的需要了，因此世界上许多国家都先后研制了人造肠衣。

（一）天然肠衣

即动物肠衣，动物从食管到直肠之间的胃肠道、膀胱等都可以用来做肠衣，其具有较好的韧性和坚实性，能够呈受一般加工条件下所产生的作用力，具有优良的收缩和膨胀性能，可以与包裹的肉料产生基本相同的收缩与膨胀。常用的天然肠衣有牛、羊、猪的小肠、大肠、盲肠，猪直肠，牛食管，牛、猪的膀胱及猪胃等。刮除黏膜后经盐腌或干燥而制成。天然肠衣是可食的，可透水透氧，进行烟熏，具有良好的柔韧性，是传统的肠类制品的灌装材料，但它的直径和厚度不完全相同，有的甚至弯曲不齐，对灌制品的规格和形状有不良影响。此外，如果保管不善也会遭虫蛀，出现穿孔、异味、哈喇味，也不能在自动灌肠机上进行自动扭节和定量灌装，需花费很多人工用线绳分节。

天然肠衣一般采用干制或盐渍两种方式保藏。干制肠衣在使用前需用温水浸泡，使之变软后再用于加工；建议在使用盐渍肠衣前用清水充分浸泡清洗，除去肠衣内外表面的残留污物及降低肠衣含盐量。

现将常用的猪、羊、牛小肠，猪、牛大肠和猪膀胱的要求列出，供选择。

1. 猪小肠

品质要求：清洁，新鲜，无异味，呈白色、乳白色、黄白色、灰白色等。分路标准：按直径分成七个路：一路直径 24～26mm；二路直径 26～28mm；三路直径 28～30mm；四路直径 30～32mm；五路直径 32～34mm；六路直径 34～36mm；七路直径 36mm 以上。

扎把要求：小把每把 2 根，每根长 5～12m，节头不超过 3 个，每节不得短于 1m；大把每把长 91.5m，节头不超过 18 个，每节不得短于 1.37m。装箱要求，每桶 600 把，1300 根。

2. 猪大肠

品质要求：清洁，新鲜，无杂质，气味正常，毛圈完整，呈白色或乳白色。

分路标准：按直径分成三个路：一路直径 60mm 以上；二路直径 50～60mm；三路直径 45～50mm。

扎把要求：每根长 1.15～1.5m，每把 5 根。每桶装 100 把，

500 根。

3. 羊小肠

品质要求：肠壁坚韧，无痘疗，新鲜，无异味，呈白色、青白色或灰白色、青褐色。

分路标准：按其直径分成六个路：一路直径 22mm 以上；二路直径 20～22mm；三路直径 18～20mm；四路直径 16～18mm；五路直径 14～16mm；六路直径 12～14mm。扎把要求：按每根 31m，3 根 1 把，总长 93m，节头不超过 16 个，每节不得短于 1m。每桶 500 把，1500 根。

4. 牛小肠

品质要求：要求新鲜，无痘疗、破洞，气味正常，呈粉白色或乳白色、灰白色。

分路标准：按其直径分成四个路：一路直径 45mm 以上；二路直径 40～45mm；三路直径 35～40mm；四路直径 30～35mm。

扎把要求：每根长 25m 节头不超过 7 个，每节不得短于 1m。每桶装 200 把，总长 5000m。

5. 牛大肠

品质要求：清洁，无破洞，气味正常，呈粉白色或乳白色、灰白色、黄白色。分路标准：按肠衣直径大小分成四个路：一路直径 55mm 以上；二路直径 45～55mm；三路直径 35～45mm；四路直径 30～35mm。

扎把要求：按每根 25m，节头不超过 13 个，每节不短于 0.5m 扎把。每桶 150 把，总长 3750m。

6. 干制猪膀胱

品质要求：清洁，无破洞，带有尿管，无臊味，呈黄白或黄色、银白色。

分路标准：按折叠后长度分为四个路：一路 35cm 以上；二路 30～35cm；三路 25～30cm；四路 15～20cm。

扎把要求：按每 10 个扎为 1 把，每箱装 200 把，2000 个。盐渍肠衣最佳贮存温度为 0～10℃。肠衣桶应横倒放在木架上，每周翻动 1 次，使桶内卤水活动，保证肠衣质量。定期抽查，如有盐卤漏失、盐蚀变质等情况出现，应及时进行处理。干制肠衣的贮存，应以防虫蛀、鼠咬、发霉变质为中心，贮存库须保持干燥通风，温度最好保持在 20℃以下，相对湿度 50％～60％，要专库专用，要避免高温、高湿，不要与有特殊气味的物品放在一起，以防串味。

在加工香肠制品之前，应按产品的规格要求，选择对路的肠衣，在每批产品中，务求肠衣规格一致，粗细相同。肠衣选择后进行浸泡清洗。浸泡清洗的目的是洗去肠衣表面的污物，使盐渍肠衣脱盐，干制肠衣吸水浸软，以便挑选使用：盐渍肠衣应内外翻转洗涤，干肠衣则不用翻转清洗内面。凡用牛大肠制成的大口径直形灌肠，必须将牛大肠肠衣，按成品规定的长度，并考虑烘烤、煮制、烟熏后长度的收缩程度，将肠衣剪断，并用线绳结紧其一端。牛大肠在烘烤、煮制、烟熏时收缩率为 10％～15％。

天然肠衣通常用木桶保存，温度一般在 3～10℃，应尽可能避免放在潮湿处，最好不放在氨制冷的冷库内。盐渍肠衣在使用前，要在清水中反复漂洗，充分除去肠衣表面上的盐分及污物。干制肠衣则应用温水浸泡，使其变软后使用。

（二）人造肠衣

人造肠衣主要包括胶原肠衣、纤维素类肠衣和塑料肠衣。近年来，人造肠衣发展迅速，主要原因是人造肠衣卫生、尺寸规格符合标准，可以保证定量填充；方便印刷、价格低廉、使用中损耗较小。包装材料的材质、特性直接影响被灌装肉馅料的保质期，在大批量生产中，可以有效地降低生产成本。近年来国产塑料材料的种类很多，引进国外的包装材料和设备较多，对肉制品加工业的进步起到重要的作用，缺点是不能食用。

1. 胶原肠衣

胶原肠衣是以家畜的皮、肠、腱等作为原料，经石灰水浸泡、水洗，稀盐酸膨润，用机械破坏胶原纤维，经均质变为糊状，然后用高压喷嘴制出各种尺寸的肠衣，经干燥而成。

胶原肠衣透气性好，可以烟熏和蒸煮，规格统一，品种多样，卫生，比天然肠衣结实，适合机械化生产和打卡，可大量生产。胶原肠衣分为可食及不可食两种，可食的适于制作维也纳香肠、早餐肠、热狗肠及其他各种蒸煮肠；不可食的胶原肠衣较厚，且直径较大，主要用于风干肠生产。

套缩的胶原肠衣在使用前不用浸泡，打开包装即可使用。普通型胶原肠衣需要在灌装前进行浸泡，即在 $20\sim25℃$，$10\%\sim15\%$ 盐水中浸泡 $5\sim15min$。随着盐水浓度增加，肠衣柔韧性和打卡性会得到提高。灌肠时，相对湿度应保持在 $40\%\sim50\%$，以防肠衣干裂，热加工时，同样应注意干裂问题。

2. 纤维素类肠衣

（1）纤维素肠衣　纤维素肠衣是用短棉绒、纸浆作为原料制成的无缝筒状薄膜。这种肠衣具有韧性、收缩性、着色性，肠衣规格统一、卫生，具有透气透湿性，可烟熏，表面可以印刷，机械强度好，适合高速灌装和自动化连续生产。

此种肠衣不可食。在使用前不需要进行处理，可直接灌装。主要用于制作热狗肠、法兰克福肠等小直径肠类。熟制后用冷水喷淋冷却，然后去掉肠衣，再包装。

（2）纤维肠衣　纤维肠衣是用纤维素黏胶再加一层纸张加工而成。机械强度较高，可以打卡；对烟具有通透性，对脂肪无渗透；不可食用，但可烟熏，可印刷；在干燥过程中自身可以收缩。这种肠衣在使用之前应先浸泡（印刷的浸泡时间应长些），应填充结实（填充时可以扎孔排气），烟熏前应先使肠衣表面完全干燥，否则烟熏颜色会不均匀，熟制后可以喷淋或水浴冷却。这种肠衣适用于加工各式冷切香肠、各种干式或半干式香肠、烟熏香肠及熟香肠和通脊火腿等。

（3）纤维涂层肠衣　纤维涂层肠衣是用纤维素黏胶、一层纸张压制，并在肠衣内面涂上一层聚偏二氯乙烯而成。此种肠衣阻隔性好，在贮存过程中可防止产品水分流失，加强了对微生物的防护；收缩率高，外观饱满美观，可以印刷；但不能烟熏、不可食用。使用前应先用温水浸泡，灌装时应填充结实（不能扎孔），可以蒸煮达到所需的中心温度，然后用冷水喷淋或水浴冷却。适用于各类蒸煮肠。使用此种肠衣的产品，不需要进行二次包装。

（4）玻璃纸肠衣　玻璃纸是一种再生胶质纤维素薄膜。玻璃纸具有吸湿性、阻气性、阻油性、易印刷、可与其他材料层黏合、强度较高等特点。将玻璃纸卷成筒状，糨糊黏结，用小线绳将一端系上，即成玻璃纸肠衣，这种肠衣成本比天然肠衣低，性能比天然肠衣好，只要操作得当，几乎不出现破裂现象。

3. 塑料肠衣

（1）聚偏二氯乙烯肠衣　利用氯乙烯和偏二氯乙烯共聚物制成的筒状或片状的肠衣。其特点是无味无臭，很低的透水、透气、透紫外光性能，具有一定的热收缩性，可耐121℃湿热高温，可以印刷，机械灌装性能好，安全卫生，因此，这类肠衣已被广泛应用。聚偏二氯乙烯肠衣适合于高频热封灌装生产的火腿、香肠（如火腿肠、鱼肉肠等）。生产这种肠衣的厂家以日本的吴羽化学、旭化成，美国的陶氏为代表。这种肠衣也大量用于高温灭菌制品的常温保藏。

（2）聚酰胺肠衣　聚酰胺肠衣也称尼龙肠衣，是用尼龙6加工而成的单层或多层肠衣。单层产品具有透气、透水性，一般用于可烟熏类和剥皮切片肉制品。多层肠衣具有不透水、不透气，可以印刷，不被酸、油、脂等腐蚀，不利于真菌和细菌生长，在蒸煮过程中还可以收缩，具有较强的机械强度和弹性，可耐高温杀菌等特性。使用前应先用30℃水浸泡，灌装时要填充结实（不可扎孔），蒸煮后可喷淋或水浴冷却。适用于制作各种熟制的香肠、黑香肠、肝香肠、头肉肠、快速切片肠、鱼香肠等。

（3）聚酯肠衣　聚酯肠衣不透气、不透水；可以印刷；具有很高的机械强度；不被酸、碱、油脂、有机溶剂所侵蚀；易剥离。分为收缩性和非收缩性两种。收缩性的肠衣，热加工后能很好地和内容物黏合在一起，可用于非烟熏、熏煮香肠类、禽肉卷、熏煮火腿、切片肉类、新鲜野味、鱼等的包装及深冻食品的包装等。此外，还有专门用于包装烤制肉制品的聚酯膜，如用于烤鸡的包装膜。薄膜也可用于微波食品、半成品的包装等。聚酯肠衣使用前不需要水浸，灌装时要灌结实，但不能扎孔；灌装后，为了保证肠衣收缩，应把肠放入95℃以上的热水中保持几秒钟。熟制时温度80～85℃，熟制后应喷淋或水浴冷却。非收缩性的肠衣主要用于包装生鲜肉类和生香肠等不需加热的肉品。

三、包装袋

1. 真空袋

主要用于中式香肠、中式腊肉、非蒸煮型的生肉制品，或牛肉干、肉脯等产品的包装，材质为PA/PE（尼龙聚乙烯）、PA/AL/

PE。一般 PA（尼龙）薄膜层厚度约 $15\mu m$，PE（聚乙烯层 $40\sim$ $60\mu m$，AL（铝箔）约 7mm。

2. 蒸煮袋

能用于 121℃杀菌的软包装食品用的四方袋分为透明袋和铝箔袋，普通型和隔绝型。目前蒸煮袋使用的包装材料见表 3-1。

表 3-1　蒸煮袋类型及结构

形态	类型	材料构成
透明袋	普通型	PE/CPP(聚酯/聚丙烯)($12\mu m/70\mu m$)
		PET/SPE(聚酯/特殊聚乙烯)($12\mu m/70\mu m$)
		PA/CPP(尼龙/聚丙烯)($15\mu m/70\mu m$)
		PET/PA/CPP(聚酯/尼龙/聚丙烯)($12\mu m/15\mu m/70\mu m$)
	隔绝型	PA/PVDC(或 PE-EVOH)/CPP($15\mu m/15\mu m/50\mu m$)
		(尼龙/聚偏二氯乙烯或乙烯-乙烯醇共聚物/聚丙烯)
		PET/PVDC(或 PE-EVOH)/CPP($12\mu m/15\mu m/50\mu m$)
		SPA/CPPZ(特殊尼龙/聚丙烯)($15\mu m/70\mu m$)
铝箔袋	隔绝型	PET/AL/CP 聚酯/铝箔/聚丙烯($12\mu m/9\mu m/70\mu m$)
		PA/AL/CPP 尼龙/铝箔/聚丙烯($15\mu m/9\mu m/70\mu m$)
深拉伸透明	普通型	盖:PET/CPP(聚酯/聚丙烯)
		OPP/CPP(拉伸聚丙烯/未拉伸聚丙烯)
		底:CPP/PA(聚丙烯/尼龙)
	隔绝型	盖:PET/PVDC 或 PE-EVOH 共聚物/CPP 聚酯/聚偏二氯乙烯或乙烯-乙烯醇共聚物/聚丙烯
		(OPP/PVDC 或 PE/EVOH 共聚物)/CPP 拉伸聚丙烯/聚偏二氯乙烯或乙烯-乙烯醇共聚物/未拉伸聚丙烯
		底:(CPP/PVDC 或 PE-EVOH 共聚物)/PA
		聚丙烯/聚偏二氯乙烯(或乙烯乙烯醇共聚物)尼龙
透明盘	普通隔绝型	聚丙烯单体
		盘:CPP/PVDC/CPP(聚丙烯/聚偏二氯乙烯/聚丙烯)
		盖:PET/PVDC/CPP(聚酯/聚偏二氯乙烯/聚丙烯)
铝箔盘	隔绝型	盘:CPP/AL/外面保护层(聚丙烯/铝箔/外面保护层)
		盖:外面保护层/AL/CPP(外面保护层/铝箔/聚丙烯)
圆筒状	隔绝型	PVDC 薄膜单体(聚偏二氯乙烯单体)

第四章

<<<<<

香肠火腿加工工艺与配方

第一节　生鲜香肠

一、猪肉生香肠

用猪肉为原料加工生产，是一种大众化的香肠，在美国，其产量占肠类制品总产量的 13%。

1. 原料配方

三级猪肉 50kg，胡椒 175g，食盐 0.9~1.0kg，肉豆蔻干皮 25g，白糖 200g，红辣椒粉 31g，鼠尾草 75g。

2. 工艺流程

原料肉→绞制→斩拌→充填→成品

3. 操作要点

(1) 选料、绞制　选用三级精猪肉，用 5mm 孔径的绞肉机绞碎。

(2) 斩拌　装入斩拌机中，加入香辛料，混合 2min 左右。然后根据肉的状态加入冰屑，斩拌 3min 左右。

(3) 充填　斩拌好的肉通过灌肠机灌入 4~5 路猪肠衣中，结扎长度为 10cm 左右。

(4) 成品　冷藏贮存。

二、博克香肠

选用猪肉和小牛肉作原料，再加入一些鸡蛋或牛奶。

1. 原料配方

小牛腿肉 20kg，食盐 1.5kg，二级猪肉 30kg，谷氨酸钠 0.1kg，鸡蛋 1.6kg，胡椒 0.3kg，小麦粉 1.0kg，添加剂 1kg，水 14kg。

2. 工艺流程

原料肉→搅拌→充填→成品

3. 操作要点

（1）原料肉、搅拌　用 4mm 算孔的绞肉机将原料肉绞碎，加入拌馅机中，按香辛料、鸡蛋、小麦粉和水的顺序进行添加搅拌。

（2）充填　搅拌 10min 左右，用灌肠机填充到羊肠衣中，每根结扎长度 13cm 左右。

（3）成品　冷藏贮存。

三、风味煎烤肠

煎烤肠是近几年较为流行的一种方便快捷的肉食品，风味独特，食用方便，常用作主餐或休闲食品。冷冻包装解冻后，经油煎烤后，肉质酥嫩，很受青少年消费者的喜爱。

1. 原料配方

猪瘦肉 80kg，猪背膘 20kg，盐 3kg，白糖 5kg，亚硝酸钠 15g，黑胡椒粉 10g，味精 400g，曲酒 400g，五香粉 100g，冰水 20kg，玉米淀粉 15kg，红曲红色素 20g，卡拉胶 1kg。

2. 工艺流程

原料肉的选择与处理→绞碎腌制→斩拌→灌肠→速冻→煎烤→成品

3. 操作要点

（1）原料肉的选择与处理　选择符合卫生要求的新鲜原料肉，剔除皮、骨、筋腱等，切成长条形备用。

（2）绞碎腌制　将猪瘦肉绞碎后，用盐、白糖、亚硝酸钠拌匀，于 0～4℃腌制 12h。

（3）斩拌　将绞碎的肉粒放入斩拌机内斩拌 2min，然后将其余辅料加入继续斩拌至呈肉糜状。斩拌过程中，可加入冰水，要求斩拌后的温度不超过 10℃。

（4）灌肠　采用普通灌肠机和普通肠衣即可。将肉馅慢慢灌入肠衣内，灌制要松紧适宜。

（5）速冻　将灌制好的肠体放入冷库中速冻。

（6）煎烤　在平底锅中，将植物油加热至八成热，把解冻的肠放入来回滚动，待肠体逐渐膨胀，表面略微焦酥即可，撒上调味料（辣椒粉、孜然粉、小茴香粉）即可食用。

4. 产品特点

产品肠体膨胀，表皮焦酥，肉质鲜嫩，风味可口。

四、添加谷物和脱脂奶粉的香肠

1. 原料配方

原料肉可采用以下任选配方：

（1）配方1　牛肚68.1kg、猪肉（肥瘦各半）158.9kg。

（2）配方2　牛肚68.1kg、牛胸肉或牛腩90.8kg、猪肉（肥瘦各半）68.1kg。

面粉4.5kg、脱脂奶粉3.2kg、食盐4.5kg、玉米淀粉454g、碎冰21.8kg、调味料适量。

2. 工艺流程

绞肉→搅拌→灌肠→干燥→包装

3. 操作要点

（1）绞肉　用筛孔直径25.4mm（1英寸）的绞肉机将牛肚、牛胸肉或牛腩绞碎。

（2）搅拌　将绞碎的肉糜和猪肉放入搅拌机中，将食盐、玉米淀粉等辅料随同碎冰一起添加到搅拌机中，搅拌大约2min。搅拌均匀后用1/8英寸或3/16英寸筛孔直径的绞肉机再次绞肉。

（3）灌肠　将搅拌好的肉馅立即灌入猪肠衣或羊肠衣中，在灌肠过程中要保持低温。

（4）干燥　将灌好的香肠立即转移到低温室中（低于0℃）悬挂，干燥冷却。

（5）包装　香肠在包装前，须将肠衣晾干。不要在热状态下进行包装。为了延长货架期，在储藏销售过程中要保持温度在－15℃左右。

五、犹太式牛肉鲜肠

1. 原料配方

牛胸肉 15.0kg、牛腩 15.0kg、牛脐肉 15.0kg、食盐 794.2g、碎冰 1.4kg、玉米淀粉 567.4g。

调味料可采用以下任选配方：

（1）液体调味料配方　辣椒油 4mL、姜油 1.5mL、肉豆蔻油 1.5mL、百里香 1.5mL、鼠尾草油 2mL，再与之前的玉米淀粉和食盐充分混合。

（2）天然调味料配方　白胡椒粉 85.0g、肉豆蔻粉 21.3g、生姜粉 28.35g、百里香粉 28.35g、鼠尾草粉 6.7g。

（3）南方风味配方　红辣椒粉 85.0g、生姜粉 28.35g、百里香粉 28.35g、鼠尾草粉 85.05g、红辣椒 56.7g。

2. 工艺流程

绞肉→搅拌→二次绞肉→灌肠→干燥→包装

3. 操作要点

（1）绞肉　绞肉机和搅拌机要清洗干净并且需提前预冷，肉在加工之前冷却至 0～1℃。将三种原料肉用筛孔直径 1/2 英寸的绞肉机绞碎，转移到搅拌机中。

（2）搅拌　向搅拌机中添加冰和提前混合好的食盐、玉米淀粉等辅料，搅拌约 1min，混合均匀，在搅拌的过程中，尽可能使肉的温度保持在 0℃左右。

（3）二次绞肉　用筛孔直径 1/8 英寸的绞肉机再次绞肉。

（4）灌肠　将搅拌好的肉馅立即灌入猪肠衣或羊肠衣中，在灌肠过程中要保持低温。

（5）干燥　将灌好的香肠立即转移到低温室中（低于 0℃）悬挂，干燥冷却。

（6）包装　香肠在包装前必须冷藏和干燥，不要在热状态下进行包装。在储藏销售过程中要保持温度在 -15℃左右。

六、意大利式香肠

1. 原料配方

（1）辣味配方　瘦牛肉 11.4kg、猪肉（肥瘦各半）34.0kg、食

盐 794.2g、碎冰 1.4kg、玉米淀粉 226.8g、大蒜粉 3.54g、红辣椒粉
113g、香芹籽粉 14.2g、芫荽粉 28.4g、肉豆蔻粉 14.2g、茴香籽粉
28.4g、黑胡椒粉 28.4g。

（2）淡味配方　瘦牛肉 11.4kg、猪肉（肥瘦各半）34.0kg、食
盐 794.2g、碎冰 1.4kg、玉米淀粉 226.8g、大蒜粉 3.54g、茴香籽粉
21.3g、茴香籽粒 28.4g、红辣椒 28.4g、黑胡椒粉 70.9g。

2. 工艺流程

冷却→绞肉→搅拌→灌肠→干燥→包装

3. 操作要点

（1）冷却　选用没有血块、筋、软骨以及皮的新鲜肉，将其冷却
至 0～1℃。

（2）绞肉　猪肉用筛孔直径 3/8 英寸或 1/2 英寸的绞肉机绞碎，
瘦牛肉用筛孔直径 1/8 英寸的绞肉机绞碎。

（3）搅拌　将肉糜转移到提前预冷的搅拌机中，加入食盐、大蒜
粉等辅料和碎冰，搅拌混合均匀。

（4）灌肠　将搅拌好的肉馅立即灌入猪肠衣中，在灌肠过程中要
保持低温。

（5）干燥　将灌好的香肠立即转移到低温室中（低于 0℃）悬
挂，干燥冷却。

（6）包装　包装时要保证香肠充分冷却、肠衣充分干燥。在储藏
销售过程中要保持温度在 -15℃ 左右。

第二节　熟熏香肠

一、维也纳香肠

维也纳香肠是以猪肉和牛肉为原料生产的一种小型香肠，由于最
初这种小型香肠是在奥地利维也纳制作的，因此得名为维也纳香肠。
多采用羊肠衣生产，我国也有用猪肠衣生产的。

1. 原料配方

二级猪肉 40kg，猪面颊肉 15kg，二级牛肉 25kg，猪肥膘 20kg，
食盐 3kg，添加剂 2kg，白糖 1kg，味精 0.3kg，白胡椒 250g，肉豆

蔻 100g，辣椒 50g，哑硝酸钠 12g，月桂 50g。

2．工艺流程

原料肉选择→腌制→斩拌→灌制→打结→烟熏→蒸煮→冷却

3．操作要点

（1）原料肉选择、腌制 将猪肉和牛肉用 5mm 孔径的绞肉机绞碎。

（2）斩拌 装入斩拌机，加入香辛料和调味料，混合 1～2min，然后根据情况加入冰水，斩拌 1～2min。再加入脂肪，斩拌 2～4min。

（3）灌制、打结 将斩拌好的肉通过灌肠机灌入肠衣中，结扎长度 10～12cm。

（4）烟熏 烟熏 20～30min。

（5）蒸煮 然后在 75℃条件下蒸煮 20～30min（依据肠衣粗细确定）。中心温度达 68℃以上，即完成蒸煮。

（6）冷却 冷却后包装。

二、哈尔滨大众红肠

哈尔滨大众红肠原名里道斯灌肠，已有近一百多年的历史了，其采用欧式灌肠生产工艺，具有俄式灌肠的特点。大众红肠水分含量较少，防腐性强，易于保管，携带方便，价格低廉，经济实惠，理化指标、微生物指标均符合国家标准，且质量长期稳定，投放市场后博得了消费者的好评。大众红肠的生产一再扩大，产品供不应求。

1．原料配方

猪瘦肉 40kg，猪肥膘 10kg，淀粉 3.5kg，盐 1.75～2.0kg，味精 50g，胡椒粉 50g，蒜 250g，硝酸钠 25g。

2．工艺流程

选肉→腌制→制馅→灌制→烘烤→煮制→烟熏→成品

3．操作要点

（1）选肉 将选好的猪瘦肉切成 100～150g 重的菱形，不带筋络和肥肉。

（2）腌制 在 2～3℃下，要腌制 3 天左右。腌好的肉切开呈鲜红色，肥膘肉腌 3～5 天，使脂肪坚硬，不绵软，切开后表里色泽一致。

(3) 制馅和灌制 将肥膘切成长为 1cm 左右的方丁，然后将腌好的瘦肉装入绞肉机里绞成肉馅。先把绞好的瘦肉馅放进拌馅机内，加入 2.5～3.5kg 水，再放进切好或绞好的大蒜碎末和其他调料，搅拌均匀，再加水 2.5kg 左右搅开。用 6～6.5kg 水把淀粉调稀，慢慢放入拌馅机中，再放进肥膘丁搅拌均匀即可灌制。用猪、牛小肠肠衣灌制，灌制肠体的长度为 20cm，直径为 3cm。将肠体的两头用线绳扎紧，扭出节来，并在肠子上刺孔放气。

(4) 烘烤 用硬木棒子烘烤 1h 左右，使肠皮干燥、肉馅初露红润色泽，且没有黏手感。

(5) 煮制 肠子下锅前，水温要达到 95℃以上，下锅后，水温要保持在 85%，煮 25min 左右，用手捏肠体时感觉其挺硬、弹力很足，即可出锅。

(6) 烟熏 肠子煮熟后，要通过熏烤，这不但会增加产品的香味，使产品更为美观，还能起到一定的防腐作用。熏制方法为：将硬木棒子锯末点燃，关严炉门，使其焖烧生烟，炉内温度控制在 35～40%，熏 12h 左右出炉。

4. 产品特点

产品为半弯曲形，外表呈枣红色，无斑点和条状黑痕，肠衣干燥、不流油，无黏液，不易与肉馅分离，表面微有皱纹，切面呈粉红色，脂肪块呈乳白色，肉馅均匀，无空洞，无气泡，组织坚实有弹性，肉质鲜嫩，具有红肠特殊的烟熏香气。

三、大众烤肠（粗绞型）

1. 原料配方

(1) 原料 猪肉（2 号或 4 号肉）80kg，猪脂肪 20kg。（原料合计 100kg）。

(2) 辅料 大豆分离蛋白 2kg，卡拉胶 0.5kg，淀粉 10～14kg，冰水 50～55kg，亚硝酸钠 0.01kg，异 VC-Na（异抗坏血酸钠）0.08kg，复合磷酸盐 0.45kg，食盐 3.2kg，白糖 0.8kg，味精 0.26kg，白胡椒粉 0.25kg，玉果粉 0.08kg，姜粉 0.18kg，猪肉香精 0.15kg，红曲红色素 0.1kg。（辅料合计：68.46kg）。

2. 工艺流程

原料肉的处理→绞肉→搅拌→灌肠及扭结→吊挂→干燥→烟熏→蒸煮→喷淋冷却→包装→成品

3. 操作要点

（1）原料肉的处理 原料肉、肥膘出库解冻，解冻后修整处理去除筋、腱、碎骨与污物。

（2）绞肉 清洗好的原料肉、肥膘分别放在绞肉机中经过20mm、10mm 的孔板进行绞制。

（3）搅拌 按照配方，先加入食盐搅拌 3～5min，再加入大豆分离蛋白及部分冰水搅拌 10～15min，最后加入香辛料及冰水搅拌25～30min。整个过程温度要求控制在 15℃以下。

（4）灌肠及扭结 采用泡制好的天然肠衣进行灌制、扭结。

（5）干燥、烟熏、蒸煮 将灌制好的香肠均匀地挂在烟熏架车上，注意肠体之间不要粘连，放入烟熏炉，首先在 60～65℃条件下先热风干燥 30～40min，烟熏 30～40min，然后在 80～85℃下蒸煮至中心温度达到 78℃以上。

（6）喷淋冷却 喷淋烤肠 5～10min 使其快速冷却，冷却后进行包装。

四、萨拉米煮熏香肠

萨拉米肠是一种高档灌肠制品，流行于西欧各国，主要以牛肉为原料，分生、熟两种。生肠食用时一般需煮熟。成品表面呈灰白色，有皱纹，肉酱红色，长 45cm。其质地坚实，口味鲜美，香味浓郁，外表灰白色，有皱纹，内部肉为棕红色，长 45cm 左右，易于保存，携带方便，适宜作为旅游、行军、探险、野外作业等的食品。在西欧各国流行甚广。萨拉米肠的生产始自军队，以后流传至民间。

（一）方法一

1. 原料配方

牛肉 35kg，猪瘦肉 7.5kg，肥膘丁 7.5kg，肉豆蔻粉 65g，胡椒粉 95g，胡椒粒 65g，砂糖 250g，朗姆酒 250g，盐 2.5kg，硝酸钠25g，用白布袋代替肠衣，约需 60 只，口径 7cm，长 50cm。

2. 工艺流程

原料肉的选择与处理→腌制→绞碎再腌制→灌肠→烘烤→煮制→烟熏→成品

3. 工艺要点

(1) 原料肉的选择与处理　选择符合卫生要求的鲜牛肉和鲜猪肉作为加工原料，剔除筋腱、皮、骨、脂肪，切成条块。选择猪背部肥膘，切成长 0.6cm 的小方块。

(2) 腌制　在牛肉条和猪瘦肉条中，加入食盐和亚硝酸钠，搅拌均匀后送入 0℃的冷库中腌制 12h。

(3) 绞碎再腌制　用筛板孔直径为 2mm 的绞肉机将腌好的肉条绞碎，再重新入冷库腌 12h 以上。猪肥膘丁加上食盐拌匀后也送入冷库中腌制 12h 以上。

(4) 灌肠　先将配料用水溶解后，加入到腌制的原料肉中，拌匀后将肉馅慢慢灌入用温水浸泡好的肠衣中，卡节结扎，每节长度 12cm，然后挂在木棒上，每棒 10 根，保持间距。

(5) 烘烤　烘烤的温度应保持在 60～64℃，烘烤 1h 后，待肠表面干燥、光滑、呈黄色时即可。

(6) 煮制　将锅内的水加热至 90℃后，关闭蒸汽，然后将肠体投入锅中，10min 后出锅。

(7) 烟熏　在 60～65℃下烟熏 5h，每天重复熏一次，连续熏 4～6 次即为成品。

4. 成品特点

产品长短均一，色泽均匀，味鲜肉嫩，有皱纹，香味浓厚。

(二) 方法二

1. 原料配方

牛肉 70kg，猪瘦肉 15kg，猪肥膘 15kg，食盐 3.5kg，白糖 0.5kg，50 度白酒 800g，白胡椒粉 200g，豆蔻粉 125g，大蒜末少许，硝酸钠 40g。

2. 工艺流程

原料肉选择及整理→斩拌→灌制→烘烤→蒸煮→烟熏→成品

3. 操作要点

(1) 原料肉选择及整理　选用经检查合格的猪肉和牛肉。先将牛肉、猪肉去尽油筋和膘，切成小块，用盐揉擦表面后，装盘送入0℃左右的冷库中，经12h以上冷却后取出，用网眼直径2mm的斩肉机斩细，装盘再送进0℃左右的冷库中继续冷却12h以上，即为生坯。将猪肥膘切成0.3cm的方丁，用盐揉擦拌匀，盛盘入0℃左右冷库中，冷却2h以上。

（2）斩拌　将牛肉、猪肉、猪肥膘及其他配料一并放入拌合机内，充分拌成糊浆状。

（3）灌制　先将6～7cm的牛肠衣（牛直肠衣），用冷水或温水浸洗干净，再将生坯浆灌入肠衣中，每灌好一根，用线绳扎好，并在腰间围结数道，以防肠子过重坠坏肠衣，然后打结，每节约12cm，以便串棒。每根木棒挂10根，每根之间保持一定距离，防止挤靠，影响烘烤质量。

（4）烘烤　目前，烘烤采用两种方式：一种是用无脂树木柴烘烤；另一种是煤气烘烤。如用木柴烘烤，将木柴点燃后，分里、外2堆，里堆火力较弱，外堆火力较强些，烘房门上半部拉下，要时刻注意火候，力求温度均匀。烘房温度保持在65～80℃为宜。烘烤时视天气情况而定，一般在1h左右。烤好的肠子表皮干燥、光滑，用手摸时无黏湿感觉，肉馅色已经显露出来，呈酱红色，烤好后即可出烘房。

（5）蒸煮　待煮锅中的水烧至95℃时，将蒸汽关闭，然后把经烘烤的生坯放入锅中，随即将肠身翻动一下，以免相互搭牢，影响烧煮质量。每隔半小时将肠身翻动1次，经过1.5h出锅，出锅时成品温度不宜低于70℃。

（6）烟熏　成品出锅后，再挂入烘房，用木屑烟熏，烟熏温度保持在60～65℃，经过5h后停烟，隔日再继续烟熏。时间与上同。这样连续烟熏4～6次，12～14天即为成品（干燥天气12天，潮湿天气14天）。如果场地条件许可，可挂在太阳下晾晒或挂在空气流通干燥地方自行晾干，这样10天左右即为成品。萨拉米肠产品出品率60%左右。

4. 产品质量标准

成品肠体饱满，弹性好，有光泽，表面颜色呈棕红色，味道纯正。

五、萨拉米熏煮香肠

1. 原料配方

原料肉可采用以下几种配方中的任意一种。

(1) 配方1 瘦牛肉68.1kg、瘦猪肉79.4kg、猪肉（肥瘦各半）79.4kg。

(2) 配方2 瘦牛肉136.2kg、猪肉（肥瘦各半）90.8kg。

(3) 配方3 瘦牛肉68.1kg、猪脸肉45.4kg、牛脸肉68.1kg、背膘45.4kg。

其他原料盐6.8kg、亚硝酸钠35g、硝酸钠0.1kg、异抗坏血酸钠0.1kg、黑胡椒粉0.8kg、蔗糖0.6kg、肉豆蔻粉0.1kg、多香果粉70.9g、生姜粉70.9g、香芹籽粉28.4g、大蒜粉70.9～141.9g、碎冰0.3～0.4kg。

2. 工艺流程

绞肉→斩拌→搅拌→腌制→抽真空→灌肠→烟熏→蒸煮→冲淋→包装

3. 操作要点

(1) 绞肉 将冷却的牛肉用筛板孔径为3/16英寸的绞肉机绞碎，所有的猪肉（不包括背膘）用筛板孔径为1/4英寸的绞肉机绞碎。

(2) 斩拌 将大约34kg的牛肉倒入斩拌机中，加入10%～15%的冰和1.4kg盐斩拌。如果原料肉中存在脂肪，则先将脂肪预冷至−3℃，然后用切片机切片（76mm宽、6mm厚）。在斩拌快结束前将脂肪加入斩拌机中，持续斩拌直到脂肪变成6mm左右大小的颗粒。

(3) 搅拌 将斩拌后的肉糜倒入搅拌机中，添加剩余的牛肉、猪肉、预先混合好的盐和其他调味品，搅拌3min。

(4) 腌制 将充分搅拌后的肉糜放置在0～4℃的冷库中，腌制一夜。

(5) 抽真空 将腌制好的肉糜从冷库中取出倒入真空搅拌机中抽真空1～1.5min，以便于灌肠。

(6) 灌肠 肠衣采用纤维素肠衣，尺寸为（70～75）mm×508mm或48mm×280mm。

（7）烟熏　先将烟熏炉预热至 58℃。风门完全打开，将香肠放入烟熏炉的架子上，待肠衣干后风门关闭至 1/4 处，持续通入浓烟，烟熏炉的温度逐渐升高至 66℃，保持这个温度直到香肠熏制完成，呈现出理想的色泽。

（8）蒸煮　停止通烟，将烟熏炉的温度升高至 80～82℃，保持这个温度直到香肠的中心温度达到 68℃。

（9）冲淋　将香肠从烟熏炉中取出，用冷水冲淋，使香肠的中心温度冷却至 50℃。

（10）包装　将冷却后的香肠置于室温下待肠衣干燥后，放入 7℃的冷库中，香肠中心温度降到 10℃后装运。产品应在低温条件下保藏。

六、辽宁里道斯肠

1. 原料配方
猪瘦肉 30kg，牛肉 15kg，猪肥膘、淀粉各 5kg，盐 1.75kg，胡椒粉 50g，桂皮粉、味精各 30g，蒜（捣成泥）200g，香油 500g，水 8kg，亚硝酸钠 3g。

2. 工艺流程
原料肉的处理→切块→腌制→制糜→拌馅→灌制→烘烤→水煮→熏烤→成品

3. 操作要点
（1）拌馅　把牛肉的脂肪和筋膜修割干净，与瘦猪肉掺在一起，切成条状块，撒上肉重 3.5%的食盐，用绞肉机绞成长为 1cm 的方块，放在 -7～-5℃的冷库或冰柜里，冷却腌制 24h。把猪肥膘切成条状块，撒上肥膘重 3.5%的食盐，放在 -7～-5℃的冷库或冰柜里，冷却腌制 24h。把腌好的猪瘦肉和牛肉用绞肉机绞成 2mm 或 3mm 的颗粒肉糜。把腌好的猪肥膘切成长 0.5cm 的方丁，倒进肉糜里。把盐、胡椒粉、桂皮粉、蒜泥、香油、味精、淀粉、水（夏天用冰屑或冰水）、亚硝酸钠混合均匀，倒进肉糜里，搅拌 3min 左右，搅至肉馅产生黏性，即成肠馅。

（2）灌制　用灌肠机，将肠馅灌进套管肠衣或玻璃纸肠衣里，把口系牢，留一个绳套以便穿竿悬挂。发现气泡后，要用针板打孔排气。

（3）烤、煮、熏制　把经检查过的肠穿在竹竿上，然后挂进烤炉里。炉温要控制在 70℃ 左右，烘烤 1.5h，待肠体表皮干燥、透出微红色，手感光滑时，就可出炉。出炉后，将原竿放进 90℃ 的热水锅里，上面加压竹箅子和重物，使肠体全部沉没在水里。水温保持在 85℃ 以上，煮 30min，将肠体轻轻活动一下，再煮 1h 左右。捞出一根，把温度计插入肠体中心，达 75℃ 左右即可从锅里把肠子提出来，并将原竿挂在熏炉里，用不含油脂的木材作燃料进行烘烤，炉温控制在 70℃ 左右，烘烤 1h 后，往火上加适量锯末，熏烤 3h，见肠体干燥，表皮布满密密麻麻的皱纹时，即熏烤完成。将肠体出炉凉透，即为成品。

4. 产品特点

该产品色泽红褐，味道鲜香，耐贮存，可直接食用，省事方便。

第三节　生熏香肠

一、西班牙辣香肠

1. 原料配方

原料肉可采用以下任选配方。

（1）配方 1　瘦牛肉 136.2kg、猪肉 90.8kg。

（2）配方 2　瘦牛肉 68.1kg、牛脸肉 45.4kg、牛心或猪心 34.0kg、猪肉 79.4kg。

食盐 6.8kg、玉米淀粉 2.3kg、亚硝酸钠 35.4g、硝酸钠 283.5g、异抗坏血酸钠 122.8g、红辣椒 6.8kg、黑胡椒粉 567.4g、红辣椒粉 70.9g、芫荽粉 141.8g、牛至粉 28.4g、生姜粉 141.8g、冰水 22.7kg、白醋 2.85L。

2. 工艺流程

绞肉→搅拌→二次绞肉→灌肠→烟熏→冷却→储藏

3. 操作要点

（1）绞肉　肉应先预冷至 0～1℃，猪肉用筛孔直径 1/2 英寸的绞肉机绞碎，牛肉和猪心用筛孔直径 1/8 英寸的绞肉机绞碎。

（2）搅拌　将绞碎的肉糜转移到搅拌机中，添加冰和醋，然后加入食盐和其他辅料，搅拌均匀。

（3）二次绞肉　用筛孔直径 1/4 英寸或 3/8 英寸的绞肉机再次绞肉。

（4）灌肠　将搅拌好的肉馅立即灌入猪肠中，灌制好的香肠转移到低温室中（低于 0℃）悬挂，干燥冷却。

（5）烟熏　香肠先在室温中放置一段时间，然后移到烟熏室，烟熏室的温度应不高于 48℃，待肠衣干燥后采用轻烟熏制直到获得理想颜色。

（6）冷却　将熏制好的香肠移到冷藏室（0～4℃），放置一晚，使香肠中心温度降到 13℃。

（7）储藏　在储藏销售过程中要保持温度在 -15℃左右。

二、卡拉克尔熟香肠

1. 原料配方

瘦牛肉 115.3kg、猪肉（肥瘦各半）115.3kg、盐 5.9kg、硝酸钠 0.1kg、亚硝酸钠 35g、异抗坏血酸钠 0.1kg、黑胡椒粉 0.2kg、玉米淀粉 2.3kg、豆蔻粉或肉豆蔻粉 56.8g、碎香菜 56.8g、生姜粉 56.8g、大蒜粉 14.2～28.4g、碎冰 34.0kg。

2. 工艺流程

绞肉→斩拌→灌肠→烟熏→蒸煮→冲淋→冷却

3. 操作要点

（1）绞肉　将冷却的瘦牛肉用 1/4 英寸筛板孔径的绞肉机绞碎，猪肉用 1 英寸筛板孔径的绞肉机绞碎。

（2）斩拌　将绞碎的牛肉倒入斩拌机中，加入量不要超过斩拌机容量的一半，加入 23kg 冰和预先混匀好的盐和其他调味品，斩拌均匀。加入剩余的 11kg 冰和猪肉，继续斩拌，直到猪肉脂肪变成 6～9mm 大小的颗粒。斩拌结束后将肉糜倒入真空搅拌机中搅拌 2min。

（3）灌肠　肠衣用牛小肠。

（4）烟熏　烟熏炉预先加热至 58℃。风门完全打开，将香肠放入烟熏炉的架子上，彼此之间保持合适的距离。待肠衣干燥后将风门关闭到 1/4 处，持续通入浓烟，升温至 60℃后保持 2.5～3h。之后停止通烟，将烟熏炉温度逐渐升高到 75℃左右，直到香肠的中心温度达到 58℃。

（5）蒸煮　向烟熏炉中通入蒸汽，炉温保持 75℃，直到香肠中心温度达到 68℃。如果要水煮香肠，则将水温控制在 75℃左右直到香肠中心温度达到 68℃。

（6）冲淋　蒸煮完的香肠用冷水冲淋，使香肠的中心温度降至 50℃。

（7）冷却　将冷却后的香肠置于室温下待肠衣干燥后，放入 0～4℃的冷库中，待香肠中心温度降到 10℃后装运。

三、生熏软质香肠

1. 原料配方
可以采用以下任何一组配方。

（1）猪肉（65％瘦肉）227kg、胡椒粉 681.2g、食盐 5.7kg、玉米淀粉 2.3kg、亚硝酸钠 7.1g、硝酸钠 355g、异抗坏血酸钠 122g。

（2）猪肉（65％瘦肉）170.3kg、瘦牛肉 56.8kg、胡椒粉 681.2g、芥菜籽粉 227.2g、食盐 5.7kg、玉米淀粉 2.3kg、亚硝酸钠 7.1g、硝酸钠 355g、异抗坏血酸钠 122g。

（3）猪肉（65％瘦肉）113.5kg、瘦牛肉 79.5kg、背膘 34kg、胡椒粉 681.2g、香菜籽粉 681.2g、大蒜粉 7.1g、食盐 5.7kg、玉米淀粉 2.3kg、亚硝酸钠 7.1g、硝酸钠 355g、异抗坏血酸钠 122g。

（4）猪肉（65％瘦肉）113.5kg、瘦牛肉 90.8kg、背膘 22.7kg、食盐 5.7kg、玉米淀粉 2.3kg、亚硝酸钠 7.1g、硝酸钠 355g、异抗坏血酸钠 122g。

2. 工艺流程
原料肉修整→绞肉→腌制→再次绞肉→灌肠→成熟→烟熏→冷却

3. 操作要点
（1）原料肉修整　剔除所有的筋、结缔组织和肉皮，肉熟制后冷却至 0℃以下备用。

（2）绞肉　将猪肉和背膘（若使用）用筛孔直径为 1/2 英寸的绞肉机绞碎，将牛肉用筛孔直径为 1/8 英寸的绞肉机绞碎，将肉糜转移至搅拌机中加入其他原料充分混匀。

（3）腌制　将肉糜在盆中压实，避免空气进入，高度不超过

15cm；然后将其转移至 0～4℃的环境下腌制 24h。

（4）再次绞肉　熟制之后将肉用筛孔直径为 1/8 英寸的绞肉机再次绞碎。

（5）灌肠　选用猪二路肠衣，用绳子先系住一端，灌入肉糜，每段长度控制在 10cm 左右。灌好后挂在烟熏架上，防止肠体互相接触，用冷水冲淋。

（6）成熟　将肠转移至恒温室中，在温度为 21～24℃，相对湿度为 75%～80%的条件下熟制 3 天。

（7）烟熏　烟熏室温度控制在 21～27℃，相对湿度不要超过80%～85%，以防止香肠变酸。将挂香肠放入烟熏室中，将风门完全打开使肠充分干燥 30min，然后关闭风门至 1/4 处，用浓烟熏制 24～48h。烟熏后将肠取出，间歇性地浸入沸水中，使肠衣收缩并除去肠表面的脂肪。

（8）冷却　将肠转移至温度为 4℃的环境中，冷却至中心温度到 10℃。

第四节　熟香肠

一、蒸煮肝肠

这是一种以猪肝脏为主要原料之一的肠类制品。依据材料配合不同，可以制成硬度各异的肝肠。肝肠属于预煮香肠。不仅猪肝可以用于制作肝肠，羊肝、牛肝也是良好的原料。使用前，要先对肝进行预煮。这种产品物美价廉，在欧洲很受欢迎。

1. 原料配方

猪瘦肉 50kg，猪肝 30kg，猪皮 20kg，猪肩脂肪 20kg，盐 3kg，硝酸钾 360g，胡椒 480g，白砂糖 360g，洋葱 1.2kg，味精 360g，水 24kg。

2. 工艺流程

原料整理→腌制→绞碎→搅拌→灌肠→蒸煮→冷却→成品

3. 操作要点

（1）原料整理　新鲜的猪瘦肉去掉筋腱；猪肝去掉苦胆、肝筋、水泡和血斑点，剖开硬管，清洗干净，肝的表面发脆，发硬的地方和苦胆液渗入的部分也要清除；猪皮要清洗干净。

（2）腌制、绞碎、搅拌　将整理好的猪瘦肉切成小块，加盐腌制1～2天，再用绞刀绞碎；将猪脂肪先切成小块，再用绞刀绞碎；猪皮煮沸后，用绞刀绞2～3次，再移至煮锅中，加少量水加热搅拌，搅拌到黏度很大的饼状后，进行冷却，再用绞刀绞碎。将猪肝用绞刀绞碎，再用搅拌机搅拌成半流动状，然后将肉类原料放入搅拌机中搅拌，搅拌时缓慢地投入调味料，最后投入绞碎的脂肪。

（3）灌肠、蒸煮　搅拌后的肉馅应立即灌入肠衣。肝肠使用的肠衣为猪直肠或牛大肠肠衣。灌好的肠要冷却24h，再用70℃的热水煮制1h，一般不烟熏，冷却即为成品。

4. 产品特点

产品色泽良好，口感清香，有猪肝味。

二、肉枣

肉枣又名肉橄榄或肉葡萄，是将肉馅灌入肠衣后，再进行扎节使其呈枣状，然后经烘烤而制成的产品。

1. 原料配方

猪瘦肉100kg，白糖8kg，食盐2.5kg，60度白酒2kg，白酱油5kg，硝酸钠40g，味精300g。

2. 工艺流程

原料选择和处理→拌馅→灌制→烘烤→成品

3. 操作要点

（1）原料选择和处理　以猪后腿精肉为原料，也可选用前腿肉，修净瘦肉上的脂肪、筋腱、碎骨和软骨，用网眼直径2～3cm的绞肉机绞成肉馅。

（2）拌馅　将绞碎的肉馅和配料一起放入搅拌机内搅拌均匀。

（3）灌制　选用羊或猪的小肠做肠衣。灌制松紧度应比香肠适当松一些，便于连续扎结。据肠衣粗细不同，一般每隔3～4cm扎节定型呈红枣样，每隔1m用麻绳系牢，挂竿。

（4）烘烤　将肉枣送入烤房，烘烤温度控制在70℃左右，持续7h，然后降温至40～50℃，经2天即成成品。肉枣不宜堆放，必须挂在空气流通处和干燥的地方，或将肉枣按节剪下、定量分装于塑料袋内密封保存，以防受潮。

4. 产品质量标准

肉枣宛如红枣，咸甜适口，香味浓郁。

三、小红肠

小红肠又名维也纳肠，首创于奥地利首都维也纳，味道鲜美，后风行全球。将小红肠夹在面包中就是著名的快餐食品，因其形状像夏季狗吐出的舌头，国外统称为"热狗"。我国生产小红肠已有近百年的历史，除出口销售外，还供应国内外事、西餐、旅游快餐等餐饮及服务业的需求，深受国内外消费者欢迎。小红肠每根长 10～12cm，长短均匀，成品外观红色，内部肉质粉红色，用直径 18～24mm 的肠衣灌制，形似手指。

1. 原料配料

牛肉 55kg，猪精肉 20kg，五花肉 25kg，胡椒粉 200g，肉豆蔻粉 150g，盐 3.5kg，味精 100g，硝酸钠 50g，淀粉 5kg，红色素 90g。

2. 工艺流程

原料肉的选择与处理→腌制→绞碎斩拌→灌肠→烘烤→煮制→出锅冷却→成品

3. 操作要点

（1）原料肉的选择与处理　选择符合卫生要求的牛肉、猪肉为原料，剔除皮、骨、筋腱等结缔组织，切成长方条待用。

（2）腌制　修整好的原料肉加盐和硝酸钠拌匀，于 2～4℃的冷库中腌制 12h 以上。

（3）绞碎斩拌　腌制后的肉块先用直径为 15mm 筛板的绞肉机绞碎，再将绞碎的精肉进行斩拌。斩拌过程中，加入适量冰水、配料，最后加入肥膘，斩拌均匀。要求斩拌后肉温不超过 10℃。

（4）灌肠　将斩拌后的肉馅，用灌肠机灌入 18～24min 的羊小肠肠衣中，灌制要紧实，并用针刺排气，防止出现空洞。

（5）烘烤　将肠体送入烘房中，在温度为 70～80℃下烘 1h 左右。烘至肠衣外表干燥，光滑为止。

（6）煮制　将锅内的水加热至 90℃，加入适量的红曲红色素，然后把肠体放入锅中煮制 30min，取其一根测其中心温度达 72℃时，证明已煮熟。

（7）出锅冷却 成品出锅后，应迅速冷却、包装。

（8）成品 成品小红肠应达到肠体饱满，弹性好，有光泽，表面颜色呈棕红色。内部结构紧密、无气孔，切片性好。风味鲜美，吃起来有韧性。

4. 生产中易出现的问题成因及防除策略

有时红肠有酸味或臭味，这是在炎热季节最易发生的质量问题。红肠刚出炉，其内容物就有酸味或臭味，其原因有以下几个。

（1）原料不新鲜，本身已带有腐败气味。防除措施是选用新鲜原料。

（2）已分割的原料，在高温下堆积过厚，放置时间过长，没有及时腌制入库，以致使原料"热捂"变质，使用这种变质原料，会使产品产生酸臭味。防除措施是规范操作程序，及时腌制处理。

（3）腌制温度过高，腌过的肉在冷库中叠压过厚以及库温不稳定或较高，也可使冷库中的原料变质，其表面发黏，脂肪发黄，瘦肉发绿，这种原料不能用来加工。防除措施是稳定库温，防止库内腌肉叠积超厚。

（4）原料在搅拌或斩拌剁切时，由于摩擦作用使肉温升高，当肉馅温度超过 12℃时，在加工过程中，就可能发酵变质。防除措施是加冰斩拌，防止斩拌时肉温超过 12℃。

（5）烘烤时炉温过低，烘烤时间过长，也能使产品产生酸味。防止措施是烘炉温度不低于 70℃。

四、茶肠（大红肠）

茶肠也称大红肠，是欧洲人喝茶时食用的肉制品，故得此名。原料以牛肉为主，猪肉为辅，肠体粗大如手臂，长 45～50cm，红色、肉质细腻，切片后可见肥膘丁，肥瘦分明，具有蒜味。大红肠和小红肠在我国是同时开始生产的，其产销情况和小红肠基本相同，但产销数量较小红肠少。

（一）方法一

1. 原料配方

牛肉 31kg，猪瘦肉 12.5kg，肥膘丁 6.5kg，淀粉 2kg，肉豆蔻粉 65g，胡椒粉 75g，桂皮粉 30g，蒜末 300g，盐 17～50g，硝酸钠 25g，牛盲肠（牛拐头）约 25 只。

2. 工艺流程

原料肉的选择和修整→绞碎→腌制→拌馅→灌肠→烘烤→蒸煮→成品

3. 操作要点

（1）原料肉的选择和修整　选健康新鲜的精瘦肉为原料，必须除去筋腱等结缔组织和碎骨、软骨，以腿部肉和臀部肉为最好。肉质要有弹性，色泽要鲜红。

（2）绞碎、腌制　将瘦肉剔去结缔组织和碎骨后，切割成长10～12cm、宽 2.5～3cm 的肉条，用清水洗泡，排出血水后沥干；再用绞肉机将肉绞成 8～10mm 的肉末。肥膘以背膘最好，切成长 1cm 的小方块，用 35℃ 温水清洗，以除去浮油和杂质，捞出沥干后可加食盐腌制。

（3）拌馅　将一定量的瘦肉末和沥干的肥膘丁混合，倒入搅拌机内，按配制好的各种调料均匀撒在肉面上，如为固体性配料可稍许溶化后再加入，以免搅拌不匀。同时，加入一定量的清水（冬季可加温水），以加快渗透作用和使肉馅多汁柔软。加水量为肉重的 10%～15%。搅拌均匀的肉馅应迅速灌制，否则色泽将变褐，影响制品外观。

（4）灌肠　灌制前将肠衣洗净，泡在清水中，待其变软后捞出控干。灌肠有手工和机械两种方法。肉制品加工厂都采用空气压缩灌肠机。灌制时，把握肠衣的手，松紧要适当。避免肠内肉馅过多而胀破肠衣或因肉馅过少而形成空肠产生气泡。灌制后的香肠，每 24～26cm 为一小节，用水草绳结扎，然后在中间用小线再系结，使制品长度为 12～13cm。用钢针刺孔，使肠内的气体可排出；用清水洗净肠体表面的油污、肠馅，使肠体保持清洁明亮，以利干燥脱水。

（5）烘烤　烘烤温度为 70%～80%，烤制 45min。烘制至肠衣外表干燥、光滑、呈浅黄色为止。

（6）蒸煮　煮制水温为 90%，时间为 1.5h，每隔半小时将肠身翻动一次，注意起锅前水温不得低于 70%，自然或风冷后即为成品。

4. 产品特点

产品表面红色，内部肉色粉红，色泽均匀，鲜嫩可口，肠衣无裂缝、无异斑。

（二）方法二

1. 原料配方

牛肉 45kg，猪精肉 40kg，猪肥膘 5kg，淀粉 5kg，胡椒粉 150g，玉果粉 125g，大蒜粉 300g，盐 3.5kg，硝酸钠 40g。

2. 工艺流程

原料肉选择及整理→腌制→斩拌→灌制→烘烤→蒸煮→冷却→成品

3. 操作要点

（1）原料肉选择及整理　选择符合卫生标准的牛肉、猪肉（精瘦肉带膘不得超过 5%，修割下的小块肉，肥中带瘦，不得超过 3%），修去筋腱、淋巴结和杂物等，把瘦肉切成约 2cm 厚、重约 100g 的薄片长条。肥肉一般仅用猪肥膘，切成 0.6cm 见方的小块。

（2）腌制　腌制的目的是改善肉的色泽和风味。处理后的原料肉加盐 2.7kg 和硝酸钠 40g 揉擦均匀（先将硝酸钠化成水，洒在原料肉上，再均匀撒上盐），放入 0~4℃冷库内腌制 12h，取出绞成肉糜，再腌制 12h。

肥肉只加 0.8kg 盐，不加硝酸钠，搅拌混合均匀，置于 3~4℃条件下腌制 12h 以上。腌制时，瘦肉和肥肉要分别进行，不能混在一起且要腌透腌匀。

（3）斩拌　绞碎或斩拌的目的是破坏肌肉原组织，使肌肉细而嫩，增加肉对水的吸附能力和黏结性，便于消化吸收。在绞碎肉前，先检查肉表层有无污染，再看是否腌透，若有污染应清除掉，没腌透，应继续腌制。斩拌是在加工肉糜型肠时采用的方法，把腌制好的肉和其他配料放入斩拌机中斩拌成肉糜状肠馅。要先斩拌牛肉，再斩拌猪肉。因为牛肉的脂肪少，结缔组织多，耐热力强。为防止肉温升高及提高出品率，斩拌时要加入适量的冰屑和水，加水量以 50kg 原料加 10~15kg 水为宜（注意前后加入的冰量都应计算在内），斩拌结束后，肉馅温度不得超过 12℃。斩拌时长为 5~7min。要求斩拌好的肉糜尽量保持原温，斩拌成品细而密度大，吸水能力好，黏结力强，富有弹性。如果肉馅无黏性或黏性不足，则应继续斩拌。然后把斩拌的瘦肉与切成的肥膘丁（或肥膘泥）以及其他配料放入拌馅机中，搅拌均匀。

（4）灌制 将肠馅用真空灌肠机灌入牛盲肠内，根据制品的要求进行分节、扎口、串杆。

（5）烘烤 烘烤在烘房内进行，其作用是增加肠衣的机械强度，使肠体干燥、促进肉馅发色、驱除异味及抑制微生物的生长。烘烤温度通常保持在 $65 \sim 70 ℃$，待肠内温度达 $55 ℃$ 时，维持 $45min$ 左右，至肠衣表面干燥、光滑、呈浅黄色为止。烘烤达到要求的肠体表面干爽，肠衣半透明，显露肉馅红润的色泽，无出油现象。如发现流油，说明已经烤过度了。

（6）蒸煮 有汽蒸和水煮两种方法。汽蒸是在特制的蒸煮容器或室内进行，其有产量大，装取灌肠方便等优点，但设备投资大，一般小型加工厂不宜采用。水煮的方法极为普遍，投资小，适应于小型加工厂。水煮时锅内加入容量 80% 的水量，将烘烤好的肠放入水温 $90 \sim 95 ℃$ 的锅中煮制（为增加肠体颜色可加适量食用红色素）。煮制期间，每隔 $30min$ 将肠身翻动 1 次，煮 $1.5h$，冷却即为成品。

蒸煮温度要把握好，温度过低，可能引起肉馅酸败（由于未能及时杀死微生物造成），温度过高，可能引起肠衣破裂（由于水分在高温下的迅速蒸发和淀粉的糊化，形成剧烈膨胀造成）。

（7）成品质量标准

① 肠体坚实，有弹性，肉馅粉红色，膘丁白色。肉馅与肠衣紧密结合，不易分离。肠衣干燥，有皱纹，无裂痕。

② 肉质软嫩，口味鲜美，具有特殊的香味。

③ 长 $18 \sim 22cm$，直径 $30 \sim 45mm$，水分 $47\% \sim 48\%$，食盐含量不超过 8%。

4. 红肠生产中出现"渣"的原因

有时红肠内容物松散发"渣"，口感不好，肠体弹性不足，大体有以下几种原因造成。

（1）脂肪加入过多 为了合理利用肉源，降低成本，增加产品味道，在生产中，要适当使用一些肥肉，一般添加量在 $10\% \sim 20\%$。产品中如果脂肪含量过低，会明显影响口味。如果过多加入肥膘（高达 30%），则不但会影响口味，而且在红肠烘烤、煮制过程中，这些过多的液态油渗透入肉馅中，大大降低了肉馅肥膘、淀粉和水分的结合能力，致使红肠组织结构松散，造成发"渣"。

（2）加水量过多　在制作肉馅的过程中，由于瘦肉经过绞碎，其持水能力大大增加，同时，加入的淀粉和其他辅料也要吸水。因此，必须加入一定量的水分，既有利于肉馅的乳化，又可提高出品率。但如果加入的水超过了肉馅的"吃水"能力，这样，过多的游离水充满肉馅组织，同样降低了肉馅组织的结合力，使肉馅松软而失去弹性，造成水"渣"。

（3）腌制期过长　为了保证成品质量。用于制作灌肠的原料必须腌制。一般在 4～8℃腌制 3～5 天，即可进行加工。如果腌制期过长，则原料肉表面水分蒸发过多，逐渐形成一层海绵状脱水层，并不断向内部扩散加深，这样的肉质变得干硬、粗糙，失去原有的弹性和光泽，肌肉纤维变得脆弱易断，制成的灌肠，弹性、口味差，还会发"渣"，且有酸臭味。

造成红肠发"渣"的原因是多方面的，要彻底解决红肠发"渣"的质量问题，需采用综合性措施，各工序要严格把关方可，特别是腌肉的温度要控制在 10℃以下。

第五节　干制和半干制香肠（发酵香肠）

一、风干香肠

风干香肠由于经过日晒和烘干，使大部分水分除去，富于储藏性，又因经过较长时间的晾挂成熟过程，具有浓郁鲜美的风味。风干香肠味美适口，细细咀嚼，越品越香，食后口有余香。风干香肠瘦肉呈红褐色，脂肪呈乳白色，略带黄色，并有少量棕色辅料点，肠体质干而柔，有粗皱纹，没有弹性，肉丁突出，呈凸形。成品扁圆状，粗细均匀，折成双行。

1. 原料配方

（1）原料配方　按50kg猪肉计算（猪瘦肉45kg，猪肥肉5kg）：白酱油9kg，砂仁面75g，肉桂面100g，豆蔻面100g，花椒面50g，鲜姜500g。

(2) 仪器及设备 冷藏柜，绞肉机，灌肠机，排气针，台秤，砧板，刀具，盆，烤炉，细绳，蒸煮锅。

2. 工艺流程

原料选择与修整→搅拌→灌制→风干→发酵→煮制→成品

3. 操作要点

(1) 原料选择与修整 选用经卫生检验合格的鲜、冻猪肉为原料，经修整符合质量卫生标准后，把肥、瘦猪肉分开切割，避免拌馅不匀，切成 1~1.2cm 的小方块，最好手工切肉。

(2) 搅拌 把所有辅料混合均匀后，倒入白酱油，搅拌均匀，再把肥、瘦肉丁倒入拌匀，达到有黏性，即浓稠状为止。

(3) 灌制 把合格的猪小肠衣清洗干净，控净肠衣内的水分，再把肉馅灌入肠衣内，用手捏得粗细均匀，再扎针放气。

(4) 风干 冬季用烤炉把制品烤 2h 后，里外调换位置 1 次，再烤 2h，皮干为止。春、夏、秋三季用日晒，晒至制品皮干为止。挂于阴凉通风处，风干 3~4d 后下杆捆扎，每捆 12 根较为合适。

(5) 发酵 把捆扎好的香肠存放在干燥、阴凉、通风的保管间，10d 左右取出进行煮制。

(6) 煮制 将煮锅内清水烧开后将香肠下锅，煮 15min 后出锅，即为风干香肠。

(7) 成品 风干香肠瘦肉呈红褐色，脂肪呈乳白色，略带黄色，并有少量棕色辅料点，肠体质干而柔，有粗皱纹，没有弹性，肉丁突出，呈凸形，成品扁圆状，粗细均匀，味美适口。

4. 注意事项

(1) 原料修整后，瘦肉不能带明显筋络，肥肉不带软质肉膘。如果使用切丁机，必须保证肉丁的均匀、不糊、不粘连。

(2) 拌好的肉馅不要久置，必须迅速灌制，否则瘦肉丁会变成褐色，影响成品色泽。

(3) 灌制时要掌握松紧程度，不能过紧或过松，过紧会胀破肠衣，过松影响成品的饱满结实度。

(4) 烘烤时注意控制好温度，若烘烤温度过高会使香肠出油，降低质量和成品率。

(5) 将煮熟的香肠挂在通风干燥处，可保管 10~15d。

二、发酵鱼肉香肠

1. 原料配方

蛤鱼 100kg，白糖 5kg，盐 2kg，60 度曲酒 3kg，蒜 1kg，胡椒粉 300g，抗坏血酸 80g，亚硝酸钠 15g，β-环状糊精 1kg，味精 100g，冰水适量。

2. 工艺流程

蛤鱼→解冻→漂洗→除内脏、去刺→采肉→漂洗、沥水→斩拌→接种拌料→灌装→发酵→烘烤→成品

3. 操作要点

(1) 蛤鱼的选择和解冻　蛤鱼须用冻鲜品，无杂鱼和杂物，并应放在 10℃下的冷水中解冻，直到变软为止。

(2) 除内脏、去刺、采肉　蛤鱼解冻后，应立即除去内脏和鱼刺，剔除鱼肉，并清水漂洗干净，沥干水分备用。鱼骨刺可用胶体磨研成骨泥，添加在香肠内，以补充钙质，降低生产成本。

(3) 斩拌　将鱼肉放入斩拌机内斩碎，斩拌的程度越细，蛋白质的提取越完全，产品的品质越好。

(4) 接种拌料　先将植物乳杆菌和啤酒片球菌的菌种分别接种在固体斜面 MRS 培养基上活化两次后，转入 MRS 液体培养基中，经 30～32℃，20～24h 培养后，分别接种于斩拌好的鱼糜中。发酵剂的菌数含量为 10^7cfu/g，接种量按鱼肉重的 1% 进行接种。接种后，搅拌均匀。

(5) 灌装　将搅拌均匀的鱼糜料灌装于羊肠衣或猪小肠衣中，要灌紧装实，粗细均匀，按每节 18～20cm 长打结，并用温水冲去肠体表面油污。

(6) 发酵　将灌好后的湿香肠置于 32～35℃，相对湿度为 80%～85% 的发酵室内发酵 20～24h，当达到 pH 值为 5.0～5.2 时，即可终止。

(7) 烘烤　将发酵后的肠体，送到 55～60℃ 的烘箱，烘烤 8～10h。此时，肠体表面干燥，色泽呈灰白色略带粉红色。取出后，挂于稍干燥的 10℃ 的贮藏室内，待冷却后，用塑料袋真空包装即为成品。

(8) 成品 香肠外表光洁无霉变，呈褐红色，有特殊香味，质地坚挺不松散。

三、发酵山羊肉香肠

1. 原料配方

山羊肉 180kg，白糖 5kg，盐 2kg，60 度曲酒 3kg，亚硝酸钠 15g，白酱油 1kg，葡萄糖 1.5kg，味精 100g，冰水适量。

2. 工艺流程

山羊肉的解冻、清洗、绞碎和腌制→拌馅→添加工作发酵剂→灌装→发酵→烘烤→成熟

3. 工艺要点

(1) 菌种活化 选用植物乳酸杆菌和乳脂链球菌，将其充分活化后，按 1:1 比例混合转入 MRS 液体培养基中，经 30~32℃，20~24h 培养后，制成工作发酵剂，发酵剂的菌数含量为 1×10^7 个/mL，备用。

(2) 接种拌料 将制备好的工作发酵剂接种于拌好的羊肉馅中。接种量按羊肉重的 2% 进行。接种后，搅拌均匀。

(3) 灌装 将搅拌均匀的羊肉馅灌装于羊肠衣中，要灌紧装实，粗细均匀，按每节 18~20cm 长打结，并用温水冲去肠体表面油污。

(4) 发酵 将灌好后的湿香肠置于 32~35℃，相对湿度为 80%~85% 的发酵室内发酵 24~30h，当达到 pH 值为 5.0~5.2 时，即可终止。

(5) 烘烤 将发酵后的肠体，送到 45~50℃ 的烘箱，烘烤 8~10h。此时，肠体表面干燥，色泽呈灰白色略带粉红色。取出后，挂于稍干燥的 10℃ 贮藏室内，待冷却后，用塑料袋真空包装即为成品。

四、发酵羊肉香肠

1. 原料配方

羊肉 100kg，白糖 5kg，食盐 2kg，60 度曲酒 3kg，蒜 1kg，胡椒粉 300g，抗坏血酸 80g，亚硝酸钠 15g，β-环状糊精 1kg，味精 100g，冰水适量。

2. 工艺流程

羊肉→解冻→清洗→腌制→斩拌→添加辅助材料→添加工作发酵剂→灌装→发酵→烘烤→成熟

3. 操作要点

（1）羊肉的选择　选择经兽医卫生检验合格的羊后腿肉，修净筋腱、污物，瘦肉和脂肪的比例是 9∶1。

（2）斩拌　将羊肉放入斩拌机内斩碎，斩拌的程度越细，蛋白质的提取会越完全，产品的切片性会更好。斩拌时，应加入适量冰水，以降低斩拌温度（控制在 10℃以下），以控制杂菌的增殖。

（3）接种拌料　先将植物乳杆菌和啤酒片球菌的菌种分别接种在固体斜面 MRS 培养基上活化两次后，转入 MRS 液体培养基中，经 30～32℃，20～24h 培养后，分别接种于斩拌好的羊肉糜中。发酵剂的菌数含量为 1×10^7 个/g，接种量按羊肉重的 2％进行。接种后，搅拌均匀。

（4）灌装　将搅拌均匀的羊肉糜灌装于羊肠衣中，要灌紧装实，粗细均匀，按每节 18～20cm 长打结，并用温水冲去肠体表面油污。

（5）发酵　将灌好后的湿香肠置于 32～35℃，相对湿度为 80％～85％的发酵室内发酵 20～24h，当达到 pH 值为 5.0～5.2 时，即可终止。

（6）烘烤　将发酵后的肠体，送到 55～60℃的烘箱，烘烤 8～10h。此时，肠体表面干燥，色泽呈灰白色略带粉红色。取出后，挂于稍干燥的 10℃贮藏室内，待冷却后，用塑料袋真空包装即为成品。

第六节　西式火腿

一、文治火腿

1. 原料配方

（1）主料　猪肉（2号或4号肉）质量 100kg。

（2）原腌制液合计（100kg）　大豆分离蛋白 6.5kg，卡拉胶 1.0kg，食盐 5.83kg，亚硝酸钠 0.02kg，复合磷酸盐 0.85kg，异 VC-Na 0.17kg，白糖 3.0kg，味精 0.45kg，猪肉香精 0.23kg，红曲

红色素 0.18kg，冰水 81.77kg。

（3）辅料合计（10.38kg）　白胡椒粉 0.25kg，玉果粉 0.13kg，玉米淀粉 10.0kg。

2. 工艺流程

原料选择→去骨修整→盐水注射→腌制滚揉→充填成型→蒸煮→冷却→包装贮藏

3. 工艺要点

（1）原料选择　选用猪 2 号或 4 号肉为宜，表面脂肪不超过 5%。

（2）去骨修整　去皮和脂肪后，修去筋腱、血斑、软骨、骨衣。剔骨过程中避免损伤肌肉。整个操作过程温度不宜超过 10℃。

（3）盐水注射　根据配方配制腌制液，配成的腌制液保持在 5℃条件下。用盐水注射机注射，盐水注射率为 60%。

（4）腌制滚揉　用间歇式腌制滚揉，每小时滚揉 20min，正转10min，反转 10min，停机 40min，腌制 24～36h，腌制间温度控制在 2～3℃，肉温 3～5℃。

（5）充填成型　充填间温度控制在 10～12℃。

（6）蒸煮　蒸煮使中心温度达到 78℃以上。

（7）冷却　将产品放入冷却池，由循环水冷却至室温，然后在2℃冷却间冷却至中心温度 4～6℃。在 0～4℃冷藏库中贮藏。

二、盐水火腿

盐水火腿是在西式火腿加工工艺的基础上，吸收国外新技术，根据化学原理并使用物理方法，对原来的工艺和配方进行改进而加工制作的肉制品。盐水火腿已成为欧美各国主要肉制品品种之一。盐水火腿具有生产周期短、成品率高、黏合性强、色味俱佳、食用方便等优点。

1. 原料配方

按猪后腿肉 10kg 计，腌制液配方：精盐 500g，水 5kg，硝石10g，味精 300g，砂糖 300g，白胡椒粉 10g，复合磷酸盐 30g，生姜粉 5g，苏打 3g，肉蔻粉 5g。经溶解、拌匀过滤，冷却到 2～3℃备用。

2. 工艺流程

盐水火腿的工艺流程为：原料选择和整理→注射盐水腌渍→滚揉按摩→装模成型→烧煮和整形→成品冷却→出模或包装销售。

3. 操作要点

（1）原料的选择和拆骨整理　原料应选择经兽医卫生检验，符合鲜售的猪后腿或大排（即背肌），两种原料以任何比例混合或单独使用均可。

后腿在拆骨前，先粗略剥去硬膘。大排则相反，先剥掉骨头再剥去硬膘。拆骨时应注意，要尽可能保持肌肉组织的自然生长块形，刀痕不能划得太大太深，且刀痕要少，尽量少破坏肉的纤维组织，以免注射盐水时大量外流。让盐水较多地保留在原料内部，使肌肉保持膨胀状态，有利于加速扩散和渗透均匀，以缩短腌制时间。

剥尽后腿或大排外层的硬膘，除去硬筋、肉层间的夹油、粗血管等结缔组织和软骨、淤血、淋巴结等，使之成为纯精肉，再用手摸一遍，检查是否有小块碎骨和杂质残留。最后把修好的后腿精肉，按其自然生长的结构块形，大体分成四块。对其中块形较大的肉，沿着与肉纤维平行的方向，中间开成两半，避免腌制时因肉块太大而腌不透，产生"夹心"，大排肉保持整条使用，不必开刀。然后把经过整理的肉分装在能容 20～25kg 的不透水的浅盘内，每 50kg 肉平均分装三盘，肉面应稍低于盘口为宜，等待注射盐水。

（2）注射盐水腌渍　盐水的主要成分是盐、亚硝酸钠和水，近年来改进的新技术中，还加入助色剂柠檬酸、抗坏血酸、尼克酰胺和品质改良剂磷酸盐等，效果良好。

混合粉的主要成分是淀粉、磷酸盐、葡萄糖和少量精盐、味精等，若有条件生产血红蛋白，还可加入少量血红蛋白，若无条件生产的，不加也无多大影响。按地方风味需要，还可加些其他辅料。盐水的混合粉中使用的食品添加剂，应先用少许清洁水充分调匀成糊状，再倒入已冷却至 8～10℃的清洁水内，并加以搅拌，待固体物质全部溶解后，稍停片刻，撇去水面污物，留下水底沉渣，再行过滤，以除去可能悬浮在溶液中的杂质便可使用。

用盐水注射器把 8～10℃的盐水强行注入肉块内。大的肉块应多处注射，以达到大体均匀为原则。盐水的注射量一般控制在 20%～

25%。注射多余的盐水可加入肉盘中浸渍。注射工作应在 8～10℃ 的冷库内进行，若在常温下进行，则应把注射好盐水的肉，迅速转入（2～4）℃±1℃ 的冷库内。若冷库温度低于 0℃，虽对保质有利，但却使肉块冻结，盐水的渗透和扩散速度大大降低，而且由于肉块内部冻，按摩时不能最大限度地使蛋白质外渗，肉块间黏合能力大大减弱，制成的产品容易松碎。腌渍时间常控制在 16～20h 左右，因腌制所需时间与温度、盐水是否注射均匀等因素有关，且盐水渗透、扩散和生化作用是个缓慢过程，尤其是冬天或低温条件下，若时间过短，肉块中心往往不能腌透，影响产品质量。

（3）滚揉按摩　按摩的作用有三点：一是使肉质松软，加速盐水渗透扩散，使肉发色均匀；二是使蛋白质外渗，形成黏糊状物质，增强肉块间的黏着能力，使制品不松碎；三是加速肉的成熟，改善制品的风味。

肉在按摩机肚里翻滚，部分肉由机肚里的挡板带至高处，然后自由下落与底部的肉互相冲击。由于旋转是连续的，所以每块肉都有自身翻滚、互相摩擦和撞击的机会。作用是使原来僵硬的肉块软化，肌肉组织松弛，让盐水容易渗透和扩散，同时起到拌和作用。另一个作用是，肌肉里的可溶性蛋白（主要是肌浆蛋白），由于不断滚揉按摩和肉块间互相挤压渗出肉外，与未被吸收尽的盐水组成胶状物质，烧煮时一经受热，这部分蛋白质首先凝固，并阻止里面的汁液外渗流失，是提高制品持水性的关键所在，使成品的肉质鲜嫩可口。

经过初次按摩的肉，其物理弹性降低，而柔软性大大增加，能拉伸压缩，比按摩前有较大的可塑性。因此，成品切片时出现空洞的可能性减少。按摩工作应在 8～10℃ 的冷库内进行，因为蛋白质在此温度范围内黏性较好，若温度偏高或偏低，都会影响蛋白质的黏合性。

第一次按摩的时间为 1h 左右，经过第一次按摩的肉再装入盘中，仍放置在（2～4）℃±1℃ 的冷库中，存放 20～30h，等待第二次按摩。第二次按摩的程序是先把肉倒入机内，按摩 30～45min，再把混合粉按 2.5% 的比例加入肉中。加入的方式以边按摩边逐步添加为好。防止出现"面疙瘩"而影响效果。同时加入经过约 36～40h 腌渍过的粗肉糜（这部分肉糜腌渍时所用的盐水与注射用的相同），加入量通常为 15% 左右。这部分肉糜的加入有两个作用：一是增加肉块间的结合作用；二是装模后压缩时由于部分肉体积小，加上其表面有黏滑性蛋白质，所以受力压缩时被挤向间隙处游动，从而填补可能出现的空洞。经过第二次按摩的肉，可塑性更大，表面包裹着更多的糊状蛋白质，即可停机出肉装模。

（4）装模　经过两次按摩的肉，应迅速装入模型，不宜在常温下久置，否则蛋白质的黏度会降低，影响肉块间的黏着力。装模前首先进行定量过磅，每只坯肉约 3.1～3.2kg（定量的标准是以装模后肉面低于模口 1cm 为原则，根据模型的大小可调节定量），然后把称好的肉装入尼龙薄膜袋内，再在尼龙袋下部（有肉的部分）用细铜针扎眼，以排除混入肉中的空气，然后连同尼龙袋一起装入预先填好衬布的模子里，再把衬布多余部分覆盖上去加上盖子压紧，耳朵与搭攀钩牢。

（5）烧煮　把模型一层一层排列在方锅内，下层铺满后再铺上层，层层叠齐，排列好后即放入清洁水中，水面应稍高出模型。然后开大蒸汽使水温迅速上升，夏天一般经 15～20min 即可升到 78～80℃，关闭蒸汽，保持此温度。通常定时在 3～3.5h，最好烧煮两个多小时后，对肉进行测温，待中心温度达到 68℃时（称巴氏杀菌法），即放掉锅内热水。在排放热水的同时，锅面上应淋冷水，使模子温度迅速下降，以防止因产生大量水蒸气而降低成品率。一般经 20～30min 淋浴，模子外表温度已大大降低，触摸不太烫手即可出锅整形。

所谓整形，即是指在排列和烧煮过程中，由于模子间互相挤压，小部分盖子可能发生倾斜，如果不趁热加以校正，成品不规则，影响商品外观美；另一方面，由于烧煮时少量水分外渗，内部压力减少，肌肉收缩等原因，方腿中间可能产生空洞。经过整形后的模型，迅速放入 2～5℃的冷库内，继续冷却 12～15h，这样盐水火腿的中心已凉透，即可出模，包装销售或冷藏保存。

三、方火腿

方火腿成品呈长方形，有简装和听装两种。简装每只 3kg，听装每听 5kg。

1. 原料配方

原料肉 100kg，盐水的注射量 20%，按盐 8kg、白糖 1.8kg，水

100kg 比例配制盐水。

2. 工艺流程

原料选择→盐水配置→腌制滚揉→充填成型→蒸煮→冷却→包装储藏。

3. 操作要点

（1）原料选择 加工方火腿时，选用猪后腿，每只约 6kg，经 2～5℃排酸 24h，不得使用配种猪、黄膘猪、二次冷冻和质量不好的腿肉。肉去皮和脂肪后，修去筋腱、血斑、软骨、骨衣。剔骨过程中要避免损伤肌肉。为了增加风味，可保留 10％～15％的肥膘。整个操作过程温度不宜超过 10℃。

（2）盐水配置 用盐水注射机注射盐水，盐水的注射量为 20％，按盐 8kg、白糖 1.8kg 和水 100kg 的比例配制盐水，必要时加适量调味品。配成的腌制液保持在 5℃条件下，16°Bé，pH 值为 7～8。

（3）腌制滚揉 用间歇式腌制滚揉，每小时滚揉 20min，正转 10min，反转 10min，停机 40min，腌制 24～36h，腌制结束前加入适量淀粉和味精，再滚揉 30min，腌制期间温度控制在 2～3℃，肉温 3～5℃。

（4）充填间温度控制在 10～12℃，充填时每只模内的充填量应留有余地，以便称量检查时添补。在装填时把肥肉包在外面，以防影响成品质量。

（5）蒸煮 水煮时，水温控制在 75～78℃，中心温度达 60℃时保持 30min，一般蒸煮时间为 1h/kg。

（6）包装储藏 之后将产品放入冷却池，由循环水冷却至室温，然后在 2℃冷却间冷却至中心温度 4～6℃，即可脱模、包装，在 0～4℃冷藏库中储藏。

四、庄园火腿

1. 原料配方

（1）原辅料 猪 4 号肉质量 100kg。

（2）原腌制液合计（100kg） 豆分离蛋白 4.68kg，卡拉胶 0.5kg，食盐 5.46kg，亚硝酸钠 0.02kg，复合磷酸钠 0.75kg，异 VC-Na 0.2kg，白糖 3.12kg，味精 0.32kg，红曲红色素 0.20kg，冰

水 84.75kg。

2. 工艺流程

原料选择→修整→腌制→注射→腌制滚揉→干燥→烟熏→蒸煮→冷却→包装→成品

3. 工艺要点

(1) 原料选择　选择经卫生检验合格的猪 4 号肉。

(2) 修整　将选好的肉剔除筋腱、脂肪、淋巴等，保持肌肉的自然形状，整个操作过程温度不宜超过 10℃。

(3) 腌制　按照配方配制腌制液，在注射前 24h 配制。配制好后放入 0～4℃冷藏间存放。

(4) 注射　将配制好的腌制液注入盐水注射机中，对肉进行注射和嫩化，注射率为 50%。

(5) 腌滚揉　用间歇式腌制滚揉，滚揉后在 0～4℃的低温下腌制 10h。

(6) 干燥、烟熏　腌制好的肉直接进行修整，穿上细绳，吊挂在烟熏炉中，在 50～60℃条件下进行 1～2h 初干燥，然后在 60～70℃下烟熏 2～3h。

(7) 蒸煮　在 75～85℃条件下蒸煮 1～2h，中心温度达到 72℃保持 30min 即可。

(8) 冷却　蒸煮结束后推入 0～4℃的冷却间冷却 3～4h，至产品中心温度低于 4℃后包装。

五、带骨火腿

带骨火腿有长形火腿和短形火腿两种。带骨火腿生产周期较长，成品较大，且为生肉制品，生产不易机械化。

1. 工艺流程

原料选择→处理→腌制→浸水→干燥→烟熏→冷却、包装→成品。

2. 操作要点

(1) 原料选择　选择健康合格猪腿，长形火腿是自腰椎留 1～2 节将后大腿切下，并自小腿处切断。短形火腿则从耳心骨中间并包括荐骨的一部分切开，并自小腿上端切断。

（2）处理　将原料腿除去多余脂肪，修平切口使其整齐丰满。同时采用加入适量食盐、硝酸盐，利用其渗透作用进行脱水以除去肌肉中的血水，改善色泽和风味，增加防腐性和肌肉的结着力。具体方法是取肉量3%～5%的食盐与0.2%～0.3%的硝酸盐，混合均匀后涂布在肉的表面，堆叠在略倾斜的操作台上，上部加压，在2～4℃下放置1～3d，使血水排除。

（3）腌制　腌制使食盐、香料等渗入肌肉，改善其风味和色泽。腌制有干腌、湿腌和盐水注射法。

（4）浸水　用干腌法或湿腌法腌制的肉块，其表面与内部食盐浓度不一致，需浸入10倍的5～10℃的清水中浸泡以调整盐度。浸泡时间随水温、盐度及肉块大小而异。一般每千克肉浸泡1～2h。采用注射法腌制的肉无需经浸水处理。

（5）干燥　干燥的目的是使肉块表面形成多孔以利于烟熏。经浸水去盐后的原料肉，悬吊于烟熏室中，在30℃温度下保持2～4h至表面呈红褐色，且略有收缩时为宜。

（6）烟熏　烟熏使制品带有特殊的烟熏味，改善色泽和风味。在木材燃烧不完全时所生成的烟中的醛、酮、酚、蚁酸、醋酸等成分具有阻止肉品微生物增殖，延长制品保藏期，防止脂肪氧化，促进肉中自溶酶的作用，促进肉品自身的消化与软化，促进发色作用。烟熏所用木材以香味好、材质硬的阔叶树（青刚）为多。带骨火腿一般用冷熏法，烟熏时温度保持在30～33℃，1～2昼夜至表面呈淡褐色时则芳香味最好。烟熏过度则色泽变暗，品质变差。

（7）冷却、包装　烟熏结束后，自烟熏室取出，冷却至室温后，转入冷库冷却至中心温度5℃左右，擦净表面后，用塑料薄膜或玻璃纸等包装后即可入库。

六、去骨火腿

去骨火腿是用猪后大腿整形、腌制、去骨、包扎成型后，再经烟熏、水煮而成。因此去骨火腿是熟肉制品，具有方便、鲜嫩的特点。

1. 工艺流程

原料选择→处理→腌制→浸水→去骨、整形→卷紧→干燥→烟熏→水煮→冷却、包装、贮藏

2. 操作要点

(1) 原料选择　选择健康合格猪腿，长形火腿是自腰椎留 1~2 节将后大腿切下，并自小腿处切断。短形火腿则从耳心骨中间并包括荐骨的一部分切开，并自小腿上端切断。

(2) 处理　将原料腿除去多余脂肪，修平切口使其整齐丰满。同时采用加入适量食盐、硝酸盐，利用其渗透作用进行脱水以除去肌肉中的血水，改善色泽和风味，增加防腐性和肌肉的结着力。具体方法是取肉量 3%~5% 的食盐与 0.2%~0.3% 的硝酸盐，混合均匀后涂布在肉的表面，堆叠在略倾斜的操作台上，上部加压，在 2~4℃ 下放置 1~3d，使血水排除。

(3) 腌制　腌制使食盐、香料等渗入肌肉，改善其风味和色泽。腌制有干腌、湿腌和盐水注射法。

(4) 浸水　用干腌法或湿腌法腌制的肉块，其表面与内部食盐浓度不一致，需浸入 10 倍的 5~10℃ 的清水中浸泡以调整盐度。浸泡时间随水温、盐度及肉块大小而异。一般每千克肉浸泡 1~2h。采用注射法腌制的肉无需经浸水处理。

(5) 去骨、整形　去除两个腰椎，拨出骨盘骨，将刀插入大腿骨上下两侧，割成隧道状去除大腿骨及膝盖骨后，卷成圆筒形，修去多余瘦肉及脂肪。去骨时应尽量减少对肉组织的损伤。有时去骨在去血前进行，可缩短腌制时间，但肉的结着力较差。

(6) 卷紧　用棉布将整形后的肉块卷紧包裹成圆筒状后用绳扎紧。有时也用模型进行整形压紧。

(7) 干燥、烟熏　在 30~35℃ 条件下干燥 12~24h。使水分蒸发，肉块收缩变硬，再度卷紧后烟熏。烟熏温度在 30~50℃ 之间。时间约为 10~24h。

(8) 水煮　水煮的目的是杀菌和熟化，赋予产品适宜的硬度和弹性。水煮以火腿中心温度达到 62~65℃ 保持 30min 为宜。若温度超过 75℃，则肉中脂肪大量融化，导致成品质量下降。一般大火腿煮 5~6h，小火腿煮 2~3h。

(9) 冷却、包装、贮藏　水煮后略为整形，尽快冷却后除去包裹棉布，用塑料膜包装后在 0~1℃ 的低温下贮藏。

七、里脊火腿

1. 工艺流程

原料选择→处理→腌制→浸水→卷紧→干燥→烟熏→水煮→冷却→包装→成品。

2. 操作要点

（1）处理　里脊火腿系将猪背部肌肉分割为 2～3 块，削去周围不良部分后切成整齐的长方形。

（2）腌制　用干腌、湿腌或盐水注射法均可，大量生产时一般多采用注射法。食盐用量可以去骨火腿为准或稍少。

（3）浸水　处理方法及要求与带骨火腿相同。

（4）卷紧　用棉布卷时，布端与脂肪面相接，包好后用细绳扎紧两端，自右向左缠绕成粗细均匀的圆柱状。

（5）干燥、烟熏　约 50℃干燥 2h，再用 55～60℃烟熏 2h 左右。

（6）水煮　70～75℃水中煮 3～4h，使中心温度达 62～75℃，保持 30min。

（7）冷却、包装　水煮后置于通风处略干燥后，换用塑料膜包装后送入冷库贮藏。

（8）成品　优质成品应粗细长短相直，粗细均匀无变形，色泽鲜明光亮，质地适度紧密而柔软，风味优良。

八、成型火腿

1. 工艺流程

原料肉的选择→预处理→盐水注射→滚揉→切块→添加辅料→绞碎或斩拌→滚揉→装模→蒸煮（高压灭菌）→冷却→检验→成品。

2. 操作要点

（1）原料肉的选择　成型火腿最好选用结缔组织和脂肪组织少而结着力强的背肌、腿肉。要求原料肉必须新鲜、健康。

（2）预处理　原料肉腌制前应经剔骨、剥皮、去脂肪、去除筋腱、肌膜等结缔组织，用加压冷水冲洗掉瘀血和骨屑。采用湿腌法腌制时，需将肉块切成 2～3cm 的方块，脂肪切块后用 50～60℃的热水浸泡后用冷水冲洗干净，沥水备腌。

(3) 腌制　肉块较小时，一般采用湿腌的方法，肉块较大时可采用盐水注射法。

(4) 嫩化　所谓嫩化是利用嫩化机在肉的表面切开许多 15mm 左右深的刀痕，肉内部的筋腱组织被切开，减少蒸煮时的损失，使加热而造成的筋腱组织收缩不致影响产品的结着性。同时肉的表面积增加，使肌肉纤维组织中的蛋白质在滚揉时释放出来，增加肉的结着性。只有用注射法腌制的大块肉才要嫩化，而湿腌的小块肉则可无需嫩化。

(5) 滚揉　为了加速腌制、改善肉制品的质量，原料肉与腌制液混合后或经盐水注射后，须进行滚揉。滚揉的目的是通过翻动碰撞使肌肉纤维变得疏松，加速盐水的扩散和均匀分布，缩短腌制时间。同时，通过滚揉促使肉中的盐溶性蛋白的提取，改进成品的黏着性和组织状况。另外，滚揉能使肉块表面破裂，增强肉的吸水能力，因而提高了产品的嫩度和多汁性。滚揉机装入量约为容器的 60%。滚揉程序包括滚揉和间歇两个过程。间歇可减少机械对肉组织的损伤，使产品保持良好的外观和口感。一般盐水注射量在 25% 的情况下，需要 16h 的滚揉。在每小时中，滚揉 20min，间歇 40min。

在滚揉时应将环境温度控制在 6～8℃ 之间，温度过高微生物易生长繁殖。温度过低生化反应速度减缓，达不到预期的腌制和滚揉目的。

腌制、滚揉结束后原料肉色泽鲜艳，肉块发黏。如生产肉粒或肉糜火腿，腌制、滚揉结束后需进行绞碎或斩拌。

(6) 装模　滚揉结束后应立即进行装模成型，装模的方式有手工装模和机械装模两种。手工装模不易排除空气和压紧，成品中易出现空洞、缺角等缺陷，切片性及外观较差；机械装模有真空装模和非真空装模两种，真空装模是在真空状态下将原料装填入模，肉块彼此粘贴紧密，且排除了空气，减少了肉块间的气泡，因此可减少蒸煮损失，延长保存期。

(7) 烟熏　只有用动物肠衣灌装的火腿才经烟熏。在烟熏室内以 50℃ 熏 30～60min。其他包装形式的成型火腿若需烟熏味时，可在混入香辛料时加烟熏液。

(8) 蒸煮　蒸煮有汽蒸和水煮两种蒸煮方式。高压蒸汽蒸煮火腿，温度 121～127℃，时间 30～60min。常压蒸煮时一般用水浴槽低温杀菌。将水温控制在 75～80℃，使火腿中心温度达到 65℃并保持 30min 即可，一般需要 2～5h。

（9）冷却 蒸煮结束后要迅速使中心温度降至 45℃，再放入 2℃冷库中冷却 12h 左右，使火腿中心温度降至 5℃左右。

<<<<<

第五章

肉罐头加工工艺与配方

第一节　清蒸类肉罐头

一、原汁猪肉罐头

1. 原料配方

肉块 100kg，精盐 0.85kg，白胡椒 0.05kg。

2. 工艺流程

原料验收→解冻→去毛污→处理（剔骨、去皮、整理、分段）→切块→复检→拌料→装罐（加入熟制猪皮胶）→排气密封→杀菌冷却→擦干→入库

3. 操作要点

（1）解冻　以冷冻肉为原料时必须先进行解冻。解冻过程中应经常对原料表面进行清洁工作，解冻后质量要求肉色鲜红、富有弹性、无肉汁析出、无冰晶体、气味正常、后腿肌肉中心 pH6.2～6.6。

（2）毛污处理洗除　解冻后清除猪肉表面的污物，去除残毛、血污肉、槽头（脖颈）、碎肉等，肥膘太厚者应片除，控制肥膘厚度在 1～1.5cm 左右。

（3）清洗刮割　猪肉经解冻后，用清水洗涤，除净表面污物后，去除残毛、血污肉、脖颈、奶头肉、碎肉等。均应砍去脚圈分段。

（4）剔骨　剔骨可以整片进行，也可以分段后进行。要求剔除全部的硬骨和软骨，剔骨时必须保证肋条肉、后腿肉等的完整性，下刀要准，避免碎骨。剔骨要净，做到骨中无肉，肉中无骨，剔下来的肉

片及时取走，不得积压。

（5）去皮　剔骨后的肉应去皮，去皮时刀面贴皮进刀，要求皮上不带肥肉，肉上不带皮。然后将肉的毛根、残留猪毛及杂质刮净。

（6）切块　将整理后的肉按部位切成长宽各为 3.6～60cm 的小块，每块约重 50～70g。

（7）复检　切块后的肉逐块进行一次复检，剔除残留的血污、碎骨、伤肉、猪毛、淋巴等一切杂物并注意保持肉块的完整。将肉按肥瘦、大小分开，以便搭配装罐。

（8）拌料　按肥肉、瘦肉分别拌料，以便搭配装罐。拌料比例：肉块 100kg，精盐 1.3kg，白胡椒粉 0.05kg，拌和均匀。

（9）猪皮胶或猪皮粒制备　原料猪肉罐头装罐时必须添加一定比例的猪皮胶或猪皮粒。

① 猪皮胶熬制　取新鲜猪皮（最好是背部猪皮）清洗干净后加水煮沸 10min 取出。稍加冷却后用刀刮除皮下脂肪层及皮面污垢，并拔除毛根（毛根密集部位弃去）。然后用温水将碎脂肪屑全部洗净，切成条按 1∶2 的皮、水比例在微沸状态下熬煮，熬制汤汁固含量为 14%～16%，出锅以 4 层纱布过滤后备用。

② 猪皮粒制备　取新鲜猪皮，清洗干净后加水煮沸 10min（煮的时间不宜过长，否则会影响凝胶能力），取出在冷水中冷却后去除皮下脂肪及表面污垢，拔净毛根，然后切 5～7cm 宽的长条，在 −5～−2℃中冻结 2h 取出，用绞肉机绞碎，搅板孔径为 2～3mm。绞碎后置于冷藏库中备用。这种猪皮粒装罐后完全熔化。

（10）装罐　罐内肥肉和熔化油含量不超过净重的 30%。因此在原料处理时除了控制肥膘厚度在 1cm 左右外，在装罐时必须进行合理搭配，一般后腿与肋条肉，前腿与背部大排肉搭配装罐。每罐内添秤小块肉不宜过多，一般不允许超过两块。

（11）排气密封　真空密封，真空 153.3kPa；加热排气密封应先经预封，排气后罐内中心温度不低于 65℃，密封后立即杀菌。

（12）杀菌　密封后的罐头应尽快杀菌，停放时间一般不超过 40min。原汁猪肉需采用高温高压杀菌，杀菌温度为 121℃，杀菌时间在 90min 左右。

962 号罐杀菌公式为：15min—60min—20min/121℃（反压力为

0.1078～0.1275MPa)。

4. 质量标准

(1) 感官指标　感官指标应符合表5-1的要求。

表 5-1　原汁猪肉罐头的感官指标

项目	优级品	一级品	合格品
色泽	肉色正常,在加热状态下,汤汁呈淡黄色至淡褐色,允许稍有沉淀	肉色较正常,在加热状态下,汤汁呈淡黄色至淡褐色,允许有轻微沉淀	肉色尚正常,在加热状态下,汤汁呈淡褐色至褐色,允许有沉淀
滋味、气味	具有原汁猪肉罐头应有的滋味和气味,无异味	具有原汁猪肉罐头应有的滋味和气味,无异味	具有原汁猪肉罐头应有的滋味和气味,无异味
组织形态	肉质软硬适度,每罐装5～7块,块形大小大致均匀,允许添秤,小块不超过2块	肉质软硬适度,每罐装4～7块,块形大小大致均匀,允许添秤,小块不超过2块	肉质软硬适度,块形大小尚均匀,允许添秤小块

(2) 理化指标

① 净重　应符合表5-2中有关净重的要求,每批产品平均净重应不低于标明重量。

② 固形物　应符合表5-2中有关固形物含量的要求,每批产品平均固形物重应不低于规定重量。其中,优级品和一级品肥膘肉加熔化油的量平均不超过净重的30%,合格品不超过35%。

③ 氯化钠含量0.65%～1.2%。

④ 卫生指标应符合 GB 13100 的要求。

表 5-2　原汁猪肉罐头净重和固形物的要求

罐号	净重		固形物		
	标明重/g	允许公差/%	含量/%	规定重/g	允许公差/%
962	397	±3.0	65	258	±9.0

(3) 微生物指标　微生物指标应符合罐头食品商业无菌要求。

5. 注意事项

(1) 肥瘦搭配　使用素铁罐装罐时,每罐肥瘦肉搭配均匀,应注意将肥膘面向罐顶、罐底及罐壁,添称肉应夹在大块肉中间。

（2）硫化腐蚀　罐内壁易出现蓝紫色的硫化斑纹，内封口线易产生硫化铁，有露铁点时，硫化铁还会污染食品，影响成品的感观。空罐最好采用涂料铁，若采用素铁罐要进行钝化处理。装罐时，将肥膘部位接触罐壁，特别是底和盖处要避免与瘦肉直接接触。

（3）熔化油的控制　为达到肥肉及熔化油不超过净重的30%，最好使用四级猪肉，一般可以不去肥；使用三级或三级以上的猪肉，在加工时应修去部分肥膘，去肥部位主要是前夹心的肩部和肋条的背部、所留肥膘的厚度控制在1cm左右。

（4）熬制猪皮变红　熬制猪皮胶时，时间不宜过长，本班猪皮胶当班用完。

（5）血蛋白的凝聚　在清蒸原汁猪肉罐头中有时会产生血蛋白的凝结，严重影响成品的外观。血蛋白产生的主要原因是：

① 使用了未排酸的热鲜肉；

② 采用了肉质干枯、不新鲜、冷藏时间过长的肉；

③ 在屠宰过程中放血不良、淤血未去净；

④ 在解冻过程中，解冻不好血水流失；

⑤ 在预煮过程中，脱水不充分；

⑥ 用了含带有部分可溶性蛋白质的肉汤等。

因此，为了防止和减少罐内血红蛋白的产生，原料必须冷却排酸，不得使用未排酸的热鲜肉。冻肉必须采用新鲜良好，冷藏期不超过半年的。另外在各工序操作过程中，严格按各工序质量要求，保证半成品的质量。

（6）物理性胀罐　要注意控制装罐容量，注意顶隙度。

（7）平酸菌污染　平酸菌属革兰阳性芽孢杆菌，好盐、耐热，最适温度为50～55℃，pH值为6.8～7.2，污染平酸菌会造成罐内肉质变红和变酸。因此，要特别注意原辅材料的卫生和操作卫生，对平酸菌采用121℃的杀菌温度比采用118℃效果好。

二、清蒸猪肉罐头

1. 原料配方

净重550g，肉重535g，精盐7g，洋葱末8～10g，胡椒2～3粒，月桂叶0.5～1片。

2. 工艺流程

原料→解冻→原、辅料的处理→装罐→排气、密封→杀菌冷却→保温检验→成品

3. 操作要点

（1）原料处理及要点　切块：去骨去皮猪肉切成长宽各约 5～7cm 肉块，每块重 110～180g。腱子肉可切成 4cm 左右的肉块，分别放置，经复检后备装罐。洋葱：洋葱经处理清洗后绞细。

（2）装罐量　采用 8117 号罐，净重 550g，肉重 535g，精盐 7g，洋葱末 8～10g，胡椒 2～3 粒，月桂叶 0.5～1 片。

（3）排气及密封　抽气密封：真空度 0.053MPa。排气密封：中心温度不低于 65℃。

（4）杀菌及冷却　净重 550g 杀菌式（排气）：15min—80min—20min 反压冷却/121℃（反压：0.17MPa）。

4. 质量标准

（1）感官指标　感官指标应符合表 5-3 的要求。

表 5-3　清蒸猪肉罐头的感官指标

项目	优级品	一级品	合格品
色泽	肉色正常，在加热状态下，汤汁呈淡黄色至淡褐色，允许稍有沉淀及浑浊	肉色较正常。在加热状态下，汤汁呈淡黄色至淡褐色，允许有轻微沉淀及浑浊	肉色尚正常，在加热状态下，汤汁呈黄褐色至红褐色，允许有沉淀及浑浊
滋味气味	具有清蒸猪肉罐头应有的滋味和气味，无异味	具有清蒸猪肉罐头应有的滋味和气味，无异味	具有清蒸猪肉罐头应有的滋味和气味，无异味
组织形态	肉质软硬适度，在汤汁熔化状态下，小心自罐内取出肉块时，不允许碎裂。550g 每罐装 3～5 块，块形大小大致均匀，允许添秤小块不超过 2 块。肉块不带硬骨、软骨、粗筋、粗组织膜及血管，允许有少量血蛋白	肉质软硬较适度，在汤汁熔化状态下，小心自罐内取出肉块时，允许稍有碎裂。550g 每罐装 3～6 块。块形大小大致均匀，允许添秤小块不超过 2 块。肉块不带硬骨、软骨、粗组织膜及血管，允许有少量血蛋白，每罐淤血肉不超过 1 块	肉质软硬尚适度，在汤汁熔化状态下，小心自罐内取出肉块时，允许碎裂，块形大小尚均匀。肉块不带硬骨、粗组织膜及粗血管。允许有血蛋白，每罐淤血肉（淤血面积不超过 1cm²）不超过 2 块

（2）理化指标

① 净重应符合表 5-4 中有关净重的要求，每批产品平均净重应

不低于标明重量。

② 固形物 应符合表 5-4 中有关固形物含量的要求，每批产品平均固形物重应不低于规定重量。其中，优级品肥膘肉加熔化油的量个别罐允许达到净重的 20％，但平均不多于净重的 15％，一级品不多于净重的 20％，合格品不多于净重的 25％。

③ 氯化钠含量 1.0％～1.5％。

④ 卫生指标应符合 GB 1310 的要求。

表 5-4 清蒸猪肉罐头净重和固形物的要求

罐号	净重		固形物		
	标明重/g	允许公差/％	含量/％	规定重/g	允许公差/％
8117	550	±3.0	59	225	±9.0

（3）微生物指标 微生物指标应符合罐头食品商业无菌要求。

三、清蒸牛肉罐头

1. 原料配方

产品净重 550g，肉重 480g，熟牛油 44g，洋葱 20g，精盐 6g，月桂叶 0.5～1 片，胡椒粉 0.06g（2～3 粒）。

2. 工艺流程

原料处理→切块→装罐→装辅料→排气→密封→杀菌→冷却→成品

3. 操作要点

（1）原料处理 去皮去骨牛肉根据部位分等割成大块，后背肉为一等肉，前胸、肋条及后腿为二等肉，前后腿腱子及脖颈肉为三等肉。

（2）切块 一、二等肉分别切成重 120～160g 的肉块；前后腿筋纹少的腱子肉以及脖颈肉用清水浸泡，脱血后切成重 120～160g 的肉块；筋纹多的腱子肉切成重 10～20g 的肉块，作为添秤小块。

（3）洋葱处理 鲜洋葱经处理清洗后切碎。

（4）装罐 采用 8113 号罐灌装，净重 550g，肉重 480g，熟牛油 44g，洋葱 20g，精盐 6g，月桂叶 0.5～1 片，胡椒粉 0.069（2～

粒）。一、二等肉要搭配装罐，筋纹少的腿部腱子肉和脱血处理后的脖颈肉每罐只允许装 1 块；小块三等腱子肉及处理的碎肉可作添秤用。

（5）排气及密封 排气密封中心温度不低于 65℃。

（6）杀菌及冷却 杀菌式（排气）15min—75min—20min/121℃ 冷却。

4. 质量标准

感官指标应符合表 5-5 的要求。

表 5-5 清蒸牛肉罐头的感官指标

项目	优级品	一级品	合格品
色泽	肉色正常，在加热状态下，汤汁呈淡黄色至淡褐色，允许稍有沉淀及浑浊	肉色较正常，在加热状态下，汤汁呈淡黄色至淡褐色，允许有轻微沉淀及浑浊	肉色尚正常，在加热状态下，汤汁呈黄褐色至红褐色，允许有沉淀及浑浊
滋味气味	具有清蒸牛肉罐头应有的滋味和气味，无异味	具有清蒸牛肉罐头应有的滋味和气味，无异味	具有清蒸牛肉罐头应有的滋味和气味，无异味
组织形态	肉质软硬适度，在汤汁熔化状态下，小心自罐内取出肉块时，不允许碎裂。550g 每罐装 3～5 块，块形大小大致均匀，允许添秤小块不超过 2 块。肉块不带硬骨、粗筋、粗组织膜及血管，允许有少量血蛋白	肉质软硬较适度，在汤汁熔化状态下，小心自罐内取出肉块时，允许稍有碎裂。550g 每罐装 3～6 块，块形大小大致均匀，允许添秤小块不超过 2 块。肉块不带硬骨、粗筋、粗组织膜及血管，允许有少量血蛋白，每罐淤血肉不超过 1 块	肉质软硬尚适度，在汤汁熔化状态下，小心自罐内取出肉块时，允许碎裂，块形大小尚均匀，肉块不带硬骨、粗筋、粗组织膜及血管，允许有血蛋白，每罐淤血肉不超过 2 块

（1）理化指标

① 净重 应符合表 5-6 中有关净重的要求，每批产品平均净重应不低于标明重量。

② 固形物 应符合表 5-6 中有关固形物含量的要求，每批产品平均固形物重应不低于规定重量。其中，优级品和一级品熔化油的量平均应不小于标明重量的 8%，合格品应不小于标明重量的 12%。

③ 氯化钠含量 1.0%～1.5%。

④ 卫生指标应符合 GB 13100 的要求。

表 5-6　　清蒸牛肉罐头净重和固形物的要求

罐号	净重		固形物		
	标明重/g	允许公差/%	含量/%	规定重/g	允许公差/%
8113	550	±3.0	56.5	311	±9.0

（2）微生物指标　微生物指标应符合罐头食品商业无菌要求。

5. 注意事项

① 月桂叶不能放在罐内的底部，应夹在肉层中间，不然月桂叶和底盖接触处易产生硫化铁。

② 制空罐时，罐内壁的锡层如冲伤，呈现露铁，产品就会产生硫化铁，因此制空罐时必须用高铁氰化钾检验，罐内壁无露铁现象方能投产。在生产过程中亦应定时检验，或使用涂料铁罐。

③ 精盐和洋葱等应定量装罐，不宜采用拌料装罐方法，不然会产生腌肉味或配料拌和不均现象。

④ 要注意血蛋白量。

四、清蒸羊肉罐头

清蒸羊肉罐头是指羊肉切块后与调味料直接装罐而制成的产品。具有肉块整齐、软嫩及肉鲜汤美的特点。

1. 原料配方

产品净重 550g：肉重 480g，熟羊油 44g，洋葱 18g，精盐 6～7g，月桂叶 0.5～1 片，白胡椒 0.06g（2～3 粒）。

2. 工艺流程

原料→解冻→原、辅料的处理→装罐→排气、密封→杀菌冷却→保温检验→成品

3. 操作要点

（1）原料处理　解冻：夏季在室温 16～20℃，相对湿度 85%～90% 的室内进行自然解冻，时间以 12～18h 为宜；冬季在 10～15℃，相对湿度 85%～90% 的室内进行自然解冻，时间以 18～20h 为宜。羊肉：去皮去骨羊肉按部位分等割成大块，后背、臀肉、后腿为一级肉；前腿、肋肉、脖头肉等为二级肉。切块：一、二级肉分别切成约 120～160g 重的肉块。洋葱经处理清洗后切碎。

（2）装罐量 采用 8113 号罐，净重 550g，羊肉 482g，熟羊油 44g，洋葱 18g，精盐 6～7g，月桂叶 0.5～1 片，白胡椒 0.06g（2～3 粒）。

（3）排气及密封 排气密封：中心温度不低于 65℃。

（4）杀菌及冷却 杀菌式（排气）：15min—75min—20min/121℃ 冷却。

4. 质量标准

（1）感官指标 感官指标应符合表 5-7 的要求。

表 5-7 清蒸羊肉罐头的感官指标

项目	指 标
色泽	肉色正常，在加热状态下汤汁呈淡黄色或淡褐色，过 3min 后稍有沉淀，允许汤汁略微浑浊
滋味、气味	具有羊肉经处理，生装入洋葱、食盐、月桂叶及胡椒制成的清蒸羊肉罐头应具有的滋味和气味，无异味
组织形态	肉质软硬适度，经加热熟制后，小心自罐内取出肉块时，不允许碎裂。每罐以 3～5 块为标准，允许另加添秤小块，不超过两块

（2）理化指标

① 净重应符合表 5-8 中有关净重的要求，每批产品平均净重应不低于标明重量。

② 固形物 应符合表 5-8 中有关固形物含量的要求，每批产品平均固形物重应不低于规定重量。

③ 氯化钠含量 1.0%～1.5%。

④ 卫生指标应符合 GB 13100 的要求。

表 5-8 清蒸羊肉罐头净重和固形物的要求

罐号	净重		固形物		
	标明重/g	允许公差/%	含量/%	规定重/g	允许公差/%
8113	550	±3.0	54	297	±9.0

（3）微生物指标 微生物指标应符合罐头食品商业无菌要求。

5. 注意事项

一、二级肉要搭配装罐。腱子肉、脖头肉每罐只允许装 1 块。

第二节　调味类肉罐头

一、红烧猪肉软罐头

1. 原料配方

（1）主料　猪肉 50g、面筋 20g、腐竹 20g、调味液 60g。

（2）香料水熬制　茴香粉 40g、花椒 25g、丁香 10g、桂皮 25g、生姜 200g，加水 2kg 微沸 2～4h 后得 2～4°Bé 的香料水；

（3）调味液配制　（盐度控制在 3.5%±0.2%）酱油 10%、白砂糖 5%、黄酒 1.5%、味精 0.25%、香料水 0.5%、精盐 1.5%（调整盐度用）、大骨汤（或肉汤）加至 100%。

2. 工艺流程

原料处理→预煮→上色油炸→切片→复炸→装罐→加调味液→排气密封→杀菌冷却→清洗、烘干→保温检验→成品

3. 操作要点

（1）猪肉处理

① 原料要求　带皮肉块要求白净，去除毛、淋巴、奶脯、碎油、碎骨、软骨及可见瘀血、伤肉、泡肉等，洗净。

② 预煮　大块腿肉和三层肉切成 20cm×20cm 的块状分开预煮，每 10kg 加姜 20g（去皮拍碎纱布包扎），至基本熟透，排尽血水（沸煮 30～40min，约回收 80%）。

③ 上色　煮后肉块趁热用温水洗去表皮的油及凝固的蛋白质，晾干表皮水分，趁热上酱色液，抹两遍，要均匀，皮向上。

④ 油炸、切块　腿肉油炸温度 180～190℃，40～60s；三层肉油炸温度 180～190℃，30～45s；炸至皮呈酱红色，着色牢固，瘦肉不焦，约可回收 85～90%。然后切成厚 1.5～2cm，长宽（3～4）cm×（3～5）cm 的块状，大小大致均匀。

⑤ 复炸　带皮肉块切后复炸一次，不带皮瘦肉预煮后再炸，油炸温度 160～170℃，20s，炸至切口呈浅黄色，剪除焦边，约回收 90%。

（2）面筋处理

① 生面筋 用手揪捏出 0.5cm×2cm×2cm 的片状，油温 180℃ 油炸 1min 左右成团状膨起。捞起后浸入水中复水 15min 后再捞起沥干备用。

② 熟面筋 用手剥层后在水中泡洗，然后撕成 2cm 见方的片状，油温 180℃ 油炸两分钟左右呈金黄色。捞起后复水 15min 后沥干备用。

③ 腐竹处理 干腐竹折成 3～5cm 条状后在 150℃ 油温炸 5s 左右至呈金黄色，捞起复水 15min 以上，沥干备用。

④ 香料水熬制 茴香粉 40g、花椒 25g、丁香 10g、桂皮 25g、生姜 200g，加水 2kg 微沸 2～4h 后得 2～4°Bé 的香料水。

(3) 调味液配制 （盐度控制在 3.5%±0.2%）酱油 10%、白砂糖 5%、黄酒 1.5%、味精 0.25%、香料水 0.5%、精盐 1.5%（调整盐度用）、大骨汤（或肉汤）加至 100%。

(4) 装袋 净重 200g，其中猪肉 50g、面筋 20g、腐竹 20g、调味液 60g。

(5) 真空封口 真空度在负压 0.090MPa 以上。

(6) 杀菌式 15min—50min—冷却/118℃（反压控制）。

二、红烧扣肉罐头

1. 原料配方

(1) 主料配方 产品净重 397g，每罐装入肉重 280g，汤汁 117g。

(2) 汤汁配方 骨头汤 100g，酱油 20.6g，生姜 0.45g，黄酒 4.5g，葱 0.4g，精盐 2.1g，砂糖 6g，味精 0.15g。

2. 工艺流程

原料处理→预煮→上色油炸→切片→复炸→装罐→加调味液→排气密封→杀菌冷却→清洗、烘干→保温检验→成品

3. 操作要点

(1) 选料 原料最好选用猪的肋条及带皮猪肉。若使用前腿肉时，瘦肉过厚者应适当割除，留瘦肉厚约 2cm。肋条肉靠近脊背部肥膘厚度要 2～3cm，靠近腹部的五花肉总厚度要在 2.5cm 以上，防止过肥影响质量，过薄影响块形。

（2）预煮　将整理后的猪肉放在沸水中预煮。预煮时，由于蛋白质的凝固，使肌肉组织紧密，具有一定程度的硬块，便于切块，同时，肌肉脱水后，能使调味液渗入肌肉，对成品的固形物量提供了保证。此外，预煮处理能杀死肌肉上附着的一部分微生物，有助于提高杀菌效果。预煮时每100kg肉加葱及姜末各200g（葱、姜用纱布包好）；预煮时，加水量与肉量之比为（1.5～2）：1，肉块必须全部浸没水中。预煮时间为35～45min左右，煮至肉皮发软，有黏性时取出。预煮得率为88%～92%。预煮是形成红烧扣肉表皮皱纹的重要工序，必须严格控制。

（3）上色　将肉皮表面水分擦干，然后涂一层着色液（黄酒6kg，饴糖4kg，酱色1kg），稍停几秒，再抹一次，以使着色均匀。着色时，肉温应保持在70℃以上。上色操作时注意不要将色液涂到瘦肉上和切面上，以免炸焦。

（4）油炸　油炸可以脱除肉中的部分水分，赋予肉块特有的色泽和质地。当油温加热至190～210℃时，将涂色肉块投入油锅中炸制，时间约1min左右，炸至肉皮呈棕红色并趋皱发脆，瘦肉转黄色，即可捞出。稍滤油后即投入冷水冷却1min左右，捞出切片。油炸开始投料时应皮面向下，油炸至中后期要略加翻动，以使均匀和便于观察油炸程度。

（5）切片　227g装扣肉切成长约6～8cm，宽约1.2～1.5cm的肉片。切片时要求厚薄均匀，片形整齐，皮肉不分离，并修去焦煳边缘。

（6）复炸　切好的肉片，再投入190～210℃的油锅中，炸30s左右，炸好再浸一下冷水，以免肉片黏结并可以去除焦屑。

（7）配调味液　熬骨头汤：每锅加入水300kg，放入骨头150kg，放肉、猪皮30kg进行小火焖煮。时间不少于4h。取出过滤备用。骨头汤要求澄清不浑浊。

配调味液配方：骨头汤100kg，酱油20.6kg，生姜0.45kg，黄酒4.5kg，葱0.4kg，精盐2.1kg，砂糖6kg，味精0.15kg。除黄酒、味精外，将上述配料在夹层锅中煮沸5min，至出锅前加入黄酒和味精，以6～8层纱布过滤备用。

（8）装罐　装罐时，肉片大小、色泽大致均匀，肉片皮面向上，排列整齐，添秤肉放在底部。装罐量：采用 962 罐；净重 397g，肉重 280～285g，汤汁 117～112g。

（9）排气及密封　抽气密封：真空度 0.047MPa 左右。排气密封：中心温度 60～65℃。

（10）杀菌及冷却　净重 397g 杀菌公式（排气）：10min—67min—反压冷却/121℃（反压 0.12MPa），杀菌后立即冷却到 40℃以下。

4. 质量标准

（1）感官指标　感官指标应符合表 5-9 的要求。

表 5-9　红烧扣肉罐头的感官指标

项目	优级品	一级品	合格品
色泽	肉色呈酱红色，有光泽，汤汁略有浑浊	肉色呈酱红色至酱棕色，略有光泽，汤汁略有浑浊	肉色呈淡黄色至深棕色，汤汁较浑浊
滋味气味	具有红烧扣肉罐头应有的滋味和气味，无异味	具有红烧扣肉罐头应有的滋味和气味，无异味	具有红烧扣肉罐头应有的滋味和气味，无异味
组织形态	组织柔软，瘦肉软硬适度；表皮皱纹明显，块形大小均匀，排列整齐，允许底部添秤小块不超过 2 块	组织较柔软，瘦肉软硬适度；表皮皱纹较明显，块形大小大致均匀，排列尚整齐，允许底部添秤小块不超过 3 块	组织尚柔软，表皮皱纹尚明显，块形大致均匀，允许有小肉块存在，但不超过固形物重的 20%

（2）理化指标

① 净重应符合表 5-10 中有关净重的要求，每批产品平均净重应不低于标明重量。

② 固形物应符合表 5-10 中有关固形物含量的要求，每批产品平均固形物重应不低于规定重量。

表 5-10　红烧扣肉罐头净重和固形物的要求

罐号	净重		固形物		
	标明重/g	允许公差/%	含量/%	规定重/g	允许公差/%
962	397	±3.0	70	278	±11.0

③ 氯化钠含量为净重的 1.2%～2.2%。

④ 重金属含量　应符合红烧扣肉罐头的重金属含量相关要求。

（3）微生物指标　无致病菌及微生物作用引起的腐败象征，应符合罐头食品商业无菌要求。

5. 注意事项

① 扣肉表面无明显的皱纹。要掌握好预煮程度和油炸温度。预煮过度，油炸时会发生大泡，并易造成皮肉脱离，预煮不足，油炸时不能形成皱纹。

② 色泽发黑。控制油炸时间不宜过长。

③ 装罐时肉块依次排列，皮向上，小块肉应衬在底部，肥瘦度搭配均匀。

④ 净重不易控制，封口前要注意重新称量。

三、红烧排骨（肋排、脊椎排混装）

红烧排骨罐头是指将排骨油炸、调味后制成的带骨类产品，具有肉色金黄、汤汁酱红、肉香汤鲜、口味浓厚的特点。

1. 原料配方

酱油 14kg，砂糖 5kg，黄酒 0.6kg，精盐 2.4kg，味精 0.24kg，酱色 0.04～1kg，生姜 0.3kg，八角茴香 0.02kg，花椒 0.02kg，桂皮 0.01kg，肉汤 78kg。

2. 工艺流程

原料预处理→油炸→装罐（加入调味汤汁配制）→排气及密封→杀菌→冷却→保温检查→包装→成品

3. 操作要点

（1）肋排、脊椎排、软骨及猪肉清洗去除杂质后，脊椎排切成 2～2.5cm 厚的片块；肋排每隔两根肋骨斩条后切成长约 4～6cm 小块；软骨切块同肋排；自腿肉上取下瘦肉，切成宽 5～6cm、长 7～8cm 的小块。

（2）油炸　将脊椎排 8kg、肋排 11kg、瘦肉 2kg、软骨 4kg 分别在 180～200℃油温下油炸 2～3min，得率为 66%～70%，油炸不得过老过嫩。

（3）汤汁配制

① 配料　酱油 14kg，砂糖 5kg，黄酒 0.6kg，精盐 2.4kg，味精

0.24kg，酱色 0.04～1kg，生姜 0.3kg，八角茴香 0.02kg，花椒 0.02kg，桂皮 0.01kg，肉汤 78kg。

② 配制方法　将生姜、八角茴香、花椒、桂皮加水熬煮成香料水，然后把上述配料在夹层锅中加热煮沸，临出锅前加入黄酒，每次配料汤汁得量为 100kg，过滤备用。调味液氯化钠含量为 5.5%～6.0%。

（4）装罐量　罐型号 962，要求净重 397g，其中要求排骨 285g，汤汁 112g。

（5）排气及密封　排气密封：热力排气，中心温度为 90～92℃。

（6）杀菌及冷却　杀菌公式（排气）：10min—45min—反压冷却/121℃（反压：120.0kPa）。

四、红烧牛肉罐头

红烧牛肉罐头是指将牛肉预煮、切块、调味后制成的产品。它具有肉块软烂、香酥、汤汁鲜美等特点。

1. 原料配方

（1）香料水配制　姜 120g，桂皮 60g，花椒 22g，八角茴香 50g，大葱 600g。

（2）配汤汁　骨 100kg，酱油 9.7kg，精 4.23kg，砂糖 12.0kg，黄酒 12.0kg，琼脂 0.73kg，味精 0.24kg，香料水 9kg。

2. 工艺流程

原料预处理→切条→预煮→装罐→排气及密封→杀菌→冷却→保温检查→包装→成品

3. 操作要点

（1）切条　将去皮去骨牛肉除去过多的脂肪，将腿肉切成 5～6cm 的长条，肋条肉切成 6～7cm 条肉以供搭配使用。

（2）预煮　腿肉和肋条应分开预煮，置于沸水中煮 20min 左右，煮至肉中心稍带血水为准，然后切成厚 1cm、宽 3～4cm 的肉片。

（3）配料及调味

① 香料水配制　姜 120g，桂皮 60g，花椒 22g，八角茴香 50g，大葱 600g。将以上香料加水大火熬制 30min 以上，过滤后制成香料水 9kg 备用。

② 配汤汁　骨 100kg，酱油 9.7kg，精 4.23kg，砂糖 12.0kg，

黄酒 12.0kg，琼脂 0.73kg，味精 0.24kg，香料水 9kg。先将琼脂在骨汤中加热溶化，再加入其他配料煮沸，临出锅时加入黄酒及味精，汤汁应经过滤后使用。

（4）装罐　781 型罐，要求净重 312g，牛肉 190g，汤汁 112g，植物油 10g。

（5）排气及密封　抽气密封：53.0kPa 以上。

（6）杀菌及冷却　杀菌公式（抽气）：15min—90min—反压冷却/121℃（反压：100.0~120.0kPa）。

4. 注意事项

（1）红烧牛肉、咖喱牛肉与咸牛肉应同时综合生产，以充分利用原料资源。

（2）装罐时，肉片的肥瘦大小要搭配均匀。

（3）香料水配制时，加水量不要太多，以熬煮后不大于 9kg 为宜，然后用开水调至 9kg。

五、红烧元蹄

红烧元蹄罐头是指将猪前后蹄髈预煮、油炸、调味后制成的产品。其色泽红润、肉酥汤鲜、气味芳香。

1. 原料配方

（1）主料（净重 397g）　蹄髈 300g，汤汁 97g。

（2）配汤汁　肉汤（3%）100kg，酱油 20.6kg，黄酒 4.5kg，砂糖 6.0kg，青葱 0.45kg，味精（80%）0.15kg，精盐 2.1kg，生姜 0.45kg，酱色 0.2kg。

（3）上色液配配制　上色液由酱油（红）1 份、黄酒 2 份、饴糖 2 份混合而成。

2. 工艺流程

原料预处理→预煮→上色（加入上色液配制）→油炸→装罐（加入调味汤汁配制）→排气及密封→杀菌→冷却→保温检查→包装→成品

3. 操作要点

（1）原料预处理　剔去猪前后蹄髈骨头，蹄髈呈整只形态，无毛、无碎骨。拆骨后的蹄髈要求每只重 375~395g，拆骨得率约为 75%。

（2）预煮　水煮 30～40min，煮至肉皮发软有黏性，预煮时每 100kg 蹄髈加生姜、青葱各 200g（以布袋包扎好）及黄酒 125g，预煮得率约为 82%。

（3）油炸　煮后趁热拭于蹄髈表皮水分，涂上一层上色液，然后在 200～220℃油温下炸约 1min，要求炸后肉皮有皱纹并呈均匀的酱红色。炸后立即浸入冷水中冷却 1min 捞出，油炸得率约为 90%，然后修去蹄髈皮边及瘦肉的焦煳之处。

（4）上色液配制　上色液由酱油（红）1 份、黄酒 2 份、饴糖 2 份混合而成。

（5）配料及调味　肉汤（3%）100kg，酱油 20.6kg，黄酒 4.5kg，砂糖 6.0kg，青葱 0.45kg，味精（80%）0.15kg，精盐 2.1kg，生姜 0.45kg，酱色 0.2kg。将上述配料在夹层锅中加热煮沸 5min，在临出锅前加入黄酒，然后用细筛过滤后备用。每次配料得量约为 125kg。

（6）装罐　罐号 962 要求净重 397g，要求蹄髈 300g，汤汁 97g。

（7）排气及密封　抽气密封：47.0kPa 左右。排气密封：中心温度 60～65℃。

（8）杀菌及冷却　杀菌公式（抽气）：15min—65min—反压冷却/121℃（反压：120.0kPa）。

4. 注意事项

① 油炸修整后的蹄髈每只重量控制在 280g，超重或不够的可剪下瘦肉或嵌入瘦肉调整之。

② 本产品系整只蹄髈装罐，成品要保持蹄髈的形态，原料最好选用后蹄，后蹄可竖装罐，形态较好。

③ 应注意控制预煮的脱水率，防止固形物不足。

④ 取料时应使皮肉部分稍长于骨头，这样可使皮包住肉，外观美观。

六、茄汁兔肉罐头

兔肉肉质细嫩，味道鲜美，易于消化，营养丰富，不但组成其蛋白质的赖氨酸、色氨酸的含量比其他肉类高，而且肉中富含磷脂，胆固醇含量低，从而博得了广大消费者的喜爱。

1. 原料配方

原料肉 100kg，汤料（姜 600g，葱 600g，八角 200g，桂皮 200g，花椒 100g，草果 100g，味精 160g，酱油适量，骨头汤 100kg），烧制配料（猪油 2～3kg，白砂糖 2.5kg，盐 2～2.5kg，酱油 2.5～4kg，陈皮丝 300g），料酒 2～3kg。

2. 工艺流程

原料肉的选择与整理→烧制→焖煮（加入配制的汤料）→出锅（肉、汤分开）→称量→装罐→排气、封口→杀菌→冷却→吹干→保温→成品

3. 操作要点

（1）原料肉的选择与整理　制作红烧兔肉罐头的原料兔肉，必须选择健康无病、体重 2kg 以上的成兔，经刺杀放血、剥皮（去头、尾、四肢）、清除内脏、胴体冲洗沥干后，进行卫生检验与选择。对符合要求的兔胴体原料肉，首先沿脊椎将胴体分为两半，再切成 3～4cm 见方的肉块，肉块之间不得有互相粘连的现象。

（2）汤料的配制

① 骨头汤的准备　熬制骨头汤既可采用猪骨，也可采用兔骨。先将骨头清洗干净，剁成 10cm 以下的小段，放入锅中，按骨重的 200％的比例加入清水，旺火煮沸后用文火熬制，待骨头与残肉自然分离时，即可捞出骨头。汤汁经过滤后，冷却备用。

② 汤料配制方法　先将生姜、葱清洗干净，绞碎或切成细块，再将骨头汤按比例倒入锅中，加入姜、葱，称量桂皮、八角、花椒、草果等。用纱布包好扎紧，放入骨头汤内，熬制 30～40min。结束前，加入味精和酱油，充分拌匀，出锅即为配好的汤料。

（3）烧制　先将猪油倒入锅中高温灼烧，加入陈皮丝，再放入切块的兔肉，用大火翻炒。炒至表面收缩变色时，先加入料酒用量的三分之一，边炒边拌，然后分别加入盐、白砂糖和酱油。烧制时间不能太长，也不可太短，火候要适宜，以免影响成品肉块的食用品质。一般烘制全过程控制在 15～20min 以内。

（4）焖煮　将按兔肉与汤料比 4：（2～2.5）的比例，分别将肉块和汤料倒入锅内，加盖焖煮。当焖煮 15min 左右时，再加入剩余

三分之二的料酒翻拌均匀，再焖煮 10～15min 左右。当肉块基本上熟透时，便可出锅。切不可将兔肉块煮得太熟，以免影响杀菌后成品肉块的形状和口感。出锅时，先捞出兔肉块，再将汤汁用铁丝漏瓢过滤。肉、汤分开放置。

（5）装罐　采用玻璃瓶装，每瓶净重 510g，肉块固形物 291g，汤汁 219g。也可采用听装。在装罐时，要求将不同类型的肉块相互搭配。装好称量，再配以汤料，以保持罐头内肉块的均匀一致。

（6）抽气密封　抽气密封，真空度 53～60kPa。

（7）杀菌及冷却　杀菌式为 15min—45min—15min/118℃。杀菌后分段冷却。当温度降至 45℃ 以下时，即可拿出揩瓶，待充分冷却后入库保温。要注意防止未充分冷却入库，以免影响产品风味和色泽。

（8）成品　产品呈酱红色或橙红色，肉块大小均匀，软硬适宜，形态完整，搭配均匀。

第三节　腌制类罐头

肉类罐头产品很多，加工方法也多种多样。为了更好地学习肉类罐头的加工方法，特选择以下几种罐头品种进行介绍，用以了解肉类罐头的加工工艺、操作要点及其注意事项等。

一、午餐肉罐头

午餐肉属于肉糜类罐头，其色泽呈淡粉红色，组织紧密细腻，食之有弹性感，内容物完整地结为一块，具有猪肉经腌制、斩拌及与淀粉、调味料等混合制成的午餐肉罐头应有的滋味及气味。

1. 原料配方

肥瘦肉 80kg，净瘦肉 80kg，玉米淀粉 11.5kg，冰屑 19kg，玉果粉 58g，白胡椒粉 192g，维生素 C 32g（也可以不添加）。

2. 工艺流程

原料验收→解冻→处理（分段、剔骨、去皮、修整）→分级切块→腌制→绞肉斩拌→抽空搅拌→装罐→真空密封→杀菌冷却→成品入库

3. 操作要点

（1）解冻　冻猪肉应先行解冻。冻肉解冻条件控制的好坏，对产品质量有较大的影响。解冻条件控制得好，肉就能较好地恢复其冻结前的状态，这样的肉就可以有较高的持水性，生产出来的产品就可以保证组织紧密，脂肪不易析出。从大生产来讲，目前解冻的较好的条件是所谓"自然解冻"，即空气中解冻。解冻完毕的肉温以肋条肉不超过7℃，腿肉不超过4℃为宜。

（2）处理　解冻后的肉应及时进行处理。原料解冻后的处理过程要特别注意前后衔接紧密，不应有堆叠积压现象。堆叠积压，最易造成温度升高，结果会造成肉的持水能力降低。先将肉表面的污物、附毛等除去，将肉切块，剔骨去皮，除去碎骨、软骨、淋巴结、血管、筋、粗组织膜、淤血肉、黑色素肉等，将前、后腿完全去净肥膘作净瘦肉，严格控制肥膘在10％以下。肋条部分去除奶泡肉，背部肥膘留0.5～1cm多余的肥膘去除，作为肥瘦肉。肥瘦肉中含肥肉量不得超过60％，肥肉多，易造成脂肪析出。净瘦肉与肥瘦肉的比例为5∶3。处理好的肉逐块检查直至无骨无毛、无杂质等方可将肉块切成3～5cm条块送去腌制。在整个加工处理过程中操作要迅速。处理结束后，肉的温度应在15℃以下。

（3）腌制　腌制使用混合盐，其组成为精盐98％、砂糖1.5％、亚硝酸钠0.5％。腌制时可以加入品质改良剂三聚磷酸钠，其加入量为肉量的0.2％，并于混合盐中加入。

腌制比例为每100kg肉，添加混合盐2.25kg（不包括三聚磷酸钠），瘦肉与肥瘦肉分别腌制，腌制后均匀混合，放到2～4℃的冷库中进行腌制，经24～72h，即可进行后工序加工。腌制后的肉色泽为鲜艳的亮红色，气味正常，手捏有滑黏、坚实的感觉。

（4）绞肉和斩拌　配料：肥瘦肉80kg，玉米淀粉11.5kg，净瘦肉80kg，玉果粉0.058kg，白胡椒粉0.192kg，冰屑19kg，维生素C0.032kg（或不加）。将腌制以后的肉根据产品配方要求，将肥瘦肉在7～13mm孔径绞扳的绞肉机上绞碎得到粗绞肉，应呈粒状，温度不宜超过10℃，要求绞内机的绞肉刀必须锋利，且与绞扳配合松紧适度。将瘦肉在斩拌机上斩成肉糜状，并同时加入其他辅料。其过程为开动斩拌机后，先将肉均匀地放入斩拌机的圆盘内，然后放入冰屑，再加入淀粉和香辛料，斩拌 2～5min，斩拌后要求肉质鲜红，要有弹性，手捏无肉粒，无冰屑。

（5）真空搅拌　真空搅拌除将粗绞肉和细斩肉混合均匀之外，能够防止成品产生气泡和氧化作用，同时防止产生物理性胀罐。将上述斩拌好的肉糜倒入真空搅拌机，在 0.067～0.080MPa 真空下搅拌 2min。

（6）装罐　装填操作最好采用机械，这样可以使形态完全一致，避免因手工操作用力不均匀而产生形态不良。装罐时肉糜温度不超过 13℃，同时注意称量准确，装罐紧密。装罐称重后表面抹平，中心略凹。

（7）密封及杀菌冷却　采用真空密封，真空度为 60～67kPa。密封后的罐头逐个检查封口质量，合格者经温水清洗后再进行杀菌，均冷却到 40℃以下。

净重 198g 杀菌公式：15min—50min—反压冷却/121℃（反压：150.0kPa）。

净重 340g 杀菌公式：15min—55min—反压冷却/121℃（反压：150.0kPa）。

净重 397g 杀菌公式：15min—70min—反压冷却/121℃（反压：150.0kPa）。

净重 1588g 杀菌公式：25min—130min—反压冷却/121℃（反压：105.0kPa）。

冷却后的罐头及时擦罐，入库保存。

4. 质量标准

（1）感官指标　感官指标应符合表 5-11 的要求。

表 5-11　午餐肉罐头的感官指标

项目	优级品	一级品	合格品
色泽	表面色泽正常，切面呈淡粉红色	表面色泽正常，无明显变色，切面呈淡粉红色，稍有光泽	表面色泽正常，允许表面带浅黄色，切面呈浅粉红色
滋味气味	具有午餐肉罐头浓郁的滋味与气味	具有午餐肉罐头较好的滋味与气味	具有午餐肉罐头应有的滋味与气味

续表

项目	优级品	一级品	合格品
组织	组织紧密、细嫩,切面光洁,夹花均匀,无明显的大块肥肉、夹花或大蹄筋,富有弹性,允许极少量小气孔存在	组织较紧密、细嫩,切面较光洁,夹花均匀,稍有大块肥肉、夹花或大蹄筋,有弹性,允许少量小气孔存在	组织尚紧密,切片完整,夹花尚均匀,略有弹性,允许小气孔存在
形态	表面平整,无收腰,缺角不超过周长的 10%,接缝处略有黏罐	表面较平整,稍有收腰,缺角不超过周长的 30%,黏罐面积不超过罐内壁总面积的 10%	表面尚平整,略有收腰,缺角不超过周长的 60%,黏罐面积不超过罐内壁总面积的 20%
析出物	脂肪和胶冻析出量不超过净含量的 0.5%,无析水现象	脂肪和胶冻析出量不超过净含量的 1.0%,无析水现象	脂肪和胶冻析出量不超过净含量的 2.5%,无析水现象

（2）理化指标　净重应符合表 5-12 的要求,每批产品平均净重应不低于标明重量。其他理化指标应符合表 5-13 的要求。

表 5-12　午餐肉罐头净重的要求

罐号	标明重/g	允许公差/%
304	340	±3.0

表 5-13　午餐肉罐头理化指标

项　目	优级品	一级品	合格品
淀粉含量/%	≤6	≤7	≤8
脂肪含量/%	≤25	≤27	≤30
亚硝酸钠含量/(mg/kg)	≤50	≤50	≤50
氯化钠含量/%	1.0～2.5	1.0～2.5	1.0～2.5
锡含量/(mg/kg)	≤200	≤200	≤200
铅含量/(mg/kg)	≤1.0	≤1.0	≤1.0
铜含量/(mg/kg)	≤5.0	≤5.0	≤5.0
砷含量/(mg/kg)	≤0.5	≤0.5	≤0.5
汞含量/(mg/kg)	≤0.1	≤0.1	≤0.1

（3）微生物指标　微生物指标应符合 GB 4789.26 规定的罐头食品商业无菌的要求。

5. 注意事项

午餐肉生产中容易出现的问题。主要现象是午餐肉罐头容易出现胶冻和油脂析出、粘罐、形态不良、表面发黄、切面变色快、物理性胀罐、弹性不足等质量问题。产生原因及防止方法如下。

(1) 胶冻和油脂析出　由于肉的质量不佳、持水性差而产生。其防止方法有以下几点。

① 严格控制投产原料的质量，最理想的是新鲜肉，如用冻肉则应使用冷藏质量良好和近期屠宰的原料。

② 加强解冻、拆骨加工和生产过程的温度控制，以自然室温缓慢解冻为好，拆骨加工及生产车间的室温不要高于 25℃，夏季生产应以冷风调节。

③ 加工时要严格控制肥肉含量，午餐肉成品的油脂含量一般为22%～25%。如果加工的原料肥膘过多，或肉的质量不好，就容易产生以上质量问题。

④ 加适量磷酸盐，斩拌刀具要锋利。

(2) 粘罐　为解决午餐肉的粘罐，通常的办法是装罐前在罐内壁涂一薄层熟猪油，装罐表面抹平后也应涂一层猪油。但最好的办法是制罐前在镀锡薄板上涂布脱膜涂料，涂脱膜涂料生产的午餐肉开罐后不粘罐，表面无白色脂肪层，外观较好，生产方便。

(3) 形态不良　午餐肉形态上的缺陷主要是腰箍和缺角，应用装罐机装填可防止上述缺点。

(4) 表面发黄、切面变色快　这是由于表面接触空气氧化而造成的。封口真空度达 60～67kPa 时，质量较好。或在调味斩拌时加入抗氧化剂维生素 C，可使产品色泽红润、切面色泽经久不变，维生素 C 的加入量为肉量的 0.02%。

(5) 物理性胀罐　主要是由于肉中空气较多、装罐太满而引起的。目前采取的办法是装罐前将肉糜中的空气抽除，缩小其体积以防止物理性胀罐。

(6) 弹性不足　控制原料的新鲜度、解冻条件及腌制条件。

二、火腿罐头

1. 原料配方

(1) 主料配方　采用 804 号罐，净重 454g，火腿（整块）444g，明胶 10g。

（2）混合盐水配制　混合盐 9kg，胡椒粒 100g，清水 31kg，味精（80%）50g，月桂叶 40g。

（3）混合盐配方　精盐 5.39kg，砂糖 105.6g，亚硝酸钠 4.4g。

2. 工艺流程

取料→腌制→装罐→密封→杀菌→冷却→成品

3. 操作要点

（1）原料处理　猪后腿肉经拆骨、去皮后，切取装罐时所需要的整块，块型大小可参照罐型尺寸进行，块型应完整并除去表层的肥膘，厚度均匀，使每块腿肉重量达到 460～470g。

（2）注射盐水　混合盐水配制：混合盐 9kg，胡椒粒 100g，清水 31kg，味精（80%）50g，月桂叶 40g。方法：将混合盐、月桂叶、胡椒粒及清水在夹层锅内加热至沸，待混合盐溶解后再加入味精，取出绒布过滤，用冷开水调整重量至 40kg，然后迅速冷却，即为含盐量 22.5% 的混合盐水。多聚磷酸钠溶液的配制：取多聚磷酸钠 1.25kg，放于不锈钢桶内，然后加入冷却沸水 8.75kg，待全部溶解后调整至 10kg。注射盐水的配制：取混合盐水 40kg，多聚磷酸钠液 10kg，在不锈钢桶内进行混合，即成含盐量为 18%、多聚磷酸钠含量为 2.5% 的注射盐水。配制后迅速冷却至 10～12℃ 即可供注射用。取以上处理好的腿肉五块，平整铺于火腿注射模具内，按盖板小孔注入盐水，注射针应在肉层中适当地上下移动，使盐水能正确地注入肉块组织内，力求注射均匀，使每只腿肉的盐水注射量严格控制在92～94g，重量不足可补充注入，过多时将盐水挤去。

（3）吊挂腌制　腿肉逐只分别装于聚乙烯网袋内进行挂腌，腌制温度为 2～6℃，相对湿度为 80%～85%，时间为 3～4d。

（4）修整　腌制后的腿肉用小刀除去外层已变色的部分、肉筋和杂质，按火腿罐型的外形修整，肉块要求肉面平整，形态完整，每块向应控制在 455～460g，腿肉拼合处（肉与肉之间）可用抓刷，将肉表面拉毛，利于肉的黏合。

（5）装罐　采用 804 号罐，净重 454g，火腿（整块）444g，明胶 10g。装罐时，空罐内壁均匀涂上一层薄猪油，装火腿时将脂肪层向下，肉块掀平，勿使凹折。每罐上层均匀地撒放一层明胶粉（约

10g），然后罐盖放上。

（6）密封　排气及密封：排气密封 80～85℃，20min。

（7）杀菌　杀菌式：15min—90min—15min/108℃冷却。

4. 质量标准

（1）感官指标　感官指标应符合表 5-14 的要求。

表 5-14　火腿罐头的感官指标

项目	指标
色泽	具有猪肉经腌制应具有的浅红色
滋味及气味	具有猪肉经腌制装罐制成的洋火腿罐头应有的风味,无异味
组织形态	猪肉为一整块,可以切片,胶冻呈微黄色,较为透明
杂质	不允许存在

（2）理化指标

① 净重 454g，每罐允许公差±3％，但每批平均不低于净重。

② 含盐量 4％～6％。

③ 重金属含量　每千克制品中，锡（以 Sn 计）不超过 200mg，铜（以 Cu 计）不超过 10mg，铅（以 Pb 计）不超过 2mg。

（3）微生物指标　无致病菌及因微生物作用引起的腐败征象。

5. 注意事项

① 装罐时，空罐内壁均匀除上一层薄猪油，装火腿时将脂肪层向下，肉块掀平，勿使凹折。每罐上层均匀地撒放一层明胶粉约 10g，然后将罐盖放上。

② 密封前每罐必须要复磅，控制净重，不宜超重过多，以防止物理性胀罐。

三、咸羊肉罐头

咸羊肉罐头是将羊肉腌制、预煮、斩拌后制成的，具有质地软嫩、咸香适口的特点。

1. 原料配方

羊肉 100kg，淀粉 6kg，1 号混合盐 2.5kg，羊油 0.5～1kg。

2. 工艺流程

原料预处理→切块→预煮→斩拌→装罐→排气及密封→杀菌→冷

却→保温检查→包装→成品

3. 操作要点

（1）切块　将去皮去骨羊肉除去过多的脂肪，切成宽15cm、厚5cm的条肉。

（2）腌制　每100kg肉加2.5kg 1号混合盐，在0～4℃冷库腌制4～72h。

（3）预煮　在连续预煮机或夹层锅内预煮，水沸后下肉煮沸7～10min（第一锅预煮水中加入约1％水量的食盐）。预煮得率为78％～80％。

（4）斩拌　煮后肉块经斩拌机斩成小块。斩拌时每100kg肉块加淀粉6kg。在使用三级羊肉时，每100kg肉块再加羊油0.5～1kg。

（5）装罐　罐号701或953，要求净重340g，咸羊肉340g。

（6）排气及密封　抽气密封：53.0kPa以上。

（7）杀菌及冷却　杀菌公式（抽气）：15min—80min—反压冷却/121℃（反压：100.0～120.0kPa）。

四、猪肉腊肠罐头

1. 原料配方

肉粒100kg（瘦肉粒与肥肉粒之比约为3∶1），酒3～4kg（按酒的质量及气候情况决定使用量），砂糖10kg，精盐2.7kg，酱油1.0kg，硝酸钠0.04kg，亚硝酸钠0.03kg，水约20kg。

2. 工艺流程

原料处理→配料→灌肠→烘肠→装罐→密封→杀菌→冷却→成品

3. 操作要点

（1）原料处理方法及要求　瘦肉处理：将猪腿肉去骨去皮，修去肥膘，使瘦肉基本不带肥膘，并将淡红色的瘦肉切成100g左右的小块，用清水冲洗几次干净后再放入11～12mm孔径绞板的绞肉机绞碎。色泽呈中红和深红色的瘦肉切成约为1cm的薄片，并以流动水漂洗，至肉中间基本无血水为止。肥肉处理：将肥肉去皮，纯肥肉切成5～7mm肉粒，然后投入40～45℃（夏天）或55～60℃（冬天）温水中洗去肉粒表面上的油脂，然后再用冷水洗两次，沥干水分后备用。

（2）原料配制　配料（kg）：肉粒100（瘦肉粒与肥肉粒之比约为3∶1），酒3～4（按酒的质量及气候情况决定使用量），砂糖10，精盐 2.7，酱油 1.0，硝酸钠 0.04，亚硝酸钠 0.03，水约 20。

方法：先将精盐、糖、硝酸钠、亚硝酸钠加水溶解，然后加入酱油，过滤备用。再将肥肉粒放入配料，搅拌均匀后腌渍 10min 左右加入瘦肉粒，再加酒，充分搅拌后即可灌肠。

（3）灌肠　灌肠时可采用用灌肠机或特制漏斗进行。将已调味的肉粒灌入肠衣内，灌至末端长为 5～6cm 时在肠衣末端打一个结，待全部灌满时在首端再打一个结，扎一根绳子。

（4）洗肠　结扎后的肠子用温水（45℃）清洗一下，洗净肠外附着油腻，使成品起蜡光，再在冷水中冷却 20～30s，使肠身温度迅速降至常温。

（5）打孔　把灌好肉馅扎好两端的肠，用针刺孔，排出水分、空气，针刺要均匀。

（6）扎肠　腊肠每 2.5cm 处扎一根绳，扎绳的两端中间结一根绳子必须两端相等，以保证腊肠成品长度的一致，绳子两端备晒肠、倒肠用。

（7）晒肠、倒肠　将腊肠挂在竹竿上，晒至肠衣收缩，呈直线皱纹，瘦肉颜色已呈粉红色即可倒肠。晒肠时间一般为 4～6h。倒肠时，把下端挂起，使上下收缩均匀。

（8）烘肠　第一次倒肠后即可进烘房，进料后 30～60min 内温度要求达到 50～55℃，保持 5～6h，使腊肠基本收身；肠衣干爽后，即进行第二次倒肠，这时温度保持在 53～58℃之间，烘制时间为 18h 左右，然后再将上下层腊肠调换位置，继续烘 24h 左右，使肠完全收身，基本烘透即可。烘制好的腊肠贮放 1～3d，使肠身回潮转化即可装罐。将不符合条装的腊肠切成厚 2～3mm，宽约 1～2cm，长 2～4cm 的斜片作片状装罐。

（9）装罐　采用 854 罐，净重 142g，装入腊肠 142（片装）。

（10）排气及密封　预封排气密封：中心温度不低于 65℃。抽气密封：0.040MPa 左右。

（11）杀菌及冷却　净重 142g 杀菌式（抽气）：10min—23min—10min/115℃冷却。

4. 质量标准

（1）感官指标

感官指标应符合表 5-15 的要求。

表 5-15　猪肉腊肠罐头感官指标

项目	优级品	一级品	合格品
色泽	红色鲜明,瘦肉呈暗红色,有油光,条装的两端色泽稍深,片装的允许部分色泽稍深	红色尚鲜明,瘦肉呈暗红色,略有油光,条装的两端色泽稍深,片装的允许部分色泽稍深	红色至暗红色,条装的两端色泽稍深,片装的允许部分色泽稍深
滋味气味	具有猪肉腊肠应有的滋味及气味,无异味	具有猪肉腊肠应有的滋味及气味,无异味	具有猪肉腊肠浓郁的滋味及气味,无异味
组织形态	组织软硬适度,肥瘦肉粒比例适当。条装的长短、粗细较均匀,长度为 70～100mm。片装的呈椭圆形,长宽较均匀,长 20～40mm,宽 10～20mm,厚 4～6mm	组织软硬较适度,允许肥肉粒稍多。条装的长短、粗细大致均匀;片装的呈椭圆形,长宽尚均匀	组织软硬尚适度,允许稍软或稍硬。肥瘦搭配及长短、粗细、宽度大致均匀

（2）理化指标

① 净重　应符合表 5-16 中有关净重的要求,每批产品平均净重不低于标明重量。

② 固形物应符合表 5-16 中固形物含量的要求,每批产品平均固形物重应不低于规定重量。

③ 氯化钠含量 3.5%～5.0%。

④ 亚硝酸钠含量不大于 50mg/kg。

⑤ 重金属含量　应符合猪肉腊肠罐头的重金属含量的要求。

表 5-16　猪肉腊肠罐头的净重和固形物含量

罐号	标明重/g	允许公差/%
854	142	±4.5

（3）微生物指标　微生物指标应符合罐头食品商业无菌要求。

第四节　调味类禽罐头

一、辣味炸仔鸡

1. 原料配方

（1）原料配方　鸡 100kg,调料盐 1.86kg,混合酒 1kg,生姜汁、洋葱汁各 400g,洋葱粉 100g,辣油适当。

(2) 调料盐配制　精盐 8.75kg、味精 1kg、白胡椒粉 250g、洋葱粉 550g。

(3) 混合酒配制　甲级白酒 5kg、苏州黄酒 4kg、丹阳黄酒 1kg。

2. 工艺流程

原料→切块→腌渍→油炸→装罐→注油→排气→密封→杀菌→冷却→成品

3. 操作要点

(1) 净鸡处理　宰杀前禁食 12～24h，颈下切断三管，宰杀后2～3min 立即进行浸烫和褪毛，浸烫水温烫毛水温以 60～63℃ 为宜，一般烫 2～3min，立即褪毛，在清水中洗净细毛，搓掉皮肤上的表皮，使鸡胴体洁白。将鸡体倒置，将鸡腹绷紧，用刀贴着龙骨向下切开小口（切口要小），用手指将全部内脏取出后，清水洗净内脏。

(2) 切块　经处理后的鸡切成 4～5cm 见方的块状。接部位把背部肉、胸部肉、腿部肉、颈及翅分开，以便搭配装罐。

(3) 调料盐配制　精盐 8.75kg、味精 1kg、白胡椒粉 250g、洋葱粉 550g。

(4) 混合酒配制　甲级白酒 5kg、苏州黄酒 4kg、丹阳黄酒 1kg。

(5) 腌渍　原料配方：鸡 100kg，调料盐 1.86kg，混合酒 1kg、生姜汁、洋葱汁各 400g、洋葱粉 100g、辣油适当。将鸡块和配料拌合腌渍，除背部肉腌 20min 外，其他部位肉腌 25min。

(6) 油炸　分部位进行油炸，油温 180～200℃ 炸 2～5min，控制脱水率在 33%～35%，炸至酱黄色或浅酱红色。

(7) 辣油配制　精炼花生油 100kg、辣椒粉 2.75kg、紫草 450g、水 10kg。先用水将辣椒粉、紫草浸透再加入花生油，待加热蒸发全部水分后停止加热，静置澄清后，从表面取出清油，沉渣中的油过滤备用。

(8) 装罐　罐号 962，净重 227g（鸡肉 210g、辣油 17g）。

(9) 排气及密封　排气密封排气温度 90～95℃，时间 12min。

(10) 杀菌及冷却　杀菌式（排气）10min—75min—10min—反压冷却/121℃（反压：980kPa）。

4. 质量标准

(1) 感官指标　感官指标应符合表 5-17 的要求。

表 5-17 辣味炸仔鸡感官指标

项目	优级品	一级品	合格品
色泽	肉呈酱黄色至浅酱红色;辣油呈橙黄色至橙红色	肉呈酱黄色至酱红色;辣油呈黄色至棕黄色	肉呈浅酱红色至酱褐色;辣油呈黄色至黄褐色
滋味气味	具有辣味炸子鸡罐头应有的滋味及气味,无异味	具有辣味炸子鸡罐头应有的滋味及气味,无异味	具有辣味炸仔鸡罐头应有的滋味及气味,无异味
组织形态	肉块软硬适度,块形约40mm,部位搭配和大小大致均匀;每罐允许搭配颈(不超过40mm)或翅(翅尖必须斩去)各1块和添秤小块1块,允许稍有露骨现象和稍有汤汁	肉块软硬较适度,块形约40min,部位搭配和大小较均匀;每罐允许搭配颈(不超过40mm)或翅(翅尖必须斩去)各1块和添秤小块2块,允许稍有露骨现象和稍有汤汁	肉块软硬尚适度,块形约40mm,部位搭配和大小尚均匀;每罐允许搭配颈(不超过40mm)和翅(翅尖必须斩去)各两块;碎块、小块不超过固形物重的10%;允有露骨现象和稍有汤汁

反压冷却时反压不宜太高,抽真空亦不宜太高,以免瘪罐。

(2)理化指标

① 净重 应符合表 5-18 的要求,每批产品平均净重应不低于标明重量。

表 5-18 辣味炸仔鸡罐头净重的要求

罐号	标明重/g	允许公差/%
962	227	±4.5

② 氯化钠含量 1.5%~2.5%。
③ 重金属含量应符合辣味炸仔鸡罐头重金属含量相关要求。
(3)微生物指标 微生物指标应符合罐头食品商业无菌要求。

5. 注意事项

① 油炸不宜过度,不然会引起脱水率太高,使肉质太老。
② 成品色泽不一致,主要是锅与锅之间油炸色泽不一致和未及时调换新油。

二、红烧鸡罐头

1. 原料配方

鸡 100kg,酱油 7kg,白砂糖 2kg,水 20kg,葱 400g,味精

150g，香料水 2kg，黄酒 2kg，胡椒粉 50g，盐 800g，姜 400g。

2. 工艺流程

原料的处理→香料水的配制→调味→切块→装罐→排气及密封→杀菌、冷却→成品

3. 操作要点

（1）原料的处理　选择健康无病的鸡为原料，经宰杀、放血、煺毛、去内脏后，洗净。将经处理后的鸡肉进行调味预煮。鸡肫剥除肫油，剖开取下黄皮，用水清洗后备用；将腹腔油及肫油熬成熔化油备用。

（2）香料水的配制　香料水的配制方法：桂皮 1.2kg，八角 200g，加水适量熬煮 2h 以上，过滤制成香料水。

（3）调味　将鸡肉与配方中各种配料放入夹层锅中，进行焖煮调味，嫩鸡煮 12～18min，老鸡煮 30～40min，每次调味所得汤汁供装罐用，出品率 70%～75%。

（4）切块　将经调味的鸡肉切成 5cm 左右的方块，将鸡颈切成 4cm 长的段；翅膀、腿肉和颈分别放置，以各搭配装罐。

（5）装罐　每罐净重 227g，其中鸡肉 160g，汤汁 57g、鸡油 10g；每罐净重 397g，其中鸡肉 270g，汤汁 112g，鸡油 15g。

（6）排气及密封　排气密封的中心温度不低于 65℃，抽气密封的真空度为 53～60kPa。

（7）杀菌及冷却　净重 227g 杀菌式（抽气）：15min—10min—反压冷却/118℃（反压 117.6～137.2kPa）；净重 397g 杀菌式（抽气）15min—118min—反压冷却/118℃（反压 117.6～137.2kPa）。

三、咖喱鸡罐头

咖喱是以姜黄为主料，多种香辛料为配料，复合配制而成的调味料。咖喱具有特别的香气。在许多东南亚国家中，咖喱是必备的重要调料。在许多西餐中也会用到咖喱。咖喱中含有辣味香辛料，能促进唾液和胃液的分泌，增加胃肠蠕动，增进食欲。咖喱能促进血液循环，达到发汗的目的。所以在亚热带，人们特别喜欢吃咖喱菜肴。旧金山美国癌症研究协会的最新研究指出，咖喱内所含的姜黄素具有激活肝细胞并抑制癌细胞的功能。咖喱还具有协助伤口愈合，甚至预防老年痴呆症的作用。

咖喱鸡罐头属广东风味，色泽金黄，鸡肉软烂，香气浓郁，味略带辣，椰油咖喱香气四溢。它既具有丰富的营养价值和药膳价值，口味又独特，是老少皆宜的佳品。

1. 原料配方

鸡肉 100kg，黄酒 150g，面粉 450g，盐 150g，精制植物油适量，咖喱酱（精制植物油 20kg，炒面粉 8.5kg，咖喱粉 3.75kg，姜黄粉 500g，红辣椒粉 50g，盐 3.7kg，洋葱末 4kg，蒜末 3.5kg，味精 575g，白砂糖 2.25kg，水 100kg，姜末 2.5kg）。

2. 工艺流程

原料验收→处理→咖喱酱调制→油炸→装罐→加入咖喱酱→密封→杀菌→冷却→成品

3. 操作要点

（1）原料验收 应采用来自非疫区、健康良好、经检验合格的鸡。若表皮不正常或出现青皮、黄骨或有严重烫伤者均不得使用。

（2）原料处理 新鲜鸡或解冻鸡先脱去鸡毛，再割下头、脚、颈、腿，剖腹去除鸡胗及内脏等，然后在流动水中洗去表面杂质和腹腔内血污。将处理后的鸡身和鸡腿切成 4cm×4cm×4cm 的小方块，分别放置。颈和翅膀油炸后，再斩成不超过 4cm 的小段。面粉炒至淡黄色，过筛。咖喱粉、胡椒粉、红辣椒粉及姜黄粉均需过筛，筛孔为 223～250 目。

（3）咖喱酱的调制

① 咖喱酱配方 精制植物油 20kg，炒面粉 8.5kg，咖喱粉 3.75kg，姜黄粉 0.5kg，红辣椒粉 0.05kg，精盐 3.7kg，洋葱末 4kg，蒜头末 3.5kg，味精 0.575kg，砂糖 2.25kg，生姜末 2.5kg，清水 100kg。

② 调制方法 将油加热至 180～210℃ 时取出，依次冲入盛装洋葱末、蒜头末、生姜末的桶内，搅拌煎熬至有香味。将炒面粉、精盐、砂糖先用水调成面浆，过筛。用水在配料中扣除。然后将油炸的洋葱末、蒜头末、生姜末和植物油的混合物倒入夹层锅，加入清水，一边将姜黄粉、红辣椒粉、咖喱粉、味精逐步加入，一边搅拌均匀，再煮沸后加入面粉，迅速搅拌，浓缩 2～3min，防止面粉结团，控制得量为 145～150kg。咖喱酱在调制过程中要严格控制，否则会影响

口感和外观。

（4）油炸　先将鸡块100kg与黄酒0.15kg、精盐0.15kg拌匀，再加入面粉0.45kg拌匀，翅膀和头、颈、鸡身、鸡腿分别拌料。将精制植物油（或鸡油）加热至180～210℃，油炸1.5min，至鸡块表面呈淡黄色取出。鸡块得率为80%、鸡腿为85%、颈和翅为90%。

（5）装罐　罐号781，净重312g，鸡块160g，咖喱酱152g。

（6）排气密封　排气密封时中心温度不低于65℃；抽气密封真空度为0.051～0.056MPa。

（7）杀菌冷却　杀菌公式（热力排气）：15min—66min—反压冷却/121℃（反压：0.143MPa）；杀菌公式（抽气）：20min—60min—反压冷却/120℃（反压：0.143MPa）。

（8）成品　肉色呈油炸黄色，酱体为褐黄色；具有咖喱鸡罐头特有的滋味及气味，无异味；肉质软硬适度，酱体稠度适中，每罐装5～7块（搭配带皮颈不超过4cm）或翅（翅尖斩去）1块。块形大致均匀，允许另添小块鸡肉1块。

四、五香鸭肫罐头

1. 原料配方

（1）主料（生产五香鸭肫罐头10000罐）　需要鸭肫7800kg，汤汁220kg，麻油100kg。

（2）原料按如下配方加入：鸭肫100kg，砂糖3.8kg，熟精炼植物油4kg，酱油（19%）9kg，精盐0.32kg，青葱0.64kg，生姜0.64kg，黄酒3kg，味精（90%）0.39kg，桂皮0.32kg，八角茴香0.39kg，肉骨头汤（2%）42kg。

2. 工艺流程

鸭肫→腌制→预煮→修整→调味→装罐→加麻油→注汤汁→排气→密封→杀菌→冷却→成品

3. 操作要点

（1）原料处理方法及要求　腌制：经处理后的鸭肫每100kg加混合盐1.2kg搅拌均匀，在2～4℃的室温下腌72～96h，以腌后肫肉呈红色无黑心为度。混合盐配制：精盐98%，砂糖1.5%，亚硝酸钠0.5%，混合均匀即可。预煮：经腌制后的鸭肫100kg加水100kg，加生姜、青葱、黄酒各 400g，煮沸 15min，每煮两锅换水一次，脱水率为 30%～35%。修整：修除肫化白膜、污物及隐胆污染部分，并修除肫周围形态较差的肉，修正后得率为 88%～90%，然后将肫纵剖成相连的两瓣。

（2）配料及调味 鸭肫 100kg，砂糖 3.8kg，熟精炼植物油 4kg，酱油（19%）9kg，精盐 0.32kg，青葱 0.64kg，生姜 0.64kg，黄酒 3kg，味精（90%）0.39kg，桂皮 0.32kg，八角茴香 0.39kg，肉骨头汤（2%）42kg（桂皮、八角茴香、青葱、生姜熬煮成香料水）。方法：加热调味 30min 取出肫，汤汁每锅保持 10～11kg，调味后鸭肫得率为 84%～86%。

（3）排气及密封 排气密封：85～90℃，时间 10min。抽气密封。0.047MPa。

（4）杀菌及冷却 杀菌式（排气）：10min—60min—10min/118℃冷却。杀菌式（抽气）：15min—70min—反压冷却/118℃（反压：0.14MPa）。

4. 质量标准

（1）感官指标 感官指标应符合表 5-19 的要求。

表 5-19　五香鸭肫罐头的感官指标

项目	优级品	一级品	合格品
色泽	肫块表面呈酱红色，切面无明显黑心；汤汁呈酱褐色	肫块表面呈酱红色至红褐色，切面无明显黑心；汤汁呈酱褐色	肫块表面呈酱红色至红褐色，少量鸭肫切面允许略有黑心；汤汁呈褐色至酱褐色
滋味气味	具有五香鸭肫罐头应有的滋味和气味，无异味	具有五香鸭肫罐头应有的滋味和气味，无异味	具有五香鸭肫罐头浓郁的香味及气味，无异味
组织形态	组织有韧性；每只肫纵剖切成相连的两瓣，形态整齐，同一罐中大小大致均匀，每罐中允许有添秤鸭肫 1 瓣	组织稍有韧性；每只肫纵剖切成相连的两瓣，同一罐中大小较均匀，每罐中允许有添秤鸭肫不超过 2 瓣	组织尚有韧性；每只肫纵剖切成相连的两瓣，允许有单瓣及不完整的肫块存在

（2）理化指标

① 净重应符合表 5-20 中有关净重的要求，每批产品平均净重应

不低于标明重量。

② 固形物　应符合表 5-20 中有关固形物含量的要求，每批产品平均固形物重应不低于规定重量。

③ 氯化钠含量 1.5%～2.5%。

④ 重金属　含量应符合五香鸭肫罐头重金属含量的要求。

⑤ 亚硝酸钠含量≤50mg/kg。

表 5-20　五香鸭肫罐头净重和固形物的要求

罐号	等　级	净重		固形物		
		标明重量/g	允许公差/%	含量/%	规定重/g	允许公差/%
854	优级品、一级品	227	±3.0	80	182	±11.0
854	合格品	227	±5.0	75	170	±11.0

（3）微生物指标　微生物指标应符合罐头食品商业无菌要求。

5. 注意事项

① 汤汁要清、不浑浊、不发白，因此必须过滤后使用。

② 本产品易产生肫黑心，关键在于腌制，腌制一定时间后需翻缸。

五、陈皮鸭罐头

陈皮是一种调味料，也是一味中药材，具有行气健脾、降逆止呕的功效。陈皮鸭罐头吃起来清香可口，鸭肉中渗着陈皮的芳香味道。

1. 原料配方

鸭肉 50kg，鸭汤 40kg，酱油 1.35kg，白酱油 2kg，白砂糖 1.25kg，食盐 400g，味精 670g，50 度白酒 750g，姜 250g，陈皮 600g，猪油 1.15kg。

2. 工艺流程

原料鸭的选择→处理→预煮→上色→油炸→调味→装罐→注汤→排气密封→杀菌冷却→成品

3. 操作要点

（1）原料鸭的选择　采用来自非疫区的、健康状况良好的鸭。

（2）净鸭处理　将鸭倒挂，用刀在鸭颈处切一小口，随即用右手捏住鸭嘴，把脖颈拉直，使血滴尽，待鸭停止抖动时，便可

进行热烫。热烫时，水温不宜过高，一般 61～62℃ 为佳，以免烫破皮。当鸭毛轻轻一推即可脱掉时，便可取出。先趁热煺毛，然后沿脊椎骨剖开，并切除部分脊骨，去除内脏及杂物，用流动水清洗干净。

（3）预煮　经处理后的鸭，沿脊椎骨剖开，并切除部分脊骨。放清水 35kg，鸭 50kg，在夹层锅中预煮（水沸下鸭），煮沸 12～15min。

（4）上色、油炸　用白酱油将鸭表皮上色后油炸，油温为 160～170℃，时间 4～5min，炸至金黄色即可。

（5）调味　油炸后，先将鸭肉 15kg 放入锅内，上面铺上陈皮及干姜一层，再将剩余鸭肉放在上面。其余配料用鸭汤溶解，经过滤后倒入锅煮沸 60～70min，取出鸭肉，汤汁过滤后从其上面取出油汁 5kg，加入胡椒粉 20g，搅拌均匀，作为汤汁，准备装罐。

（6）装罐　用罐号 962，净重 340g，鸭肉 285g、汤汁 55g。装罐时，如果鸭只肥度不够，则装罐时需加猪油 10g，可相应减少汤汁 10g。为整块装罐，鸭只腹部向上，腹腔内装入鸭肫 1 个，罐底放入陈皮 1 块。

（7）排气及密封　抽气密封 40.0～46.7kPa。

（8）杀菌及冷却　杀菌式（抽气）12min—68min—15min/121℃ 冷却。将杀菌后的罐头冷却至 38℃ 左右，擦去罐外壁附着的水分，入库保温。

（9）成品　鸭肉表面呈金黄色，均匀一致，汤汁鲜美，具有陈皮鸭肉罐头应有的滋味和气味，肌肉组织有韧性且脆嫩。

4. 质量标准

（1）感官指标　感官指标应符合表 5-21 的要求。

表 5-21　陈皮鸭罐头的感官指标

项目	指标
色泽	肉色正常，呈黄褐色至酱黄色
滋味、气味	具有鸭子经处理、油炸后与陈皮等进行调味制成的陈皮鸭罐头应有的滋味及气味，无异味
组织形态	肉质肥嫩，软硬适度，外表无脱骨现象。肉块包裹完整，无羽毛、前翅、脚掌及血管毛，其中心部分允许搭配鸭颈（长约 50mm），鸭肫及陈皮各 1 块

（2）理化指标

① 净重应符合表 5-22 中净重的要求，每批产品平均净重应不低于标明重量。

② 固形物应符合表 5-22 中固形物含量的要求，每批产品平均固形物重应不低于规定重量。

表 5-22 陈皮鸭罐头净重和固形物的要求

罐号	净重		固形物		
	标明重/g	允许公差/%	含量/%	规定重/g	允许公差/%
962	340	±3.0	≥85	289	±9.0

（3）微生物指标 微生物指标应符合罐头食品商业无菌要求。

5. 注意事项

① 如鸭只肥度不够，则装罐时需加鸭油或精炼植物油 10g，相应可减少汤汁 10g。

② 装罐时为整块装罐，腹腔内装入鸭肫 1 个，装罐时腹部向上，罐底放入陈皮一块。

六、德州扒鸡软罐头

软罐头一般采用真空包装。

1. 原料配方

净腔小鸡 750g 左右，盐 17g，酱油 20g，小茴香 0.25g，砂仁 0.25g，草果 0.25g，山柰 0.4g，桂皮 0.6g，草豆蔻 0.25g，陈皮 0.25g，八角 0.5g，花椒 0.25g，丁香 0.12g，白芷 0.6g，肉豆蔻 0.25g。

2. 工艺流程

选料→宰杀→去内脏、整形→涂色、过油→焖煮→出锅、包装→杀菌冷却→保温→成品

3. 操作要点

（1）选料 选用经卫生检验无病的鸡。以中秋节后的鸡为佳，这时的当年鸡体重在 1kg 以上，肉质肥嫩，味道鲜美，是加工扒鸡的理想原料。

（2）宰杀　用利刃将活鸡切颈宰杀，放血后置于 65～68℃的热水中浸烫煺毛，或用专用煺毛机，并去净鸡爪等处的老皮。

（3）去内脏、整形　在鸡臀部开口，取出内脏后冲洗干净，然后将两腿从臀部折回放入腹内，两翅分别从脖子刀口处插入，从嘴内交叉伸出，并晾干表皮水分。

（4）涂色、过油　在盘好的鸡身上抹一层糖色，再逐个放入热油中炸制，炸到鸡身呈金黄色即可，注意不要炸过头。

（5）焖煮　将炸过的鸡放入锅内（锅底放一个铁箅子，防止煳锅），加入称好的各种配料，倒入老汤（上次煮制剩下的汤），上面压一个铁箅子，烧沸后改小火慢慢焖煮，时间约 4h。

（6）出锅、包装　因扒鸡焖煮时间较长，容易破皮掉头，出锅时应减小火力，使锅内保持冒气而不泛泡状态。用钩子钩住鸡头，徐徐上提，用漏勺接住，沥干汤汁，稍凉后装入高温蒸煮袋内，真空封口。

（7）杀菌冷却　杀菌式：20min—20min—20min/121℃。采用反压冷却，冷却至 40℃左右出锅，置于清水中浸泡，擦干袋后，加外包装。

（8）保温、成品　将产品置于 37℃环境中保温 7 天，剔除胀袋产品，无胀袋的即为成品。

第五节　水产罐头

一、茄汁鲭鱼罐头

1. 原料配方

（1）茄汁配料　番茄酱（20%）42kg，砂糖 10kg，精盐 1.4kg，味精 0.25kg，精制植物油 16kg，冰醋酸 0.075kg，香料水 30kg，油炸洋葱 1.2kg。配制总量 100kg。

（2）香料水配方　月桂叶 0.08kg，丁香 0.03kg，水 10kg，精盐 0.05kg，香料水总量 10kg。

2. 工艺流程

原料处理→盐渍→装罐脱水→加茄汁→排气及密封→杀菌及冷却→成品检验入库

3. 操作要点

（1）原料处理 将去头尾、去内脏的鲭鱼在流动水中洗净（脊骨处的血污要注意洗净），横切段（带骨或去骨）。397g 装鱼段长度为 3～3.5cm，198g 装鱼段长度为 2.5～3cm。

（2）盐渍 用 2% 精盐干腌 30min 或用 10～15°Bé 盐水盐渍 15～20min，捞出用水洗一次。

（3）茄汁配制 番茄酱（20%）42kg，砂糖 10kg，精盐 1.4kg，味精 0.25kg，精制植物油 16kg，冰醋酸 0.075kg，香料水 30kg，油炸洋葱 1.2kg。配制总量 100kg。

（4）装罐及脱水 采用抗硫涂料罐和 500mL 罐头瓶，洗罐并消毒后，将生鱼段装罐并注满清水，经 25～30min（95～100℃）蒸煮脱水后，脱水率为 18%～22%。倒罐沥净汤汁，及时加茄汁。规定鱼段（脱水后）装罐量为：589 号罐净含量 156g，装 109g；604 号罐净含量 200g，装 140g；860 号罐净含量 256g，装 179g；601 号罐净含量 397g，装 278g；7116 号罐净含量 425g，装 298g；500mL 号罐头瓶净含量 500g，装 325g。各加茄汁至净含量。

（5）排气及密封 热排气罐头中心温度达 75～80℃，趁热密封，真空抽气密封，真空度为 0.047～0.053MPa。

（6）杀菌及冷却 净含量 397g 罐杀菌公式（热排气）：15min—65min—20min/115℃；杀菌公式（真空抽气）：20min—65min—20min/115℃；净含量 198g 罐杀菌公式（热排气）：15min—60min—15min/115℃。杀菌后冷却至 40℃ 左右，取出擦罐入库。

（7）成品 鱼皮色泽正常，茄汁色泽为橙红色，具有茄汁鲭鱼应有的风味，无异味。条装者肉质软硬适中，形态完整，排列整齐，长短尚均匀。段装者部位搭配为适宜，允许添加 3 小块鱼肉。589、604、860、601、7116 罐型的净重分别是（156±4.5）g、（200±4.5）g、（256±3）g、（397±3）g、（425±3）g，固形物≥70%。500mL 玻璃瓶的净重是（500±5）g，固形物≥65%。氯化钠 1.2%～2.2%。

二、茄汁鲢鱼罐头

1. 原料配方

鲢鱼 100%，番茄酱 42%，砂糖 10%，精盐 1.4%，味精

0.25%，精制植物油 16%，冰醋酸 0.075%，香料水 30%，油炸洋葱 1.2%。配制总量 100%。

2. 工艺流程

原料处理→盐渍→油炸→装罐加茄汁→排气密封→杀菌冷却→成品检验入库

3. 操作要点

（1）原料处理　用新鲜或冷冻的鲢鱼或鲤鱼作原料。将新鲜鱼用清水洗净，冷冻鱼在不超过 20℃ 的水中解冻洗净。将洗净的鱼去鳞、去头尾、去鳍，剖腹去内脏，洗净腹腔内的黑膜及血污，切成长 5～6cm 左右的鱼块。

（2）盐渍　将鱼块浸没于 3～5°Bé 盐水中，鱼与盐水之比为 1：1，盐渍时间为 5～8min，视鱼块大小而定。盐渍后用清水漂洗一次，沥水。

（3）油炸　将鱼块放入 170～180℃ 油中炸 2～4min，炸至鱼块表面呈金黄色时即可捞起沥油。

（4）茄汁的配制　番茄酱（20%）42%，砂糖 10%，精盐 1.4%，味精 0.25%，精制植物油 16%，冰醋酸 0.075%，香料水 30%，油炸洋葱 1.2%。配制总量 100%。

（5）装罐　采用抗硫涂料罐 860 号，净含量为 256g。将空罐清洗消毒后，先在罐底放月桂叶 0.5～1 片，胡椒 2 粒，装鱼块 170～185g。鲢鱼每罐不超过 4 块，鲤鱼每罐不超过 5 块，竖装大小搭配均匀，排列整齐。加茄汁 71～86g，汁温保持于 75℃ 以上。

（6）排气及密封　将罐预封后热排气时，罐头中心温度达 75℃ 以上。趁热密封，真空封罐时，真空度为 0.047～0.053MPa。

（7）杀菌及冷却　杀菌公式（热排气）：10min—70min—反压冷却/118℃；杀菌公式（真空抽气）：15min—70min—反压冷却/118℃。将杀菌后的罐头冷却至 40℃ 左右，取出擦罐入库。

（8）成品　鱼色正常，茄汁为橙红色，具有茄汁鲢鱼应有的风味，无异味。肉质软硬适中，鱼块竖装排列整齐，块形大小较均匀，脊椎骨无明显外露，每罐不多于 4 块，允许另添加 1 小块。860 号罐型净重 256g，固形物≥70%，氯化钠 1.2%～2.2%。

三、茄汁鲅鱼罐头

1. 原料配方

(1) 主料　鲅鱼 100%，番茄酱 42%，砂糖 10%，精盐 1.4%，味精 0.25%，精制植物油 16%，冰醋酸 0.075%，香料水 30%，油炸洋葱 1.2%。配制总量 100%。

(2) 香料水配方　月桂叶 0.08kg，丁香 0.03kg，水 10kg，精盐 0.05kg，香料水总量 10kg。

2. 工艺流程

原料处理→盐渍→油炸→装罐加茄汁→排气密封→杀菌冷却→成品检验入库

3. 操作要点

(1) 原料处理　将新鲜或解冻后的鲅鱼洗净、去头、去内脏，用清水刷洗干净，去脊骨或不去脊骨，切成鱼段，长度视罐型而定。

(2) 盐渍　将鱼段浸没于盐水中盐渍，鲜鱼用盐水浓度为 15°Bé，盐渍时间 20min；冷冻鱼用盐水浓度为 10°Bé，盐渍时间 15min。盐渍后取出用清水漂洗一次，捞出沥干。

(3) 茄汁的配制　番茄酱 42%，砂糖 10%，精盐 1.4%，味精 0.25%，精制植物油 16%，冰醋酸 0.075%，香料水 30%，油炸洋葱 1.2%。配制总量 100%。

(4) 装罐及脱水　采用抗硫涂料罐，洗罐并消毒后，将生鱼段装罐，鱼段部位搭配均匀，竖装，注满 1°Bé 盐水，经 25～30min（95～100℃）蒸煮脱水后，倒罐沥净汤汁，及时加茄汁。

(5) 排气及密封　热排气罐头中心温度达 70℃ 以上，趁热密封，真空抽气密封，真空度为 0.047～0.053MPa。

(6) 杀菌及冷却　净含量 397g 及 256g 罐杀菌公式（热排气）：15min—80min—反压冷却/115℃；净含量 198g 罐杀菌公式（热排气）：15min—65min—反压冷却/115℃。杀菌后冷却至 40℃ 左右，取出擦罐入库。

(7) 成品　鱼色正常，茄汁为橙红色，具有茄汁鲅鱼应有的风味，而无异味。组织紧密不松散，鱼块竖装，排列整齐，部位搭配，长短大致均匀，带骨的鱼骨无明显外露，去骨的鱼骨应去净，尾部直径不小于 2cm。鱼块不低于净重的 70%，氯化钠 1.2%～2.2%。

四、茄汁沙丁鱼罐头

1. 原料配方

（1）主料 沙丁鱼 100%，番茄酱 42%，砂糖 10%，精盐 1.4%，味精 0.25%，精制植物油 16%，冰醋酸 0.075%，香料水 30%，油炸洋葱 1.2%。配制总量 100%。

（2）香料水配方 月桂叶 0.08kg，丁香 0.03kg，水 10kg，精盐 0.05kg，香料水总量 10kg。

2. 工艺流程

原料处理→盐渍→蒸煮脱水→装罐，加茄汁→排气密封→杀菌冷却→成品检验入库

3. 操作要点

（1）原料处理 原料可用新鲜的或冷冻的体长为 10～21cm 的沙丁鱼，冷冻鱼须用 20℃ 以下的冷水解冻，然后去净鱼鳞、去鳍、去头、去内脏，用清水洗净腹腔内的血污，沥水。

（2）盐渍 将鱼体浸没于 10～15°Bé 盐水中，鱼体与盐水之比为 1:1，盐渍时间为 10min 左右，盐渍时应间断翻动。盐水可使用 3 次，但在每次盐渍后，应调整至规定的浓度。将盐渍后的鱼捞起，用清水漂洗一次，沥水。

（3）茄汁的配制 采用茄汁配方，用番茄酱 42%，砂糖 10%，精盐 1.4%，味精 0.25%，精制植物油 16%，冰醋酸 0.075%，香料水 30%，油炸洋葱 1.2% 进行配制。

（4）蒸煮脱水 将生鱼装罐，采用抗硫涂料罐 603 号，净含量为 340g，装生鱼 290～300g；若采用 604 号罐，净含量为 198g，装生鱼 160～170g。将鱼背朝上整齐排列，注满 1°Bé 盐水，经 90～95℃ 蒸煮 30～40min，脱水率控制在 20% 为宜。蒸煮后将罐倒置沥净汤汁，及时加入茄汁，脱水后的 603 号罐的鱼重为 232～242g，加茄汁 98～108g；604 号罐的鱼重为 128～138g，加茄汁 60～70g。

（5）排气及密封 真空封罐时，真空度为 0.048～0.053MPa，密封后倒罐装入杀菌篮（车）。热排气时，罐头中心温度达 80℃ 以上，趁热密封。

（6）杀菌及冷却　净含量 340g 罐，杀菌公式（热排气）：15min—80min—20min/118℃；净含量 198g 罐，杀菌公式（热排气）：15min—75min—20min/118℃。将杀菌后的罐冷却至 40℃ 左右，取出擦罐入库。

（7）成品　鱼色正常，茄汁色泽为橙红色。具有茄汁沙丁鱼应有的气味及滋味，无异味。组织紧密不碎散，排列整齐，允许其中有添放的不整条 1 块。604、603 罐型的净重分别是 198g 和 340g，鱼不低于 70%。氯化钠 1%～2%。

五、茄汁鳗鱼罐头

1. 原料配方

（1）主料　鳗鱼 100%，番茄酱 42%，砂糖 10%，精盐 1.4%，味精 0.25%，精制植物油 16%，冰醋酸 0.075%，香料水 30%，油炸洋葱 1.2%。配制总量 100%。

（2）香料水配方　月桂叶 0.08kg，丁香 0.03kg，水 10kg，精盐 0.05kg，香料水总量 10kg。

2. 工艺流程

原料处理→盐渍→装罐脱水→加茄汁→排气密封→杀菌冷却→成品检验入库

3. 操作要点

（1）原料处理　将新鲜或解冻后的鳗鱼用清水洗净，沿鳃盖后切去头，去鳍，剖腹去净内脏，并剪除腹部肉，切除宽度小于 2cm 的鱼尾，用流动水洗净腹腔内的黑膜及血污，横切成 3.6～3.8cm 的段。鱼体过大者须除去脊骨后再切段。

（2）盐渍　将鱼段浸没于盐水中盐渍，鱼段与盐水之比为 1∶1，盐水浓度为 15°Bé，盐渍时间 10～12min。盐渍后的鱼段用清水冲洗一次。

（3）茄汁配制　采用茄汁配方。

（4）装罐及脱水　采用抗硫涂料罐 946 号，洗罐并消毒后，装生鱼段 260g，竖装，排列整齐，经 20～25min/100℃ 蒸煮脱水后，倒罐沥净汤汁。脱水后鱼肉重 200g，及时加茄汁 52g，加精制植物油 8g，规定净含量为 256g。

（5）排气及密封　真空抽气密封，真空度为 0.04～0.047MPa。

密封后倒罐装篮杀菌。

（6）杀菌及冷却　杀菌公式：10min—60min—15min/116℃。杀菌后冷却至 40℃左右，取出擦罐入库。

（7）成品　鱼皮色为本品种具有的自然色泽，具有茄汁鳗鱼应有的风味而无异味，组织紧密不松散，倒出鱼块不碎，鱼块竖装，排列整齐，大小均匀，鱼块两端脊椎骨不明显外露，骨肉连结，每罐内不多于 5 块，允许另添 1 小块，尾部最小直径不少于 2cm。净重 256g，固形物≥70％，氯化钠 1.2％～2.2％。

六、茄汁蛤肉罐头

1. 原料配方

（1）茄汁配料　番茄酱（20％）42kg，砂糖 10kg，精盐 1.4kg，味精 0.25kg，精制植物油 16kg，冰醋酸 0.075kg，香料水 30kg，油炸洋葱 1.2kg。配制总量 100kg。

（2）香料水配方　月桂叶 0.08kg，丁香 0.03kg，水 10kg，精盐 0.05kg，香料水总量 10kg。

2. 工艺流程

原料鱼→宰杀、清洗→切块→盐渍→油炸→装袋→排气、密封→杀菌、冷却

3. 操作要点

（1）配制方法　将香辛料和水一同在锅内煮沸 1h 左右，用开水调整至规定总量过滤备用。将植物油先加热至 190℃，倒入洋葱炸至黄色，再加入番茄酱、糖、盐、辣椒等加热至沸腾，最后加入酒、味精、冰醋酸等充分混合备用。

（2）将蛤用海水洗净，暂养去沙，拣去死蛤、碎蛤和包泥蛤，再清水洗净。

（3）将蛤肉用其两倍重量浓度为 10％的食盐水腌渍几分钟，取出漂洗，沥干水分。

（4）用蛤肉重 10％的面粉，拌涂在蛤肉表面。

（5）放入 160～180℃油中炸几分钟，使拌粉蛤肉表面呈淡黄色。

（6）装罐后排气密封，中心温度 75℃以上。杀菌公式（排气）：15min—80min—15min/116℃，冷却。

<<<<<

第六章

酱卤肉制品加工工艺与配方

第一节　酱肉加工技术

一、酱猪肉

1. 原料配方（以 100kg 新鲜猪肉计）

嫩猪肉 5kg、精盐 150g、料酒 10g、糖色 20g、花椒 5g、大料 8g、桂皮 15g、小茴香 5g、姜 25g。

2. 工艺流程

原料整理→煮制→酱制→成品

3. 操作要点

（1）原料整理　选用每头出肉 30～35kg 重的嫩猪肉，先将整片猪肉割去肘子，剔除骨头，修净残毛血污。切成 26cm 长、18cm 宽、重约 1.25kg 的肉块，用凉水浸泡 3h。

（2）煮制　将块肉放入沸水锅内，加入除料酒和糖色以外的配料煮 1h，捞出肉块清洗干净。锅内的煮汤此时应全部用不锈钢滤网过滤一遍，并把煮锅刷洗干净，准备酱制。

（3）酱制　先将煮锅底部垫上铁箅，以免肉块粘贴锅底。按肉块的软硬、大小逐块码入锅内（硬块和大块码在中间），在中间留一个汤眼，倒入原汤，汤面要低于肉块约 1.5cm。盖锅盖。夏天可先用旺火煮 1.5h，再用小火煮 1h。冬天用旺火煮 2h，小火时间也可适当延长。出锅前 15min 加入料酒和糖色，此时应不断用勺子把煮汤浇在肉块上，待汤煮成浓汁时即可出锅。出锅后用铲子和勺子将肉块轻轻按顺序放入盘内，再把锅内浓汁分 2 次涂刷在皮肉上即成。

（4）成品　呈酱红色，切面红润，肉香浓郁，咸中带甜，块形整齐，易于切片。

二、苏州酱肉

苏州酱肉又名五香酱肉，历史悠久，在北宋时期就已生产，为苏州著名传统产品。由于苏州地区猪种优良，加工技术精细，驰名江南。

1. 原料配方（以100kg新鲜猪肉计）

酱油3kg，葱2kg，八角0.2kg，白糖1kg，食盐6～7kg，生姜0.2kg，橘皮0.1kg，桂皮0.14kg，绍酒3kg，硝酸盐0.05kg。

2. 工艺流程

原料选择与整理→腌制→酱制→成品

3. 操作要点

（1）原料选择与整理　选用皮薄、肉质鲜嫩，背膘不超过2cm的健康带皮猪肋条肉为原料。刮净毛，清除血污，然后切成长16cm、宽10cm的长方肉块，每块重约0.8kg，并在每块肉的肋骨间用刀戳上8～12个刀眼，以便吸收盐分和调料。

（2）腌制　将食盐和硝酸盐的水溶液洒在原料肉上，并在坯料的肥膘和表皮上用手擦盐，随即放入木桶中腌制5～6h。然后，再转入盐卤缸中腌制，时间因气温而定。若室温在20℃左右，需腌制12h；室温在30℃以上，只需腌制数小时；室温10℃左右时，需要腌制1～2d。

（3）酱制　捞出腌好的肉块，沥去盐卤。锅内先放入老汤，旺火烧开，放入各种香料、辅料，然后将原料肉投入锅内，用旺火烧开，并加入绍酒和酱油，改用小火焖煮2h，待皮色转变为麦秸黄色时，即可出锅。如锅内肉量较多，须在烧煮1h后进行翻锅，促使成熟均匀。加糖时间应在出锅前0.5h左右。出锅时将肉上的浮沫撇尽，皮朝上逐块排列在清洁的食品盘内，并趁热将肋骨拆掉，保持外形美观，冷却后即为成品。

三、天津酱肉

1. 原料配方（以100kg新鲜猪肉计）

新鲜猪肉10kg，酱油500g，盐400g，葱200g，白糖100g，姜

200g，绍酒 150g，大茴香 30g。

2. 工艺流程

原料选择和整理→水氽→酱制→成品

3. 操作要点

（1）原料选择和整理　选用每头出肉 50kg 左右、膘厚 1.5～2cm 的猪肉，割下五花肉、腱子肉，修去碎肉碎油，切成 500g 左右的方块，清洗干净。

（2）水氽　将肉块于沸水锅内氽约半小时，撇去浮沫，以去掉血汁。

（3）酱制　将氽好的肉块放入酱锅内，加入所有配料，加水至使肉淹没，先用旺火烧开 30min，再用温火炖 3.5～4h，待汤汁浸透时即为成品。

（4）成品　天津酱肉是天津市永德顺酱制门市部的风味产品。其特点是肥瘦均匀，色泽鲜艳，红白分明，肉质细嫩，食之不腻，清香适口。

四、六味斋酱猪肉

六味斋酱肉是太原市传统名食，始创于 20 世纪 30 年代，当时的店号为"福纪六味斋酱肘鸡鸭店"，坐落于太原市繁华的柳巷与桥头街交叉路口。六味斋酱肉因选料严格，加工精细，颇有独到之处，产品以肥而不腻、瘦而不柴、酥烂鲜香、味美可口而著称。过去六味斋从早到晚顾客络绎不绝，人们都以能尝到六味斋酱肉为快，民间有"不吃六味斋，不算到太原"之说。

1. 原料配方（以 100kg 嫩猪肉计）

食盐 3kg，生姜 0.5kg，桂皮 0.26kg，糖色 0.4kg，花椒 0.12kg，八角 0.15kg，绍酒 0.2kg。

2. 工艺流程

原料选择与整理→煮制→出锅→成品

3. 操作要点

（1）原料选择与整理　选用肉细皮薄、不肥不瘦的嫩猪肉为原料，将整片白肉，斩下肘子，剔去骨头，切成长 25cm、宽 16～18cm 的肉块，修净残毛、血污，放入冷水内浸泡 8～9h 后，以去掉淤血，捞出沥水后，置于沸水锅内，加入辅料（酒和糖色除外），随时捞出汤面浮油杂质，1～1.5h 左右捞出，用冷水将肉洗净，撇净汤表面的油沫，过滤后待用。

（2）煮制 将锅底先垫上竹篾或骨头，以免肉块粘锅底。按肉块硬软程度（硬的放在中间），逐块摆在锅中，松紧适度，在锅中间留一个直径25cm的汤眼，将原汤倒入锅中，汤与肉相平，盖好锅盖。用旺火煮沸20min，接着用小火再煮1h；冬季用旺火煮沸2h，小火适当增加时间。

（3）出锅 出锅前15min，加入酒和糖色，并用勺子将汤浇在肉上，再焖0.5h出锅，即为成品。出锅时用铲刀和勺子将肉块顺序取出放入盘内，再将锅内汤汁分2次涂于肉上。

4. 糖色的加工过程

用一口小铁锅，置火上加热。放少许油，使其在铁锅内分布均匀。再加入白砂糖，用铁勺不断推炒，将糖炒化，炒至泛大泡后又渐渐变为小泡。此时，糖和油逐渐分离，糖汁开始变色，由白变黄，由黄变褐，待糖色变成浅褐色的时候，马上倒入适量的热水熬制一下，即为"糖色"。糖色的口感应是苦中带甜，不可甜中带苦。

五、上海五香酱肉

上海五香酱肉香气扑鼻，咸中带甜，具有苏式菜肴风味。

1. 原料配方（以100kg新鲜猪肉计）

酱油5kg，白糖1～50kg，葱0.5kg，桂皮0.15kg，小茴香0.15kg，硝酸钠0.025kg，食盐2.5～3.0kg，生姜0.2kg，干橘皮0.05～0.10kg，八角0.25kg，绍酒2～2.5kg。

2. 工艺流程

原料选择与整理→腌制→配汤→酱制→成品

3. 操作要点

（1）原料选择与整理 选用苏州、湖州地区的卫检合格的健康猪，肉质新鲜，皮细有弹性。原料肉须是割去奶脯后的方肉。修净皮上余毛和拔去毛根，洗净沥干，再切割成长约15cm、宽约11cm的块形。并用刀根或铁杆在肋骨两侧戳出距离大致相等的一排小洞（切勿穿皮）。

（2）腌制 将食盐2.5～3kg和硝酸钠0.025kg用50kg开水搅拌溶解成腌制溶液。冷却后，把酱肉坯摊放在缸或桶内，将腌制液洒在肉料上，冬天还要擦盐腌制，然后将其放入容器中腌制。腌制时间春秋季为 2～3d，冬季为 4～5d，夏季不能过夜，否则会变质。

（3）配汤（俗称酱鸭汤）　取 100kg 水，放入酱油 5kg，使之呈不透明的深酱色，再把全部辅料放入料袋（小茴香放在布袋内）后投入汤料中，旺火煮沸后取出香辛料（其中桂皮、小茴香可再利用一次）备用。用量视汤汁浓度而定，用前须煮沸并撇净浮油。

（4）酱制　将腌好的肉料排放锅内，加酱鸭汤浸没肉料，加盖并放上重物压好，旺火煮沸，打开锅盖，加绍酒 2～2.5kg，加盖用旺火煮沸，改用微火焖 45min，加冰糖屑或白糖 1.5kg，再用小火焖 2h，至皮烂肉酥时出锅。出锅时，左手持一特制的有漏眼的短柄阔铲刀，右手用尖筷将肉捞到铲刀上，皮朝下放在盘中，随即剔除肋骨和脆骨即为成品，趁热上市。

六、浦五房酱肉

浦五房是从上海迁京的南味肉食老店，开店于清朝咸丰年间。浦五房始创于中国名城苏州，以其熟肉制品的清香腴美、酥烂可口、甜咸适中、色泽红润而享誉苏州城。1861 年，由苏州迁到上海，1956 年迁到北京。浦五房因选料严格，加工精细，又有传统秘制诀窍，创制出以甜、香、鲜、烂为特点的多种美食名肴，其酱、腊、卤制品名声大振，享誉京、沪等地。浦五房的酱汁也很有特色。虽名为酱汁，却不加酱油，而是用煮肉的老汤加猪肉皮、绵白糖、花椒、八角、肉桂、丁香、豆蔻、葱、姜、料酒和用红高粱制作的红曲等旺火烧开，再用文火收汁制得。凡肉、鸭鸡、野禽、野味都要在老汤中煮沸入味。取出后，再刷以酱汁，使之表皮红润透亮，诱人食欲。

1. 工艺流程

原料选择→腌制→煮制→出锅→成品

2. 操作要点

（1）原料选择　选用体重 50kg 左右，皮薄、肉嫩的生猪，取其前后腿作为原料。辅料为桂皮、花椒、八角、葱、姜、食盐、红曲、白糖、黄酒、味精等。

（2）腌制　将带皮猪肉去毛刮净，切成 0.75～1kg 的方块，在冷库中用食盐腌制一夜，然后下锅。

（3）煮制　先在白水中煮 1h 左右，取出后，用清水冲洗干净，原汤加盐，撇去血沫，清汤后再将肉放置锅中，同时加桂皮、花椒、八角、葱、姜和食盐，用旺火烧开。开锅后加黄酒和红曲，煮 1.5h 后加糖，并把火力调小。

（4）出锅　烧至肉烂汤黏即可出锅，出锅时添加味精，并在肉的表面涂上一层酱汁，即为成品。成品贮存在通风阴凉处，存放时间不要超过 24h。夏天现吃现买，冰箱中可存放 3d。

七、酱牛肉

1. 原料配方

牛肉 100kg、大料 0.6kg、花椒 0.15kg、丁香 0.14kg、砂仁 0.14kg、桂皮 0.14kg、黄酱 10kg、盐 3kg、香油 1.5kg。

2. 工艺流程

原料选择与整理→预煮→调酱→煮制、酱制→出锅→成品

3. 操作要点

（1）原料选择与整理　酱牛肉应选用不肥、不瘦的新鲜、优质牛肉，肉质不宜过嫩，否则煮后容易松散，不能保持形状。将原料肉用冷水浸泡清除余血，洗干净后进行剔骨，按部位分切肉，把肉再切成 0.5～1kg 的方块，然后把肉块倒入清水中洗涤干净，同时要把肉块上面覆盖的薄膜去除。

（2）预煮　把肉块放入 100℃的沸水中煮 1h，目的是除去腥膻味，同时可在水中加几块胡萝卜。煮好后把肉捞出，再放在清水中洗涤干净，洗至无血水为止。

（3）调酱　取一定量水与黄酱拌和，把酱渣捞出，煮沸 1h，并将浮在汤面上酱沫撇净，盛入容器内备用。

（4）煮制　向煮锅内加水 20～30kg，待煮沸之后将调料用纱布包好放入锅底。锅底和四周应预先垫以竹篦，使肉块不贴锅壁，避免烧焦。将选好的原料肉，按不同部位肉质老嫩分别放在锅内，通常将结缔组织较多肉质坚韧的部位放在底部，较嫩的、结缔组织较少的放在上层，用旺火煮制 4h 左右。为使肉块均匀煮烂，每隔 1h 左右倒锅一次，再加入适馒老汤和食盐。必须使每块肉均浸入汤中，再用小火煮制约 1h，使各种调味料均匀地渗入肉中。

（5）酱制　当浮油上升，汤汁减少时，倒入调好的酱液进行酱制，并将火力继续减少，最后封火煨焖。煨焖的火候掌握在汤汁沸动，但不能冲开汤面上浮油层的程度，全部煮制时间为 6～7h。

（6）出锅　出锅应注意保持肉块完整，用特制的铁铲将肉逐一托出，并将香油淋在肉块上，使成品光亮油润。酱牛肉的出品率一般为 60% 左右。

（7）成品　成品金黄色，光亮，外焦里嫩，无膻味，食而不腻，瘦而不柴，味道鲜美，余味带香。

八、五香酱牛肉

1. 原料配方

牛肉 100kg、干黄酱 8kg、肉蔻 0.12kg、油桂 0.2kg、白芷 0.1kg、八角 0.3kg、花椒 0.3kg、红辣椒 0.4kg、精盐 3.8kg、白糖 1kg、味精 0.4kg。

2. 工艺流程

原料肉的选择与修整→清洗浸泡→码锅酱制→打沫→翻锅→小火焖煮→出锅冷却→成品

3. 操作要点

（1）原料肉的选择与修整　选择优质、新鲜、健康的肉牛牛肉进行加工。首先去除淋巴、淤血、碎骨及其表面附着的脂肪和筋膜，然后切割成 500～800g 的方肉块，浸入清水中浸泡 20min，捞出冲洗干净，沥水待用。

（2）码锅酱制　先用少许清水把干黄酱、白糖、味精、精盐溶解，锅内加足水，把溶好的酱料入锅，水量以能够浸没牛肉 3～5cm 为度，旺火烧开，把切好的牛肉下锅，同时将其他香辛料用纱布包裹扎紧入锅，保持旺火，水温在 95～98℃，煮制 1.5h。

（3）打沫　在酱制过程中，仍然会有少许不溶物及蛋白凝集物产生浮沫，将其清理干净，以免影响产品最终的品质。

（4）翻锅　因肉的部位及老嫩程度不同，在酱制时要翻锅，使其软烂程度尽量一致。一般每锅 1h 翻一次，同时要保证肉块一直浸没在汤中。

（5）小火焖煮　大火烧开 1.5h 后，改用小火焖煮，温度控制在

83~85℃为宜，时间 5~6h，这是酱牛肉软烂、入味的关键步骤。

（6）出锅冷却　牛肉酱制好后即可出锅冷却。出锅时用锅里的汤油把捞出的牛肉块复淋洗几次，以冲去肉块表面附着的料渣，然后自然冷却即可。

九、清真酱牛肉

1. 原料配方

牛肉 100kg、黄酱 10kg、食盐 3kg、砂仁 250g、丁香 250g、桂皮 250g、大茴香 500g。

2. 工艺流程

原料选择与处理→调酱→牛肉装锅→酱制→出锅冷却→成品

3. 操作要点

（1）原料选择与处理　选择优质、新鲜、健康的肉牛牛肉，首先用冷水浸泡，清洗淤血，再用板刷将肉洗刷干净，剔除骨头。然后切成 0.75~1kg 的肉块，厚度不超过 40cm，并放入清水中冲洗一次，按肉质老嫩分别存放。

（2）调酱　锅内加入清水 50kg 左右，稍加温后，放入食盐和黄酱。煮沸 1h，撇去浮在汤面上的酱沫，盛入容器内备用。

（3）牛肉装锅　先在锅底和四周垫上肉骨头，以使肉块不紧贴锅壁，然后按肉质老嫩将肉块码在锅内，老的肉块码在锅底部，嫩的放在上面，前腿、腔子肉放在中间。

（4）酱制　肉块在锅内放好后，倒入调好的酱汤。煮沸后再加入各种配料，并用压锅板压好，添上清水，用旺火煮制。煮制 1h 后，撇去浮沫，再每隔 1h 翻锅 1 次。并根据耗汤情况，适当加入老汤，使牛肉完全浸没在汤料中。旺火煮制 4h 之后，再用微火煨煮 4h，使香味慢慢渗入肉中，并使肉块熟烂一致。

（5）出锅冷却　出锅时用锅里的汤油把捞出的牛肉块复淋洗几次，以冲去肉块表面附着的料渣，然后自然冷却即可。

十、北京酱牛肉

1. 原料配方

牛肉 50kg、干黄酱 5kg、大盐 1.85kg、丁香 150g、豆蔻 75g、

砂仁 75g、肉桂 100g、白芷 75g、大料 150g、花椒 100g、石榴子 75g。

2. 工艺流程

原料肉的选择与修整→码锅煮制→翻锅→出锅冷却→成品

3. 操作要点

（1）原料肉的选择与修整　选用经兽医卫生检验合格的优质鲜牛肉或冻牛肉为原料。修割去所有杂质、血污及忌食物后，按不同的部位进行分割，并切成 750g 左右的方肉块，然后用清水冲洗干净，沥净血水，待用。

（2）码锅酱制　将煮锅刷洗干净后放入少量自来水，然后将干黄酱、大盐按肉量配好放入煮锅内，搅拌均匀。随后再放足清水，以能淹没牛肉 2cm 左右为度。然后用旺火把汤烧开，撇净汤面的酱沫，再把垫锅箅子放入锅底，按照牛肉的老嫩程度、火大小分别下锅。肉质老的、火大的码放底层，肉质嫩的、火小的放在上层。随后仍用旺火把汤烧开，约 60min，待牛肉收身后即可进行翻锅。

（3）翻锅　因肉的部位及老嫩程度不同，在酱制时要翻锅，使其软烂程度尽量一致。一般每锅 1h 翻一次，同时要保证肉块一直浸没在汤中。翻锅后，继续用文火焖煮。

（4）出锅冷却　酱牛肉需要煮 6～7h，熟后即可出锅。出锅时用锅里的汤油把捞出的牛肉块复淋洗几次，以冲去肉块表面附着的料渣，最后再用汤油在码放好的酱牛肉上浇洒一遍，然后挖净汤油，放在晾肉间晾凉即为成品。

第二节　卤肉加工技术

一、河南道口烧鸡

道口烧鸡产于河南滑县道口镇，是驰名中外的佳肴，为我国"四大烧鸡"之首。道口镇位于河南省北部卫水之滨，素有"烧鸡之乡"的美誉。其中又以"义兴张烧鸡店"最为出名。据《滑县志》记载，"义兴张"烧鸡创始于清顺治十八年（公元 1661 年），距今已有 300多年。

1. 原料配方（按 100kg 鸡为原料计）

食盐 2～3kg，砂仁 15g，陈皮 30g，白芷 90g，丁香 3g，豆蔻 15g，肉桂 90g，草果 30g，良姜 90g，硝酸钾 15～18g。

2. 工艺流程

原料选择→宰杀→浸烫和褪毛→开膛和造型→上色和油炸→煮制→成品

3. 操作要点

（1）原料选择　选择鸡龄在半年到 2 年以内，活重在 1～1.3kg 之间的嫩鸡或肥母鸡，尤以柴鸡为佳，鸡的体格要求胸腹长宽、两腿肥壮、健康无病。原料鸡的选择影响成品的色、形、味和出品率。

（2）宰杀　宰杀前禁食 18h，禁食期间供给充足的清洁饮水，之后将要宰杀的活鸡抓牢，采用三管（血管、气管、食管）切断法，放血洗净，刀口要小。宰后 2～3min 趁鸡温尚未下降时，即可转入下道工序。放置的时间太长或太短均不易褪毛。

（3）浸烫和煺毛　当年鸡的褪毛浸烫水温可以保持在 58℃，鸡龄超过一年的浸烫水温应适当提高在 60～63℃之间，浸烫时间为 2min 左右。褪毛采用搓推法，背部的毛用倒茬方法褪去，腿部的毛可以顺茬褪去，这样不仅效率高，而且不伤鸡皮，确保鸡体完整。煺毛顺序从两侧大腿开始→右侧背→腹部→右翅→左侧背→左翅→头颈部。在清水中洗净细毛，搓掉皮肤上的表皮，使鸡胴体洁白。

（4）开膛和造型　用清水将鸡体洗净，并从踝关节处切去鸡爪。于颈根部切一小口，用手指取出嗉囊和三管并切断，之后在鸡腹部肛门下方横向作一个 7～9cm 切口（不可太深太长，严防伤及内脏和肠管，以免影响造型），从切口处掏出全部内脏（心、肝和肾脏可保留），旋割去肛门，并切除脂尾腺，去除鸡嗉和舌衣，然后用清水多次冲洗腹内的残血和污物，直至鸡体内外干净洁白为止。

造型是道口烧鸡一大特色，又叫撑鸡，将洗好的鸡体放在案子上，腹部朝上，头向外而尾对操作者，左手握住鸡身，右手用刀从取内脏之刀口处，将肋骨从中间割断，并用手按折。根据鸡的大小，再用 8～10cm 长的高粱秆或竹棍撑入鸡腹腔，高粱秆下端顶着肾窝，上端顶着胸骨，撑开鸡体。然后在鸡的下腹尖部开一月牙形小切口，按裂腿与鸡身连接处的薄肉，把两只腿交叉插入洞内，两翅从背后交叉插入口腔，造型使鸡体成为两头尖的元宝形。现在也有不用高粱秆，不去爪，交叉盘入腹腔内造型。把造型完毕的白条鸡浸泡在清水中1～2h，使鸡体发白后取出沥干水分。

（5）上色和油炸　沥干水分的鸡体，用毛刷在体表均匀地涂上稀释的蜂蜜水溶液，水与蜂蜜之比为6∶4。用刷子涂糖液在鸡全身均匀刷三四次，每刷一次要等晾干后再刷第二次。稍许沥干，即可油炸上色。为确保油炸上色均匀，油炸时鸡体表面如有水滴，则需要用干布擦干。然后将鸡放入150～180℃的植物油中，翻炸约1min，待鸡体呈柿黄色时取出。油炸温度很重要，温度达不到时，鸡体上色不好。油炸时严禁破皮（为了防止油炸破皮，用肉鸡加工时，事先要腌制）。白条鸡油炸后，沥去油滴。

（6）煮制　用纱布袋将各种香料装入后扎好口，放于锅底，这些香料具有去腥、提香、开胃、健脾、防腐等功效。然后将鸡体整齐码好，将体格大或较老的鸡放在下面，体格小或较嫩的鸡放在上面。码好鸡体后，上面用竹箅盖住，竹箅上放置石头压住，以防煮制时鸡体浮出水面，熟制不均匀。然后倒入老汤（若没有老汤，除食盐外第一次所有配料加倍），并加等量清水，液面高于鸡体表层2～5cm左右。煮制时恰当地掌握火候和煮制时间十分重要。一般先用旺火将水烧开，在水开处放入硝酸钾，然后改用文火将鸡焖煮至熟。焖煮时间视季节、鸡龄、体重等因素而定。一般为当年鸡焖煮1.5～2h，一年以上的公母鸡焖煮2～4h，老鸡需要焖煮4～5h即可出锅。

出锅时，要一只手用竹筷从腹腔开口处插入，托住高粱秆或脊骨，另一只手用锅铲托住胸脯，把鸡捞出。捞出后鸡体不得重叠放置，应在室内摆开冷却，严防烧鸡变质。应注意卫生，并保持造型的美观与完整，不得使鸡体破碎。然后在鸡汤中加入适量食盐煮沸，放在容器中即为老汤，待再煮鸡时使用。老汤越老越好，有"要想烧鸡香，八味加老汤"的谚语。道口烧鸡夏季在室温下可存放3d不腐，春秋季节可保质5～10d，冬季则可保质10～20d。

（7）成品　烧鸡造型美观、色泽鲜艳，黄里带红，鸡体完整，鸡皮不破不烂，肉质烂熟，口咬齐茬，味香独特。

二、安徽符离集烧鸡

符离集位于安徽淮北宿县地区，这里的人喜欢吃一种烧熟后涂上红曲的"红鸡"，因此又名"红曲鸡"。1910年一位管姓商人带来德州"五香脱骨扒鸡"的制法，两鸡融合，创出了一种别具风味的烧鸡——符离集烧鸡。最盛时期，符离集制作烧鸡的店铺多达百余家，以管、魏、韩三家最为出名。

1. 原料配方（按 100kg 重的原料光鸡计）

食盐 4.5kg，肉蔻 0.05kg，八角 0.3kg，白糖 1kg，白芷 0.08kg，山柰 0.07kg，良姜 0.07kg，花椒 0.01kg，陈皮 0.02kg，小茴香 0.05kg，桂皮 0.02kg，丁香 0.02kg，砂仁 0.02kg，辛夷 0.02kg，硝酸钠 0.02kg，姜 0.8~1kg，草果 0.05kg，葱 0.8~1kg。

上述香料用纱布袋装好并扎好口备用。此外，配方中各香辛料应随季节变化及老汤多少加以适当调整，一般夏季比冬季减少 30%。

2. 工艺流程

原料选择→宰杀→浸烫和褪毛→开膛和造型→上色和油炸→煮制→成品

3. 操作要点

（1）原料选择　宜选择当年新（仔）鸡，每只活重 1~1.5kg，并且健康无病。

（2）宰杀　宰杀前禁食 12~24h，期间供应饮水。颈下切断三管，刀口要小。宰后约 2~3min 即可转入下道工序。

（3）浸烫和褪毛　在 60~63℃水中浸烫 2min 左右进行褪毛，褪毛顺序从两侧大腿开始→右侧背→腹部→右翅→左侧背→左翅→头颈部。在清水中洗净，搓掉表皮，使鸡胴体洁白。

（4）开膛和造型　将清水泡后的白条鸡取出，使鸡体倒置，将鸡腹肚皮绷紧，用刀贴着龙骨向下切开小口，以能插进两手指为宜。用手指将全部内脏取出后，清水洗净。

用刀背将大腿骨打断（不能破皮），然后将两腿交叉，使跗关节套叠插入腹内，把右翅从颈部刀口穿入，从嘴里拔出向右扭，鸡头压在右翅两侧，右小翅压在大翅上，左翅也向里扭，用与右翅一样方法，并呈一直线，使鸡体呈十字形，形成"口衔羽翎，卧含双翅"的造型。造型后，用清水反复清洗，然后穿杆将水控净。

（5）上色和油炸　沥干的鸡体，用饴糖水均匀涂抹全身，饴糖与水的比例通常为 1:2，稍许沥干。然后将鸡放至加热到 150~200℃的植物油中，翻炸 1min 左右，使鸡呈红色或黄中带红色时取出。油炸时间和温度至关重要，温度达不到时，鸡体上色不好。油炸时必须严禁弄破鸡皮。

（6）煮制　将各种配料连袋装于锅底，然后将鸡坯整齐地码好，将体格大或较老的鸡放在下面，体格小或较嫩的鸡放在上面。倒入老汤，并加适量清水，使液面高出鸡体，上面用竹箅和石头压盖，以防加热时鸡体浮出液面。先用旺火将汤烧开，煮时放盐，后放硝酸钠，以使鸡色鲜艳，表里一致。然后用文火徐徐焖煮至熟。当年仔鸡约煮1~1.5h，隔年以上老鸡约煮5~6h。若批量生产，鸡的老嫩要一致，以便于掌握火候，煮时火候对烧鸡的香味、鲜味都有影响。出锅捞鸡要小心，一定要确保造型完好，不散、不破，注意卫生。煮鸡的卤汁可妥善保存，以后再用，老卤越用越香。香料袋在鸡煮后捞出，可使用2~3次。

三、山东德州扒鸡

德州扒鸡是由烧鸡演变而成。据传，早在元末明初，德州成了京都通达九省的御路，经济繁荣，码头集市便有了叫卖烧鸡的人。到清乾隆年间，德州即以制作烧鸡闻名。这种扒鸡的特点是：造型优美，整鸡呈伏卧衔羽状，栩栩如生；色泽艳丽，成品金黄透红，晶莹华贵；香气醇厚，成品香味浓郁，经久不失；口味适众，口感咸淡适中，香而不腻；熟烂脱骨，正品不失原形，趁热抖动，骨肉分离。扒鸡一年四季均可加工，但以中秋节后加工质量最佳。

（一）方法一

1. 原料配方（按100只鸡重约100kg计）

食盐3500g，酱油4000g，葱500g，花椒100g，砂仁100g，小茴香100g，八角100g，桂皮125g，肉蔻50g，丁香25g，白芷120g，草果50g，山柰75g，生姜250g，陈皮50g，草蔻50g。

2. 工艺流程

原料选择→宰杀和造型→上色和油炸→煮制→成品

3. 操作要点

（1）原料选择　以中秋节后的当年新鸡为最好，每只活重1~1.5kg，并且健康无病。

（2）宰杀和造型　颈部三管切断法宰杀放血，放血干净后，于

60℃左右水中浸烫褪毛，腹下开膛，除净内脏，以清水洗净后，将两腿交叉盘至肛门内，将双翅向前经由颈部刀口处伸进，在喙内交叉盘出，形成"口含羽翎，卧含双翅"的状态，造型优美。然后晾干，即可上色和油炸。

（3）上色和油炸 把做好造型的鸡用毛刷涂抹饴糖水于鸡体上，晾干后，再放至150℃油内炸1～2min，当鸡坯呈金黄透红为止。防止炸的时间过长，变成黄褐色，影响产品质量。

（4）煮制 将配制的香辛料用纱布袋装好并扎好口，放入锅内，将炸好的鸡沥干油，按顺序放入锅内排好，将老汤和新汤（清水30kg，放入去掉内脏的老母鸡6只，煮10h后，捞出鸡骨架，将汤过滤便成。）对半放入锅内，汤加至淹没鸡身为止，上面用铁箅子或石块压住以防止汤沸时鸡身翻滚。先用旺火煮沸1～2h（一般新鸡1h，老鸡约2h），改用微火焖煮，新鸡6～8h，老鸡8～10h即熟，煮时姜切片、葱切段塞入鸡腹腔内，焖煮之后，加水把汤煮沸，揭开锅将铁箅、石头去除，利用汤的沸腾和浮力左手用钩子钩着鸡头，右手用漏勺端鸡尾，把扒鸡轻轻提出。捞鸡时一定要动作轻捷而稳妥，以保持鸡体完整。然后，用细毛刷清理鸡身上的料渣，晾一会即为成品。

烹制时油炸不要过老。加调味料入锅焖烧时，旺火烧沸后，即用微火焖酥，这样可使鸡更加入味，忌用旺火急煮。煮过鸡的汤即为老汤。

（二）方法二

1. 原料配方（按100只鸡重约100kg计）

鸡100只，白糖1.5kg，食盐1.5kg，黄酒1.5kg，酱油1kg，香油1kg，丁香150g，花椒50g，大料50g，桂皮50g，茴香500g，肉豆蔻500g，砂仁500g，葱250g，姜250g。

2. 工艺流程

选料及处理→油炸→煮制→成品

3. 操作要点

（1）选料及处理 选用当年新鸡，在颈部宰杀，放血，经过浸烫脱毛，腹下开膛，除净内脏，清水洗净后，将两腿交叉盘至肛门内，将双翅向前由颈部刀口处伸进，在喙内交叉盘出，形成卧体含双翅的状态，造型优美。

（2）油炸　把作好型的鸡，用毛刷涂抹以白色炒料做成的糖色，再放到油温为180℃的锅中炸1～2min，以鸡全身为金黄透红为宜，要防止炸的时间过长，以免变成黄黑色而影响产品质量。

（3）煮制　将配料装入纱布做的小口袋内放入锅内，将炸好的鸡按顺序摆放在锅中，然后加汤水，上面用铁箅子压住，先用大火煮沸1～2h，然后改为文火煮3～5h，小心取出，以防碰破鸡身。

（4）成品　体形完整，翅腿齐全，鸡皮完整，油炸均匀，色泽金黄，酥烂脱骨，肉质粉白，皮透微红，鲜嫩如丝，油而不腻。

（三）方法三

德州扒鸡表皮光亮，色泽红润，皮肉红白分明，肉质肥嫩，松软而不酥烂，脯肉形若银丝，热时手提鸡骨抖一下骨肉随即分离，香气扑鼻，味道鲜美，是山东德州的传统风味。

1. 原料配方（按每锅200只鸡重约150kg计算）

食盐3.5kg，酱油4kg，大茴香100g，桂皮125g，肉蔻50g，草蔻50g，丁香25g，白芷125g，山萘75g，草果50g，陈皮50g，小茴香100g，砂仁10g，花椒100g，生姜250g，口蘑600g。

2. 工艺流程

宰杀退毛→造型→上糖色→油炸→煮制→出锅→成品

3. 操作要点

（1）宰杀退毛　选用1kg左右的当地小公鸡或未下蛋的母鸡，颈部宰杀放血，用70～80℃热水冲烫后去净羽毛。剥去脚爪上的老皮，在鸡腹下近肛门处横开3.3cm的刀口，取出内脏、食管，割去肛门，用清水冲洗干净。

（2）造型　将光鸡放在冷水中浸泡，捞出后在工作台上整形，鸡的左翅从脖子下刀口插入，使翅尖由嘴内侧伸出，别在鸡背上，鸡的右翅也别在鸡背上。再把两大腿骨用刀背轻轻砸断并起交叉，将两爪塞入鸡腹内，形似猴子鸳鸯戏水的造型。造型后晾干水分。

（3）上糖色　将白糖炒成糖色，加水调好（或用蜂蜜加水调制），在造好型的鸡体上涂抹均匀。

（4）油炸　锅内放花生油，在中火上烧至八成热时，上色后鸡体放在热油锅中，油炸1～2min，炸至鸡体呈金黄色、微光发亮即可。

（5）煮制　炸好的鸡体捞出，沥油，放在煮锅内层层摆好，锅内放清水（以没过鸡为度），加药料包（用洁布包扎好）、拍松的生姜、精盐、口蘑、酱油，用算子将鸡压住，防止鸡体在汤内浮动。先用旺火煮沸，小鸡 1h，老鸡 1.5～2h 后，改用微火焖煮，保持锅内温度90～92℃微沸状态。煮鸡时间要根据不同季节和鸡的老嫩而定，一般小鸡焖煮 6～8h，老鸡焖煮 8～10h，即为熟好。煮鸡的原汤可留作下次煮鸡时继续使用，鸡肉香味更加醇厚。

（6）出锅　出锅时，先加热煮沸，取下石块和铁算子，一手持铁钩勾住鸡脖处，另一手拿笊篱，借助汤汁的浮力顺势将鸡捞出，力求保持鸡体完整。再用细毛刷清理鸡体，晾一会儿，即为成品。

四、北京卤肉

1. 原料配方

猪五花肉 10kg，酱油 900g，精盐 300g，白糖 200g，黄酒 200g，橘子皮 100g，五香面 50g，大葱 60g，鲜姜 30g，大蒜 30g，香油20g，砂仁 7g，味精 2g。

2. 工艺流程

原料的选择和整理→白烧→红烧→成品

3. 操作要点

（1）原料的选择和整理　选用符合卫生检验要求的新鲜猪五花三层带皮肉，将肉清洗干净，再切成 13cm 见方的肉块。

（2）白烧　将肉块放入沸水锅中，撇去油沫，煮 2h，捞出。

（3）红烧　将煮好的肉块放入烧沸的卤锅中，再加酱油、黄酒、精盐、白糖、大葱、鲜姜、大蒜、五香面、砂仁、味精、橘子皮等，大火烧沸，立即改为微火焖煮，焖煮 1.5h，即好。出锅后，皮朝上放在盘中，抹上香油，即为成品。

（4）成品　北京卤肉，块形整齐，油润光亮，肉质软糯，咸甜适口，香而不腻。

五、北京南府苏造肉

"苏造肉"是清代宫廷中的传统菜品。传说创始人姓苏，故名。起初原在东华门摆摊售卖，后被召入升平署作厨，故又名南府苏造肉。

1. 原料配方（按猪腿肉 100kg 计）

猪内脏 100kg，醋 4kg，老卤 300kg，食盐 2kg，明矾 0.2kg，苏造肉专用汤 200kg。

2. 工艺流程

原料处理→焖煮→蒸制→成品

3. 操作要点

（1）原料处理 将猪肉洗净，切成 13cm 方块；将猪内脏分别用明矾、盐、醋揉擦并处理洁净。

（2）煮制 将猪肉和猪内脏放入锅内，加足清水，先用大火烧开，再转小火煮到六七成熟（肺、肚要多煮些时间），捞出，倒出汤。

（3）卤制 换入老卤，放入猪肉和内脏，上扣箅垫，箅垫上压重物，继续煮到全部上色，捞出腿肉，切成大片（内脏不切）。在另一锅内放上箅垫，箅垫上铺一层猪骨头，倒上苏造肉专用汤（要没过物料大半），用大火烧开后，即转小火，同时放入猪肉片和内脏继续煨，煨好后，不要离锅，随吃随取，切片盛盘即成。

（4）老卤制法 以用水 10kg 为标准，加酱油 0.5kg、盐 150g、葱姜蒜各 15g、花椒 10g、八角 10g 烧沸滚，撇清浮沫，凉后倒入瓷罐贮存，不可动摇。每用一次后，可适当加些清水、酱油、盐煮沸后再用，即称老卤。

（5）苏造肉专用汤制法 按冬季使用计，以用水 5kg 为标准，先将火烧开，加酱油 250g、盐 100g 再烧开，即用丁香 10g、肉桂 30g（春、夏、秋为 20g）、甘草 30g（春、夏、秋为 35g）、砂仁 5g、桂皮 4g（春、夏、秋为 40g）、肉果 5g、蔻仁 20g、广皮 30g（春、夏、秋为 10g）、肉桂 5g，用布包好扎紧，放入开水内煮出味即成。每使用一次后，要适当加入一些新汤和香辛料。

六、北京卤瘦肉

1. 原料配方（按 100kg 猪瘦肉计）

食盐 2.5kg，陈皮 0.8kg，酱油 3kg，八角 0.5kg，白糖 2.4kg，桂皮 0.5kg，甘草 0.8kg，丁香 0.1kg，花椒 0.5kg，草果 0.5kg。

2. 工艺流程

原料与处理→预煮→卤制→成品

3. 操作要点

选用合格的无筋猪瘦肉，修整干净，将瘦肉切成长度为 24cm，厚度为 0.8cm，重量约在 250g 的块状。先用开水煮 20min，取出洗干净。将辅料放料袋内煮沸 1h 制成卤汤。然后将预煮过的肉放入卤汤内煮 40min，捞出晾凉后外面擦香油即为成品。

七、北京卤猪耳

1. 原料配方（按 100kg 猪耳计）

食盐 2.25kg，白糖 1kg，白酒 1kg，花椒 0.15kg，八角 0.25kg，丁香 0.075kg，陈皮 0.05kg，桂皮 0.015kg，小茴香 0.075kg，红曲粉适量。

2. 工艺流程

原料肉的选择与处理→预煮→卤制→成品

3. 操作要点

（1）原料肉的选择与处理　将猪耳去毛去血污，先放在水温75～80℃的热水中烫毛，把毛刮去。刮不掉的用镊子拔一两次，剩下的绒毛用酒精喷灯喷火燎毛，再用刀修净，沥去水分。

（2）卤制　先将小茴香、桂皮、丁香、甘草、陈皮、花椒、八角等盛入布袋（可连续用 3～4 次）内，并与酱油、葱、姜、酱油、白糖、酒、食盐等一起放入锅内，再放入下水，加清水淹没原料。如用老卤代替清水，食盐只需加 1.25kg。将不同品种分批下到卤汤锅中，用旺火煮烧至沸后改用小火使其保持微沸状态。煮至猪耳朵全部熟透，猪头肉能插入筷子，在出锅前 15min 加入味精，出锅即为成品。出锅后，按品种平放在熟肉案上，不能堆垛。下水出锅后即涂上麻油使之色添光亮。

八、广州卤牛肉

1. 原料配方（按 100kg 牛肉计）

冰糖 5kg，高粱酒 5kg，白酱油 5kg，食盐 1kg，八角 0.5kg，桂皮 0.5kg，花椒 0.5kg，草果 0.5kg，甘草 0.5kg，山奈 0.5kg，黄酒 6kg，丁香 0.5kg，小磨香油、绍酒、食用苏打适量。

2. 工艺流程

原料整理→预煮→卤制→成品

3. 操作要点

（1）原料整理　选用新鲜牛肉，修去血筋、血污、淋巴等杂质，然后切成重约250g的肉块，用清水冲洗干净。

（2）预煮　先将水煮沸后加入牛肉块，用旺火煮30min（每5kg沸水加苏打粉10g，加速牛肉煮烂）。然后将肉块捞出，用清水漂洗2次，使牛肉完全没有苏打味为止。捞出，沥干水分待卤。

（3）卤制　用细密纱布缝一个双层袋，把固体香辛料装入纱布袋内，再用线把袋口密缝，做成香辛料袋。在锅内加清水100kg，投入香辛料袋浸泡2h，然后用文火煮沸1.5h，再加入冰糖、白酱油、食盐，继续煮半小时。最后加入高粱酒，待煮至散发出香味时即为卤水。将沥干水分的牛肉块移入卤水锅中，煮沸30min后，加入黄酒，然后停止加热，浸泡在卤水中3h，捞出后刷上香油即为卤牛肉。

九、四川卤牛肉

1. 原料配方（按100kg鲜牛肉计）

（1）味精味　白豆油3kg，白胡椒5g，桂皮5g，味精70g（要起锅时再下，下同）。

（2）麻辣味　花椒300g，辣椒400g，芝麻400g，白豆油2kg，味精30g，香油400g，白胡椒5g，桂皮5g。

（3）果汁味　冰糖400g，香菌150g，熟鸡油150g，玫瑰100g，醪糟150g，白豆油3kg。

2. 工艺流程

原料处理→卤制→冷却→产品

3. 操作要点

（1）原料处理　先将100kg鲜牛肉切成重800～1500g的大块，用清水漂洗干净，然后放入锅中稍煮（加老姜600g，硝石500g），煮开后立即捞起，目的是除去血腥味。在煮时可先在锅底放两把干净谷草，据说可除去鲜牛肉的血污。最后，剔除筋膜。

（2）卤制　首先制备卤汁，凉净水20kg，白豆油3kg，盐2.5kg，小茴香、山奈、八角、花椒、桂皮、姜、胡椒、草果等香料适量装袋，总重量为 500～800g，混合煮开熬成卤汁。将不同味别的辅料下到卤汁中，再依次放入煮过的牛肉，急火烧开，小火慢焖30～60min（视牛肉的老嫩）起锅即成不同味别的卤牛肉。

（3）成品　精瘦净肥，卤汁紧渗，纤维细嫩，瘦不塞牙，鲜美可口，醇香味厚。

第三节　白煮肉加工技术

一、南京盐水鸭

盐水鸭是南京有名的特产，久负盛名，至今已有一千多年历史。此鸭皮白肉嫩、肥而不腻、香鲜味美，具有香、酥、嫩的特点。每年中秋前后的盐水鸭色味最佳，是因为鸭在桂花盛开季节制作的，故美名曰：桂花鸭。南京盐水鸭加工制作不受季节的限制，一年四季都可加工。南京盐水鸭的特点是腌制期短，鸭皮洁白，食之肥而不腻，清淡而有咸味，具有鲜、嫩的特色。南京盐水鸭是南京的著名特产，鸭皮洁白光亮、鸭肉清淡可口，肉质鲜嫩。

（一）方法一

1. 原料配方

肥鸭 1 只（重约 2000g），精盐 230g，姜 50g，葱 50g，大料适量。

2. 工艺流程

原料选择与整理→腌制→烘干→煮制→冷却→包装

3. 操作要点

（1）原料选择与整理　选用当年健康肥鸭，宰杀拔毛后切去翅膀和脚爪，然后在右翅下开膛，取出全部内脏，用清水冲净体内外，再放入冷水中浸泡 1h 左右，挂起晾干待用。

（2）腌制　先干腌，即用食盐和大料粉炒制的盐，涂擦鸭体内腔和体表，用盐量每只鸭 100～150g，擦后堆码腌制 2～4h，冬春季节长些，夏秋季节短些。然后抠卤，鸭子经腌制后，肌肉中的一部分水和余血渗出，留存在腹腔内，这时用右手提起鸭的右翅，用左手食指或中指插入鸭的肛门内，使腹腔内的血卤排出，故称抠卤。再行复卤

2～4h 即可出缸。复卤即用老卤腌制，老卤是加生姜、葱、大料熬煮加入过饱和盐水而制成。按每50L水加食盐35～37kg的比例放入锅中煮沸，冷却过滤后加入姜片100g、大料50g和香葱100～150g即为新卤。新卤经1年以上的循环使用即称为老卤。复卤即用老卤腌制，复卤时间一般为2～3h。复卤后的鸭坯经整理后用沸水浇淋鸭体表，使鸭子肌肉和外皮绷紧，外形饱满。

（3）烘干　腌后的鸭体沥干盐卤，把鸭逐只挂于架子上，推至烘房内，以除去水气，其温度为40～50℃，时间20～30min，烘干后，鸭体表色未变时即可取出散热。注意烘炉要通风，温度绝不宜高，否则会影响盐水鸭品质。

（4）煮制　煮制前用6cm长中指粗的中空竹管或芦柴管插入鸭的肛门，再从开口处插入腹腔料，姜2～3片，大料2粒，葱1～2根，然后用开水浇淋鸭的体表，使肌肉和外皮绷紧，外形饱满。然后水中加三料（葱、生姜、大料）煮沸，停止加热，将鸭放入锅中，开水很快进入体腔内，提鸭头放出腔内热水，再将鸭坯放入锅中，压上竹盖使鸭全浸在液面以下，焖煮20min左右，此时锅中水温在85℃左右，然后加热升温到锅边出现小泡，这时锅内水温90～95℃时，提鸭倒汤再入锅焖煮20min左右，第二次加热升温，水温90～95℃时，再次提鸭倒汤，然后焖5～10min，即可起锅。在焖煮过程中水不能开，始终维持在85～95℃。否则水开肉中脂肪熔解导致肉质变老，失去鲜嫩特色。

（5）成品　盐水鸭表皮洁白，鸭体完整，鸭肉鲜嫩，口味鲜美，营养丰富，细细品尝肘，有香、酥、嫩的特色。

（二）方法二

1. 原料配方

肥鸭35只，100kg水，食盐25～30kg，葱75g，生姜50g，大茴香15g。

2. 工艺流程

原料鸭的选择→宰杀→干腌→抠卤→复卤→煮制→成品

3. 操作要点

（1）原料鸭的选择　盐水鸭的制作以秋季制作的最为有名。因为，经过稻场催肥的当年仔鸭，长得膘肥肉壮，用这种仔鸭做成的盐水鸭，皮肤洁白，肌肉娇嫩，口味鲜美，桂花鸭都是选用当年仔鸭制作，饲养期一般在 1 个月左右。这种仔鸭制作的盐水鸭，更为肥美、鲜嫩。

（2）宰杀　选用当年生肥鸭，宰杀放血拔毛后，切去两节翅膀和脚爪，在右翅下开口取出内脏，用清水把鸭体洗净。

（3）整理　将宰杀后的鸭放入清水中浸泡 2h 左右，以利浸出肉中残留的血液，使皮肤洁白，提高产品质量。浸泡时，注意鸭体腔内灌满水，并浸没在水面下，浸泡后将鸭取出，用手指插入肛门再拔出，以便排出体腔内水分，再把鸭挂起沥水约 1h。取晾干的鸭放在案子上，用力向下压，将肋骨和三叉骨压脱位，将胸部压扁。这时鸭呈扁而长的形状，外观显得肥大而美观，并能在腌制时节省空间。

（4）干腌　干腌要用炒盐。将食盐与茴香按 100∶6 的比例在锅中炒制，炒干并出现大茴香之香味时即成炒盐。炒盐要保存好，防止回潮。将炒制好的盐按 6%～6.5% 盐量腌制，其中的 3/4 从右翅开口处放入腹腔，然后把鸭体反复翻转，使盐均匀布满整个腔体；1/4 用于鸭体表腌制，重点擦抹在大腿、胸部、颈部开口处，擦盐后叠入缸中，叠放时使鸭腹向上背向下，头向缸中心尾向周边，逐层盘叠。气温高低决定干腌的时间，一般为 2h 左右。

（5）抠卤　干腌后的鸭子，鸭体中有血水渗出，此时提起鸭子，用手指插入鸭子的肛门，使血卤水排出。随后把鸭叠入另一缸中，待 2h 后再一次扣卤，接着再进行复卤。

（6）复卤　复卤的盐卤有新卤和老卤之分。新卤就是用扣卤血水加清水和盐配制而成。每 100kg 水加食盐 25～30kg，葱 75g，生姜 50g，大茴香 15g，入锅煮沸后，冷却至室温即成新卤。100kg 盐卤可每次复卤约 35 只鸭，每复卤一次要补加适量食盐，使盐浓度始终保持饱和状态。盐卤用 5～6 次必须煮沸一次，撇除浮沫、杂物等，同时加盐或水调整浓度，加入香辛料。新卤使用过程中经煮沸 2～3 次即为老卤，老卤愈老愈好。

复卤时，用手将鸭右腋下切口撑开，使卤液灌满体腔，然后抓住双腿提起，关向下尾向上，使卤液灌入食管通道。再次把鸭浸入卤液中并使之灌满体腔，最后，上面用竹箅压住，使鸭体浸没在液面以下，不得浮出水面。复卤 2～4h 即可出缸起挂。

（7）烘坯 腌后的鸭体沥干盐卤，把逐只挂于架子上，推至烘房内，以除去水气，其温度为 40～50℃，时间约 20～min，烘干后，鸭体表色未变时即可取出散热。注意煤炉烘炉内要通风，温度决不宜高，否则将影响盐水鸭品质。

（8）上通 用直径 2cm、长 10cm 左右的中空竹管插入肛门，俗称"插通"或"上通"。再从开口处填入腹腔料，姜 2～3 片、八角 2 粒、葱一根，然后用开水浇淋鸭体表，使鸭子肌肉收缩，外皮绷紧，外形饱满。

（9）煮制 南京盐水鸭腌制期很短，几乎都是现做现卖，现买现吃。在煮制过程中，火候对盐水鸭的鲜嫩口味可以说相当重要，这是制作盐水鸭好坏的关键。一般制作，要经过两次"抽丝"。在清水中加入适量的姜、葱、大茴，待烧开后停火，再将"上通"后的鸭子放入锅中，因为肛门有管子，右翅下有开口，开水很快注入鸭腔。这时，鸭腔内外的水温不平衡，应该马上提起左腿倒出汤水，再放入锅中。但这时鸭腔内的水温还是低于锅中水温，再加入总水量六分之一的冷水进锅中，使鸭体内外水温趋于平衡。然后盖好锅盖，再烧火加热，焖 15～20min，等到水面出现一丝一丝皱纹，即沸未沸（约 90℃）、可以"抽丝"时住火。停火后，第二次提腿倒汤，加入少量冷水，再焖 10～15min。然后再烧火加热，进行第二次"抽丝"，水温始终维持在 85℃左右。这时，才能打开锅盖看熟，如大腿和胸部两旁肌肉手感绵软，并油膨起来，说明鸭子已经煮熟。煮熟后的盐水鸭，必须等到冷却后切食。这时，脂肪凝结，不易流失，香味扑鼻，鲜嫩异常。

（10）成品 煮熟后的鸭子冷却后切块，取煮鸭的汤水适量，加入少量的食盐和味精，调制成最适口味，浇于鸭肉上即可食用。切块时必须晾凉后再切，否则热切肉汁容易流失，发、切不成形。

二、成都桶子鸭

1. 工艺流程
原料选择→宰杀→整理→煮制→成品

2. 操作要点
（1）原料选择及宰杀 选用新鲜优质当年鸭为原料。采用颈部切断三管法宰杀放血，64℃左右热水中浸烫脱毛，然后在右翅下横切6～7cm 左右月牙形口，从开口处挖出内脏，拉出气管、食管和血管，用清水把鸭体洗净。

（2）烫皮及腌制　剁掉鸭掌和鸭翅，再用开水充分淋浇鸭身内外，使鸭皮伸展。然后把食盐和花椒的混料搓擦鸭身内外，放入容器中腌制约 15h。每 100 只腌鸭配料为食盐 2kg、花椒 1kg、葱、鲜姜各 0.5kg。

（3）煮制　取一根长约 7cm、直径 2cm 的竹管，插入鸭肛门，一半入肛门里一半在外，以利热水灌入体腔。再将生姜 2 片、小葱 3 根、八角 2 颗从右翅下刀口处放入鸭腔。然后锅中加清水，同时放入适量生姜、八角、葱，烧沸后，将鸭放入沸水中浸一下，提起鸭左腿，倒出体腔内水分，再放入锅中，使热水再次进入鸭体腔内。然后加入约占锅内水量 1/3 的凉水，盖上锅盖焖煮 20min 左右。接着继续加热，待水温约 90℃，再一次提起鸭体倒出腔内水分，并向锅中加入少量凉水，然后把鸭放入水中焖煮 15min 左右。再次加热到90℃左右，立即将鸭取出，冷却后切块即可食用。

三、上海白斩鸡

1. 原料配方

三黄鸡 1 只，黄酒 30mL、酱油 15g、葱末 15g、姜末 15g、蒜茸 15g、白糖 8g、香油 8g、米醋 15g。

2. 工艺流程

原料选择→造型→煮制→切块→成品

3. 操作要点

（1）原料选择　必须选用上海市郊浦东、奉贤、南汇出产的优良三黄鸡，要求体重在 2kg 以上，公鸡必须是当年鸡，母鸡要隔年鸡。因为这一带的鸡多散养，吃活食，光照时间长，肉质鲜嫩，皮下脂肪丰富。

（2）造型　首先把鸡放在水里面烫一下，把鸡的嘴巴从翅膀下穿过去，这样造型会比较漂亮。

（3）煮制　锅里放入适量的水，放入姜片，大葱段，和 30mL 黄酒，等到水烫手未开时候把鸡烫一下，锅里的水不能沸腾，主要是利用水的热度把鸡浸透、泡熟就可以了，这样鸡肉比较嫩大约半个小时左右就成熟了。

（4）成品　把煮制好的鸡剁好码盘，食用时，将酱油、姜、葱等辅料混合配成佐料蘸着吃。

四、广东白斩鸡

白斩鸡是粤菜鸡肴中最普通的一种，每逢佳节，是宴席上不可缺少又是最受欢迎的菜肴。其特点是制作简易，刚熟不烂，不加配料且保持原味。

1. 原料配方（按 100kg 白条鸡计）

食盐适量，花生油 0.6kg，绍酒适量，姜 0.5kg，葱 0.5kg。

2. 工艺流程

原料选择→宰杀→整理→煮制→成品

3. 操作要点

（1）原料选择、宰杀及整理　选择体重 1kg 左右的嫩公鸡。宰杀和整理步骤的操作可参照前述操作进行。

（2）煮制　将洗净的鸡放入锅里，倒入清水（以淹没鸡身为宜），再放进葱、姜若干，用大火烧开，撇去浮沫，再改用小火焖煮 10～20min，加适量盐，待确定鸡刚熟时，关火冷却后，再将鸡捞出，控去汤汁，然后在鸡周身涂上麻油即成。将葱、姜切成细丝并与食盐拌匀，然后用中火烧热炒锅，下油烧至微沸，淋在其上，供佐膳用。食用时斩成小块，蘸着佐料吃。

五、白切肉

白切肉又称白煮肉、白片肉、白肉，为北京传统名菜，源于明末的满族，至今有 300 多年历史，清朝入关后从宫中传入民间。白切肉是用去骨猪五花肉白煮而成，其特点是肥而不腻，瘦而不柴；蘸上调料，就着荷叶饼或芝麻烧饼吃，风味独特。北京"砂锅居"饭庄制作的白切肉最为著名。传说清乾隆六年（1741 年）"砂锅居"初建时，用一口直径 133cm 的大砂锅煮肉，每天只进一口猪，以出售白肉为主。由于生意兴隆，午前便卖完摘掉幌子，午后歇业，于是在民间逐渐流传开一句歇后语："砂锅居的幌子——过午不候"。

（一）白切肉

1. 原料配方（按 100kg 猪前后腿肉计）

食盐 13～15kg，姜 0.5kg，硝酸钠 0.02kg，葱 2kg，料酒 2kg。

2. 工艺流程

原料选择与整理→腌制→煮制→冷却→成品

3. 操作要点

（1）原料选择　选择卫检合格、肥瘦适度的新鲜优质猪前后腿肉为原料，每只腿斩成 2～3 块。

（2）腌制　将食盐和硝酸钠配制成腌制剂，然后将其揉擦于肉坯表面，放入腌制缸中，用重物压紧，在 5℃左右腌制。2d 后翻缸一次，使食盐分布均匀；7d 后出缸，抖落盐粒。

（3）煮制　第一次制作时，将葱、姜、料酒和清水倒入锅中，再加入腌制好的肉块，宽汤旺火烧开，煮 1h 后文火炖熟，捞出即为成品。剩余的汤再烧开，撇去浮油，滤去杂物和葱姜，即为老汤。以后制作使用老汤风味更佳。

（4）冷却　煮熟的肉冷却后可立即销售，也可于 4℃冷藏保存。

（二）白切肉家庭制作

1. 原料配方（按 1kg 猪肉计）

腌韭菜花 10kg，酱油 50kg，辣椒油 30kg，腐乳汁 15kg，大蒜泥 10kg。

2. 工艺流程

原料处理→煮制→成品

3. 操作要点

（1）原料处理　把猪肉（最好是五花肉）横切成 20cm 长、10cm 宽的条块，刮皮洗净。

（2）煮制　将肉块皮向上放入锅里，倒入清水，水面没过肉块 10cm；加盖后旺火烧开，再用文火煮（要保持微沸状态，中途不得添水）2h 左右。煮熟后，先捞出浮油，再捞出肉块晾凉，去皮后切成 10cm 长的薄片；同时把大蒜泥、腌韭菜花、腐乳汁、辣椒油和酱油等调料一并放入小碗内拌匀，用肉片蘸着该调料食用。

六、镇江肴肉

肴肉是镇江著名的传统肉制品，久负盛名，具有香、酥、鲜、嫩四大特色，瘦肉色红，香酥适口，食不塞牙，肥肉去膘，食而不腻。食用时佐以镇江香醋和姜丝，更是别有风味。相传在清代初年即有肴蹄加工，清光绪年间修纂的《丹徒县志》上就有"肴蹄"的记载，故又称水晶肴蹄。又因肴肉皮色洁白，晶莹碧透，卤冻透明，肉色红润，肉质细嫩，味道鲜美，故还有水晶肴肉之称。

（一）方法一

1. 原料配方（按 100 只去爪猪蹄膀计，平均每只重约 1kg）

食盐 13.5kg，八角 0.075kg，姜片 0.125kg，绍酒 0.25kg，葱 0.25kg，明矾 0.03kg，花椒 0.075kg，硝水 3kg。注：硝水为 0.03kg 硝酸钠拌和于 5kg 水中得到。

2. 工艺流程

原料选择与整理→腌制→煮制→压蹄→成品

3. 加工工艺

（1）原料选择与整理 一般要求选 70kg 左右的薄皮猪，以在冬季肥育的猪为宜。取猪的前后腿（以前蹄膀制作的肴肉为最好），除去肩胛骨、臂骨与大小腿骨，去爪、去筋、刮净残毛，洗涤干净，然后置于案板上，皮朝下，用铁钎在蹄膀的瘦肉上戳小洞若干。

（2）腌制 用食盐均匀揉擦整理好的蹄膀表皮，用盐量占 6.25%，务求每处都要擦到。然后将蹄膀叠放在缸中腌制，放时皮面向下，叠时用 3% 硝水洒在每层肉面上。冬季腌制需 6~7d，其至达 10d 之久，用盐量每只约 90g；春秋季腌制 3~4d，用盐量约 110g，夏季只须腌 6~8h，需盐量 125g 左右。腌制的要求是深部肌肉色泽变红为止。出缸后，用 15~20℃的清洁冷水浸泡 2~3h（冬季浸泡 3h，夏季浸泡 2h），适当减轻咸味，除去涩味，同时刮除皮上污物，用清水洗净。

（3）煮制 取清水 50kg、食盐 4kg 及明矾 15~20g 放入锅中，加热煮沸，撇去表层浮沫，使其澄清。将上述澄清盐水注入另一锅中，加入黄酒、白糖，另取花椒、八角、鲜姜、葱分别装在两只纱布袋内，扎紧袋口，放入盐水中，然后把腌好洗净的蹄膀放入锅内，蹄膀皮朝上，逐层摆叠，最上一层皮面向下，并用竹篾盖好，使蹄膀全部浸没在汤中。然后用旺火烧开，撇去浮在表层的泡沫，用重物压在竹盖上，改用小火煮，温度保持在 95℃ 左右，时间为 90min，再将蹄膀上下翻换，重新放入锅内再煮 3～4h（冬季 4h，夏季 3h），用竹筷试一试，如果肉已煮烂，竹筷很容易刺入，这就恰到好处。捞出香料袋，肉汤留下继续使用。

（4）压蹄　取长宽均为 40cm、边沿高 4.3cm 的平盆，每个盆内平放猪蹄膀 2 只，皮朝下。每 5 只盆叠压在一起，上面再盖空盆 1 只。20min 后，将盆逐个移至锅边，把盆内的油卤倒入锅内。用旺火把汤卤煮沸，撇去浮油，放入清水和剩余明矾，再煮沸，撇去浮油，将汤卤舀入盆中，使汤汁淹没肉面，放置于阴凉处冷却凝冻（天热时凉透后放入冰箱凝冻），即成晶莹透明的浅琥珀状水晶肴肉。煮沸的卤汁即为老卤，可供下次继续使用。镇江肴肉宜于现做现吃，通常配成冷盘作为佐酒佳肴。食用时切成厚薄均匀、大小一致的长方形小块装盘，并可摆成各种美丽的图案。食用肴肉时，一般均佐以镇江的又一名产——金山香醋和姜丝，这就更加芳香鲜润，风味独特。

（二）方法二

1. 原料配方

10 只猪蹄膀（约 50kg）、曲酒（60 度）250g、白糖 250g、花椒 125g、大盐 10kg、大料 125g、葱段 250g、明矾 30g、姜片 250g、硝酸钠 20g。

2. 工艺流程

原料肉的选择与处理→腌制→煮制→压制蹄膀→成品

3. 加工工艺

（1）原料肉的选择与处理　选择皮薄、活重在 70kg 左右的瘦肉型猪肉为原料，取其前后蹄膀肘子进行加工，以前蹄膀为最好。将蹄膀剔骨去筋，刮净残毛，洗涤干净。

（2）腌制　将蹄膀，皮面朝下置于肉案上，用铁钎在瘦肉上戳若干小洞，用盐均匀揉擦肉的表面，用盐量为肉重的 6.25%，力求每处都擦到。擦盐后层层叠放在腌制缸中，皮面向下，叠时用 3% 硝酸钠水溶液少许洒在每层肉面上。多余的盐洒于肉面上。在冬季腌制 6～7d，每只蹄膀用盐量约 90g；春秋季腌制 3～4d，用盐量 110g 左右。夏天腌制 1～2d，用盐量 125g。腌制的要求是深部肌肉色泽变红为止。为了缩短腌制时间，可以改为盐水注射腌制，注射后用滚揉机滚揉，10h 就可以达到腌制的要求。

出缸后，用 15～20℃ 的清洁冷水浸泡 2～3h（冬季浸泡 3h，夏季浸泡 2h），适当脱盐，减轻咸味，除去腥涩味，同时刮去皮上的杂物污垢，用清水洗净。

（3）煮制　用清水 50kg，加食盐 5kg 和明矾粉 15g，加热煮沸，撇去浮沫，放置使其澄清。取澄清的盐水注入锅中，加 60 度曲酒 250g，白糖 250g，将花椒和大料装入香料袋，扎住袋口，放入盐水中，然后把腌好洗净的猪蹄膀 50kg 放入锅内，猪蹄膀皮朝上，逐层摆叠，最上面一层皮面朝下，上面用铁算压住，使蹄膀全部淹没在汤中，盖上锅盖。用大火烧开，撇去浮油和泡沫，改用文火煮，温度保持在 95℃ 左右，时间 90min，将蹄膀上下翻一次，然后再焖煮 4h。煮熟的程度以竹筷很容易插入为宜。捞出香料袋。

（4）压制蹄膀　取长、宽都为 40cm，边高 4.3cm 的平盘（不锈钢模具）50 个，每个盘内平放猪蹄膀 2 只，皮朝下。每 5 个盘摞在一起，最上面再摞一个空盘。20min 后，将盘内沥出的油卤倒入卤汤锅内。用旺火把卤汤煮沸，撇去浮油，放入明矾 15g，清水 2.5kg，再煮沸，撇去浮油，稍澄清，将卤汤舀入蹄盘，使卤汤淹没肉面，放置于阴凉处冷却凝冻（夏天凉透后放入冰箱凝冻），即成晶莹透明的浅琥珀状水晶肴肉。

（5）成品　皮色洁白，光滑晶莹，卤冻透明，瘦肉色红，香酥适口，肥而不腻，入口鲜美，滑嫩化渣，肉质板实，肉色鲜红，香气特足，脂香醇正。

第四节　糟肉加工技术

糟肉制品可以选用不同的原料肉经过熟制后用香糟、糟卤或酒进行糟（醉）制而得。产品色泽洁白，糟香浓郁，味鲜不腻，鲜美可口，为夏季佐餐佳品。在糟肉制作过程中常常用到糟，下面简单介绍一下糟的种类和制作方法。

我国一些地区的农户素有冬酿老酒的习俗，选用自家种的糯谷，碾成糯米，蒸成糯米饭，拌进麦曲，然后放进缸里进行发酵制作米酒。经过一段时间的发酵、开耙，将发酵的酒米饭灌进酒袋里压榨，榨尽酒汁，留在布袋里的就是酒糟。做黄酒剩下的酒糟经加工即为香糟。香糟带有一种诱人的酒香，醇厚柔和。香糟可分白糟和红糟两类。白糟产于杭州、绍兴一带，是用小麦和糯米加酒曲发酵而成，含酒精26%～30%，新糟色白，香味不浓，经过存放后熟，色黄甚至微变红，香味浓郁。红糟产于福建省，是以糯米为原料酿制而成，含酒精20%左右，隔年陈糟色泽鲜红，具有浓郁的酒香味者为佳品。为了专门生产这种产品，在酿酒时就需加入5%的天然红曲米，能增加制品的色彩。山东也有香糟生产，是用新鲜的墨黍米黄酒加15%～20%炒熟的麦麸及2%～3%的五香粉制成，香味异常。

陈年香糟是浙江绍兴的传统特产，是制作糟肉制品的理想原料，其香气浓郁，味道甘甜，用它制成的糟制食品味美可口，醇香异常。它是以优质绍兴酒的酒糟为主要原料，通过轧糟机压碎，经过筛后，即可配料制作。其配料为每100kg糟加食盐4kg，花椒3kg。经充分搅拌后，捣烂；然后，将捣成糊状的酒糟灌入密闭容器内，灌装时，必须边灌边压实；最后把容器密封好，陈酿一年左右，即可使用。

一、传统糟肉

色泽红亮，软烂香甜，清凉鲜嫩，爽口沁胃，肥而不腻，糟香味浓郁。

1. 原料配方（以100kg原料肉计）

原料肉100kg，花椒1.5～2kg，陈年香糟3kg，上等绍酒7kg，高粱酒500g，五香粉30g，食盐1.7kg，味精100g，上等酱油500g。

2. 工艺流程

原料整理→白煮→配制糟卤→糟制→产品→包装

3. 操作要点

（1）选料 选用新鲜的皮薄而又鲜嫩的方肉、腿肉或夹心（前腿）。方肉照肋骨横斩对半开，再顺肋骨直切成长15cm，宽11cm的长方块，成为肉坯。若采用腿肉、夹心，亦切成同样规格。

（2）白煮 将整理好的肉坯，倒入锅内烧煮。水要放到超过肉坯表面，用旺火烧，待肉汤将要烧开时，撇清浮沫，烧开后减小火力继续烧，直到骨头容易抽出来不粘肉为止。用尖筷和铲刀出锅。出锅后一面拆骨，一面趁热在热坯的两面敷盐。

（3）配制糟卤　陈年香糟的制法－香糟 50kg，用 1.5～2kg 花椒加盐拌和后，置入瓮内扣好，用泥封口，待第二年使用，称为陈年香糟。将香糟 100kg，糟货（用陈年香糟）3kg，五香粉 30g，盐 500g，放入容器内搅拌，先加入少许上等绍酒，用手边挖边搅拌，并徐徐加入绍酒（共 5kg）和高粱酒 200g，直到酒糟和酒完全拌合，没有结块为止，称糟酒混合物。

制糟露：用白纱布罩于搪瓷桶上，四周用绳扎牢，中间凹下。在纱布上摊上表芯纸（表芯纸是一种具有极细孔洞的纸张，也可以用其他韧性的纸来代替）一张，把糟酒混合物倒在纱布上，加盖，使糟酒混合物通过表芯纸和纱布过滤，徐徐将汁滴入桶内，称为糟露。

制糟卤：将白煮的白汤撇去浮油，用纱布过滤入容器内，加盐 1.2kg，味精 100g，上等绍酒 2kg，高粱酒 300g，拌合冷却若白汤不够或汤太浓，可加凉开水，以掌握 30kg 左右的白汤为宜。将拌和配料的白汤倒入糟露内，拌和均匀，即为糟卤。用纱布结扎在盛器盖子上的糟渣，待糟货生产结束时，解下即作为喂猪的上等饲料。

（4）糟制　将已经凉透的糟肉坯皮朝外，圈砌在盛有糟卤的容器内，盛放糟货的容器须事先入在冰箱内，另用一盛冰容器置于糟货中间以加速冷却，直到糟卤凝结成冻时为止。

（5）保管方法　糟肉的保管较为特殊，必须放在冰箱内保存，并且要做到以销定产，当日生产，现切再卖，若有剩余，放入冰箱，第二天洗净糟卤后放在白汤内重新烧开，然后再糟制。回汤糟货原已有咸度，用盐量可酌减，须重新冰冻，否则会失去其特殊风味。

二、糟猪肉

1. 原料配方（以 100kg 肉坯计）

陈年香糟 3kg，食盐 1.7kg，炒过的花椒 3～4kg，味精 0.1kg，料酒 7kg，酱油（虾子酱油最好）0.5kg，高粱酒 0.5kg，五香粉 0.03kg。

2. 工艺流程

原料处理→煮炸→腌制→制卤汁→制糟卤→糟制→成品

3. 操作要点

（1）原料及整理　选用新鲜的皮薄且皮面细腻的肋条方肉、前腿肉和后腿肉为原料。方肉对半斩成两片，再顺肋骨斩成宽 15cm、长 11cm 的长方块，成为肉坯。前后腿也斩成类似的大小。

（2）白煮　将肉坯倒入锅内，水放满超过肉坯表面，旺火烧至沸腾，撇去血沫，减小火力，继续烧至骨头容易抽出为止。捞出肉坯，拆骨并在肉坯两面敷盐。

（3）制糟　香糟为小麦酒糟。

① 准备陈糟　香糟 50kg、炒过的花椒 1.5～2kg、食盐适量，搅拌均匀，放入缸中，用泥封口，待第二年使用，称为陈年香糟。

② 糟酒混合　陈年香糟 3kg、五香粉 30g、盐 500g，放入缸内，搅拌均匀，然后徐徐加酒，边加边搅拌，加至料酒 5kg，高粱酒 200g。继续搅拌至糟酒完全混合均匀，无结块为止。称糟酒混合物。

③ 制糟露　用白纱布覆盖于搪瓷桶口上，四周用绳扎牢，中间凹下，纱布上放一张表蕊纸，将糟酒混合物倒在上面过滤，加盖静置，汁液徐徐滴入桶内，称为糟露。表蕊纸是一种具有极细微孔的纸，也可以用滤纸代替。

（4）制糟卤　将白煮肉汤撇去浮油，用纱布过滤倒入容器内，加盐 1.2kg、味精 100g、酱油 500g、料酒 2kg、高粱酒 300g，总量以 30kg 左右为宜。搅拌均匀后冷却，倒入糟卤内，再搅拌均匀，即为糟卤。

（5）糟制　将凉透的糟肉坯皮朝外圈砌在容器中，倒入已冷却的糟卤，可采用一些方法加速冷却，比如中间放冰桶。待糟卤凝结成冻时为止，大约需要 3h，食用时将肉切片，盛在盘内，浇上卤汁食用。

（6）产品　规格胶冻白净，肉质鲜嫩，清凉爽口，具有独特的糟香。

三、糟猪腿肉

1. 原料配方（以 100kg 猪腿肉计）
食盐 4kg，黄酒 4kg，麦糟 40kg。

2. 工艺流程
原料处理→煮制→涂盐→糟制→成品

3. 操作要点

（1）原料处理　将准备好的猪腿肉用清水清洗干净，不用切块。

把盐粒炒熟备用。其他加工用具均须清洗干净并消毒。

(2) 煮制　将洗净后的整块腿肉装入煮制容器内，添足清水，用大火将水烧开，然后改用小火将腿肉煮烂。煮制达到要求后捞出腿肉(保留肉汤备用)，趁热在腿肉上涂抹一层盐粒，要抹得均匀，冷却后待用。

(3) 糟制　将糟、盐粒、黄酒混合拌匀，装入大袋(布袋或纱布袋均可)中，盖在冷透的肉面上。糟袋内可以多加些黄酒，使酒、糟逐渐流滴在腿肉上，把腿肉连同袋子一起放在密闭容器中，置于低温(10℃以下)条件下，进行糟制，至少要放置7d，7d以后即可食用。食用时，将捞出的腿肉切成小方块或厚片装盘即可。剩下的产品必须继续密封好。

四、上海糟肉

1. 原料配方(以100kg原料肉计)

黄酒7kg，陈年香糟3kg，酱油2kg，食盐1.7kg，花椒0.09～0.12kg，高粱酒0.5kg，五香粉0.03kg，味精0.1kg。

2. 工艺流程

原料处理→白煮→陈糟制备→制糟露→制糟卤→糟制→成品

3. 操作要点

(1) 原料处理　选用新鲜皮薄的方肉和前后腿肉，将选好的肉修整好，清洗干净，切成长15cm、宽11cm的长方形肉坯。

(2) 白煮　将处理好的肉坯倒入容器内进行烧煮，容器内的清水必须超过肉坯表面，用旺火烧至肉汤沸腾后，撇净血污，减小火力继续烧煮，直至骨头容易抽出时为止，然后用尖筷子和铲刀把肉坯捞出。出锅后一面拆骨，一面在肉坯两面敷盐。肉汤冷却后备用。

(3) 陈糟制备　每100kg香糟加3～4kg炒过的花椒和4kg左右的食盐拌匀后，置于密闭容器内，进行密封放置，待第二年使用，即为陈年香糟。

(4) 制糟露　将陈年香糟、五香粉、食盐搅拌均匀后，再加入少许上等黄酒，边加边搅拌，并徐徐加入高粱酒200g和剩余黄酒，直至糟、酒完全均匀，没有结块时为止。然后进行过滤(可以使用表心纸或者纱布等过滤工具)，滤液称为糟露。

（5）制糟卤 将白煮肉汤，撇去浮油，过滤入容器内，加入食盐、味精、上等酱油（最好用虾子酱油）、剩余高粱酒，搅拌冷却，数量掌握在 30kg 左右为宜，然后倒入制好的糟露内，混合搅拌均匀，即为糟卤。

（6）糟制 将凉透的肉坯，皮朝外，放置在容器中，倒入糟卤，放在低温（10℃以下）条件下，直至糟卤凝结成胶冻状，3h 以后即为成品。

五、北京香糟肉

此产品加工工艺简单，吃起来皮酥肉嫩，鲜美适口，糟味香馥。

1. 原料配方（以 100kg 原料肉计）

酱油 10kg，酒糟泥 10kg，白酒 4kg，白糖 4kg，生油 3kg，食盐 1.5kg，姜 1.2kg，味精 0.28kg，香油 0.3kg。

2. 工艺流程

原料处理→香糟制备→糟醉→成品

3. 操作要点

（1）原料处理 以带皮五花猪肉为原料肉，切成长 10cm、宽 3.3cm、厚 0.7cm 的肉块，浸入清水中，除尽血水，用清水洗净，捞出后控干水分。

（2）香糟制备 在锅内放入花生油 1kg，大火烧热，然后放入姜末 0.5kg，炒出香味，接着在锅内放入酒糟泥 10kg，进行煸炒，边炒边加入白糖 3kg、食盐 0.5kg、白酒 4kg、花生油 2kg，再用小火炒约 1h，至无酸味为止，即成香糟，包装后备用。

（3）糟醉 将除净血水的猪肉放入锅中，加清水（以没过猪肉为准），用旺火烧开后改用小火进行煮制 1.5h 左右，然后加入酱油、白糖、食盐、姜、香油、味精和用纱布袋包好的香糟包，继续焖煮 1h 左右，煮到汁浓、肉酥、皮烂为止，此时即可出锅，晾凉后，即成香糟肉。此产品可以直接食用，贮存时须放置于低温条件下。

六、福建糟鸡

1. 原料配方（以 100kg 鸡计）

料酒 12.5kg，白糖 7.5kg，白醋 5kg，高粱酒 5kg，食盐 2.5kg，

味精 0.75kg，红糟 0.75kg，五香粉 0.1kg。

2. 工艺流程

原料处理→煮制→腌制→糟制→成品

3. 操作要点

（1）原料处理　选用当年的肥嫩母鸡作为原料，将鸡按照常规方法放血宰杀后，煺净毛，并用清水洗净，成为白光鸡。白光鸡经开膛，取净内脏后，再次清水洗净，剁去脚爪，在鸡腿踝关节处用刀稍打一下，便于后续加工操作。

（2）煮制　将整理好的鸡放入开水中，用微火煮制 10min 左右，将鸡翻动一次，再煮 10min 左右，直至看到踝关节有 3～4cm 的裂口露出腿骨，即可结束煮制。煮制好的鸡体出锅后，冷却大约 30min。然后剁下鸡头、翅、腿，再将鸡身切成 4 块，鸡头劈成两半，翅和腿切成两段。先把味精 0.3kg、食盐 1.5kg 和高粱酒混合均匀后放入密闭容器中，再把切好的鸡块放入，密封腌渍约 1h，上下翻倒，再腌制 1h 左右。

（3）糟制　把余下的味精、食盐、红糟、五香粉和白糖 3.5kg 加入到 12.5kg 冷开水中，搅拌均匀。然后把混合汁液倒入腌制好的鸡块中，搅拌均匀后，再糟腌 1h 左右即可。

食用时把糟好的鸡块取出，抹去红糟，再将大块鸡肉轻轻切成长 3cm、宽 1.5cm 的小块，摆在有配料的盛器中。配料一般由萝卜和辣椒构成。把白萝卜洗干净，去皮，每个切成 4 块，在萝卜两面划上斜十字花刀，呈桂花状，然后再浸入盐水中约 20min 以除去苦水，再洗净、控干。辣椒切成丝，与白糖、白醋放入萝卜块中，搅拌均匀，腌渍 20min 左右。食用时，佐以上述配料。

七、杭州糟鸡

杭州糟鸡是浙江省传统特产，在 200 多年前的清乾隆食谱中已有记载。产品呈黄红色，皮肉糟软，酒香扑鼻，清淡不腻。

1. 原料配方（以 100kg 白条鸡计）

酒糟 10kg，食盐 2.5kg（夏季 5kg），50 度白酒 2.5kg，黄酒 2.5kg，味精 0.25kg。

2. 工艺流程

原料处理→煮制→擦盐→糟制→成品

3. 操作要点

（1）原料处理　选用肥嫩当年鸡（阉鸡最好）作为原料。经宰杀后，去净毛、去除内脏备用。

（2）煮制、擦盐　将修整好的白条鸡放入沸水中焯水约 2min 后立即取出，洗净血污后再入锅，锅内加水将鸡体浸没，大火将水烧沸后，用微火焖煮 30min 左右，将鸡体取出，冷却，把水沥干。将沥干水的鸡斩成若干块，先将头、颈、鸡翅、鸡腿切下，将鸡身从尾部沿背脊骨破开，剔出脊骨，分成 4 块，然后用食盐和少量味精擦遍鸡块各部位。

（3）糟制　将 1/2 配料放在密闭容器的底部，上面用消毒过的纱布盖住，然后放入鸡块，再把剩余的 1/2 配料装入纱布袋内，覆盖在鸡块上，密封容器。存放 1～2d 即为成品。

八、河南糟鸡

1. 原料配方（以 100kg 鸡肉计）

食盐 5.5kg，大葱 1kg，香糟 15kg，鲜姜 1kg，花椒 0.2kg。

2. 工艺流程

原料选择与修整→煮制→蒸制→糟制→成品

3. 操作要点

（1）原料选择与修整　最好选用当年肥嫩母鸡作为原料，采用三管切断法将鸡宰杀放血后，煺净毛，用清水洗净。再在鸡翅根的右侧脖子处开一个 1～2cm 小口，取出鸡嗉囊，再从近肛门处开的 3～5cm 小口，掏净内脏，割去肛门，用清水冲洗干净后待用。

（2）煮制　将整理好的鸡体放入沸水中用小火煮制 2h 左右。煮制结束的鸡体出锅后，进行冷却，约需 30min，鸡体冷却后，再剁去鸡头、脖子、鸡爪，将鸡肉切成 4 块。再把鸡肉块放入容器内，加入食盐 1.5kg、花椒、葱、姜，放入蒸箱，蒸至熟烂。取出蒸制好的鸡肉，去掉葱、姜，放入密闭容器内，晾凉。

（3）糟制　先制糟卤，即在 60～100kg 水中加入香糟和余下的食盐、葱、姜、花椒，用大火烧开，维持 10min 左右，然后进行过滤，滤液即为糟卤。将糟卤倒入密闭容器中淹没鸡肉，密封好容器，鸡肉浸泡 12h 左右后即为成品。

九、南京糟鸡

1. 原料配方（以 100kg 鸡肉计）

香糟 5kg，绍酒 1.5kg，香葱 1kg，食盐 0.4kg，味精 0.1kg，生姜 0.1kg。

2. 工艺流程

原料处理→腌制→煮制→糟制→成品

3. 操作要点

（1）原料处理　最好选用健康的仔鸡作为原料，一般每只仔鸡的活重为 1～1.5kg，然后采用三管切断法将鸡宰杀放血后，煺净毛，用清水洗净。再在鸡翅根的右侧脖子处开一个 1～2cm 小口，取出鸡嗉囊，再从近肛门处开的 3～5cm 小口，掏净内脏，割去肛门，用清水冲洗干净后待用。

（2）腌制　先在鸡体内外表面抹盐，腌渍 2h。

（3）煮制　腌制后将鸡体放于沸水中煮制 15～30min 后出锅，出锅后用清水洗净。

（4）糟制　把香糟、绍酒、食盐、味精、生姜、香葱放入锅中加入清水熬制成糟汁。将煮制好的鸡体置于容器内，浸入糟汁，糟制 4～6h 即为成品。此糟鸡一般为鲜销，须在 4℃条件下保存。

第五节　蜜汁制品加工技术

一、上海蜜汁糖蹄

1. 原料配方（以 100kg 猪蹄膀计）

食盐 2kg，八角 3kg，白糖 3kg，料酒 2kg，姜 2kg，葱 1kg，桂皮适量，红曲米少量。

2. 工艺流程

原料选择与整理→白煮→蜜制→成品

3. 操作要点

（1）原料选择与整理　选用猪的前后蹄膀，烧去绒毛，刮去污垢，洗净待用。

（2）白煮　加清水漫过蹄膀，旺火烧沸，煮 15min 后捞出洗去血沫杂质，移入另一口锅中蜜制。

（3）蜜制　锅内先放好衬垫物（防止蹄膀与锅底粘连），放入料袋（内装葱、姜、桂皮和八角），再倒入蹄膀，然后将白汤（白汤须先在 100kg 水中加盐 2kg 烧沸）加至与蹄膀相平。用旺火烧开后，加入料酒，再煮沸，将红曲米水均匀地浇在肉上，以使肉体呈现樱桃红色为标准。然后转中火，约烧 3min，加入白糖（或冰糖屑），加盖再烧 30min 至汤已收紧、发稠，肉八成酥，骨能抽出不粘肉时出锅。控干水放盘，抽出骨头即成为成品。

二、老北京冰糖肘子

1. 原料配方（按 100kg 去骨猪蹄膀计）

酱油 10kg，料酒 10kg，姜 2kg，葱 1kg，蒜 1kg，淀粉适量，蜂蜜适量，花生油适量，冰糖适量。

2. 工艺流程

原料处理→油炸→蜜制→成品

3. 操作要点

（1）原料处理　将肘子用火筷子叉起，架在火上烧至皮面发焦时，放入 80℃ 温水中泡透，用刀刮净焦皮，见白后洗净，用刀顺骨劈开至露骨，放入汤锅中，煮至六成熟捞出，趁热用净布擦干肘皮上面的浮油，抹上蜂蜜，晾干备用。

（2）油炸　炒锅内放入花生油，用中火烧至八成热时，将猪肘放入油内，炸至微红、肉皮起皱纹或起小泡时捞出，然后用刀剔去骨头，从肉的里面划成核桃形的块（深度为肉的 2/3）。

（3）蜜制　将肘子皮朝下放入容器内，然后放入碎冰糖、酱油、绍酒、清汤、葱结、姜等，上笼旺火蒸烂取出，扣在盘内，将汁滗入锅内，再加入少许清汤，用水淀粉勾芡成浓汁，加入花椒油，淋在肘子上面即成。

三、冰糖肘子家庭制作

1. 原料配方

去骨猪蹄膀 500g，冰糖 100g，姜 10g，葱 5g，酱油 5g，蒜 5g，

料酒 5g，食盐适量。

2. 工艺流程

原料处理→预煮→蜜制→成品

3. 操作要点

（1）原料处理　将猪蹄膀刮洗干净，用刀在内侧软的一面剖开至刀深见大骨，再在大骨的两侧各划一刀，使其摊开，然后切去四面的肥肉成圆形。

（2）预煮　将蹄膀放入开水锅里，煮 10min 左右至外皮紧缩。

（3）蜜制　炒锅内放一只竹箅子，蹄膀皮朝下放在上面，加水淹没，再加入料酒、酱油、食盐、冰糖、葱和姜。旺火烧开，加盖后小火再烧半小时，将蹄膀翻身，烧至烂透，再改用旺火烧到汤水如胶汁。将蹄膀取出，皮朝下放入汤碗，拣去葱、姜，把卤汁浇在蹄膀上即可食用。

四、蜜汁小肉、小排、大排、软排

1. 原料配方（按 100kg 猪腿肉、猪小排、猪大排或猪腩排计）

白糖 5kg，酱油 3kg，食盐 2kg，绍酒 2kg，酱色 0.50～1kg，红曲米 0.2kg，味精 0.15kg，五香粉 0.1kg。

2. 工艺流程

原料选择及处理→腌制→油炸→蜜制→成品

3. 操作要点

（1）原料选择及处理　加工蜜汁小肉选用去皮去骨的猪腿肉，切成约 2.5cm 见方的小块；加工蜜汁小排选用去皮的猪炒排（俗称小排骨）斩成小块；加工蜜汁大排选用去皮的猪大排骨，斩成薄片；加工蜜汁软排选用去皮的猪腩排（即肉下端软骨部分），斩成小块。

（2）腌制　将整理好的原料放入容器内，加适量食盐、酱油、黄酒，拌和均匀，腌制约 2h，捞出，沥去辅料。

（3）油炸　锅先烧热，放入油，旺火烧至油冒烟，把原料分散抖入锅内，边炸边用笊篱翻动，炸至外面发黄时，捞出沥去油分。

（4）蜜制　将油炸后的原料倒入锅内，加上白汤（一般使用老汤）和适量食盐、黄酒，宽汤烧开，约 5min 即捞出；然后转入另一锅紧汤烧煮，加入糖、五香粉、红曲米及酱色，翻动，烧沸至辅料溶化、卤汁转浓时，加入味精，直至筷子能戳穿时即可。锅内卤汁撇清浮油，倒入成品上即可食用。蜜汁小肉的卤呈深酱色，俗称"黑卤"，可长期使用，夏天须隔天回炉烧开。

五、蜜汁排骨

（一）蜜汁排骨一

1. 原料配方（按 100kg 猪大排计）

白糖 20kg，梅子 10kg，花生油 10kg，玉米淀粉 5kg，食盐 0.2kg。

2. 工艺流程

原料处理→油炸→烧煮→蜜制→成品

3. 操作要点

（1）原料处理　将猪排骨剁成 4cm 长的段，加入食盐和硝水 15g，待肉变红时，用水稍加冲洗，沥去水分，加入淀粉拌匀；将青梅切成 1cm 见方的丁备用。

（2）油炸　炒锅放旺火上，加入花生油，烧至七成热，将排骨下入炸至外层起壳时捞出。

（3）烧煮　将排骨倒入锅内，加水淹没，旺火烧开后转小火烧至六成烂时，捞出排骨，用水洗净。

（4）蜜制　将洗净的排骨放入锅内，加水烧开，再加白糖和青梅丁，烧至糖汁变稠时翻炒几下，即可出锅。

（二）蜜汁排骨二

1. 原料配方（按 100kg 猪大排计）

卤汁 50kg，红曲米 8kg，料酒 3kg，白糖 10kg，植物油 20kg，酱油 5kg，糖色 1kg，食盐 1kg，味精 0.6kg。

2. 工艺流程

原料处理→腌制→油炸→蜜制→成品

3. 操作要点

（1）原料处理、腌制　将排骨洗净，斩成小块，加入料酒、食盐、酱油拌匀，进行腌制，夏天腌 3h 左右，冬天腌 1d 左右。

（2）油炸　再将植物油烧热至冒烟，放入排骨炸至表面金黄，捞出沥油。

（3）蜜制　然后将油炸后的排骨倒入锅内，加入老卤、白糖、红曲米水、糖色、黄酒及酱油，烧至排骨入味时，用大火收汁，不时翻动，加入味精，即可捞出装盘。将浮油锅内撇清，余卤浇在排骨上，冷却后即可食用。

六、上海蜜汁小肉和排骨

1. 原料配方

原料肉 5kg，白糖 250g，酱油 150g，精盐 100g，黄酒 100g，红曲米 10g，味精 8g，五香粉 5g，酱色 25～50g。

2. 工艺流程

原料的选择和整理→腌制→油炸→蜜制→成品

3. 操作要点

（1）原料的选择和整理

① 小肉　选用去皮去骨的腿肉，切成 2.5cm 见方的小块。

② 小排　将猪小排切成小块。

③ 大排　将猪大排切成薄片（一节一块）。

④ 软排　选用去皮的猪腩排（即方肉下端软骨部分），切成小块。

（2）腌制　将整理过的原料置于容器内加适量的盐、酱油、黄酒，拌和均匀，腌制约 2h。

（3）油炸　锅先热油，将油倒入，用旺火烧至六七成热见冒烟时，把原料捞起沥去配料后分散投入锅内，边炸边用笊篱翻动，炸至外面发黄时捞出沥油。

（4）蜜制　将油炸后的原料肉倒入锅内，加上白汤（一般使用老汤）和适量的盐、黄酒，烧开 5min 后即捞出。再放入有少量汤的锅中，加糖、五香粉、红曲米、糖油（糖油制法：用白糖、植物油在锅中拌炒，待溶化发黑变黏后加水烧开而成。糖油可代替酱色），用铲刀翻动，烧至配料溶化、卤转浓时加入味精，到原料肉用尖筷能戳动时即为成品。

（5）成品　蜜汁小肉的卤呈深酱色，俗称"黑卤"。味道深入肉内，具有浓郁的酱香味，食之咸淡适度，肥而不腻，瘦而不柴，肉质松嫩酥润。

七、上海蜜汁蹄膀

1. 原料配方

猪蹄膀 5kg，冰糖屑或冰糖 150g，精盐 100g，姜 100g，黄酒 100g，葱 50g，桂皮 15g，小茴香 5g，红曲米少量。

2. 工艺流程

原料的选择和整理→煮制→成品

3. 操作要点

（1）原料的选择和整理　选择符合卫生检验要求的猪蹄膀，先将蹄膀刮洗干净，倒入沸水中焯 15min，捞出洗净血沫杂质。

（2）煮制　锅内先放衬垫物，加入姜、葱、桂皮、小茴香，再倒入蹄膀、汤（白汤每 50kg 加盐 500g，须先烧开），旺火烧开后加入黄酒，再烧开，将红曲米粉汁均匀地浇在肉上，直至肉体呈现樱桃红色为止。再转用中火，烧约 45min，加入冰糖屑或者白糖加盖再烧 30min，烧到汤发稠、肉八成酥、骨能抽出不粘肉时出锅，平放盘中，抽出骨头，即为成品。

（3）成品　酥润浓郁，皮糯肉烂，入口即化，肥而不腻，色泽鲜艳。

八、蜜汁叉烧

"叉烧"是从"插烧"发展而来的。插烧是将猪的里脊肉加插在烤全猪腹内，经烧烤而成。但一只猪只有两条里脊，难于满足消费者需要。于是人们便想出插烧之法。但这也只能插几条，更多一点就烧不成了。后来又改为将数条里脊肉串起来叉着来烧，久而久之插烧之名便被叉烧所替代。插在猪腹内烧时用的是暗火，以热辐射烧烤而熟；叉着烧时是用明火直接烤熟的，但这样全瘦的里脊肉显得干枯，故后来便将里脊肉改为半肥瘦肉，并在肉表面抹糖，使其在烧烤过程中有分解出来的油脂和糖来缓解火势而不致干枯，且有甜蜜的芳香味。

1. 原料配方按 100kg 猪肉（肥瘦比为 3∶7）**计**

糖浆 10kg，白糖 6.3kg，汾酒 3kg，食盐 1.5kg，浅色酱油 3kg，深色酱油 0.4kg，豆酱 1.5kg。

糖浆制法：用沸水溶解麦芽糖 30 份，冷却后加醋 5 份、绍酒 10 份、淀粉 15 份搅成糊状即成。

2. 工艺流程

原料处理→腌制→烤制→成品

3. 操作要点

（1）原料处理、腌制　将猪肉去皮后切成长 36cm、宽 4cm、厚 2cm 的肉条，放入容器中，加入食盐、白糖、深色酱油、浅色酱油、豆酱、汾酒拌匀，腌制约 45min 后，用叉烧环将肉条穿成排。

（2）烤制　将肉排放入烤炉，烤时两面转动，用中火烤约 30min 至瘦肉部分滴出清油时取出，约晾 3min 后用糖浆淋匀，再放回烤炉烤约 2min 即成。

<<<<<

第七章

食品质量安全及卫生管理

第一节　原料质量控制

原料管理是整个质量管理的基础，关系到产品的发色和出品率。主要检查的指标包括原料肉的新鲜度、保水力、卫生状况、温度、pH 值等，并应进行微生物的检查。通过对以上这些指标进行评价分析，确定原料肉的加工用途（适合做哪种产品）。同时，对辅料添加物、包装材料等进行同样的检查，并建立原料管理制度，严格出入手续，检验证明登记造册，手续齐全。

在肉品加工过程中，要达到很好的质量控制效果，除了严格进行工艺控制外，对原料肉的控制是相当重要的一环。

一、原料处理过程管理要求

原料处理在卫生管理方面是极为重要的工序。这是因为在进行胴体或购进肉处理时，都离不开与手接触，这时就有可能受到细菌的高度污染，为了将细菌污染控制在最小限度内，应做到以下三点。

（1）经常保持处理场的设备、器具的清洁。

（2）绝大部分细菌在低温下不会增殖，因此需将肉温控制在10℃以下。

（3）因为在一定时期内防止细菌增殖比较容易，超过一定期限则难以控制，所以要尽量缩短原料处理时间。

二、原料处理过程注意事项

（1）使用卫生的原料肉。

（2）原料搬运时尽可能利用机械完成，搬运车和冷藏库最好为密闭式，保管原料用冷库需保持清洁，库内温度、湿度要稳定，原料肉受冷要充分，尤其注意不要将热肉搬进库内，并定时做好温度记录。仪表要经常校正。

（3）解冻时严格按工序执行并及时清理包过冻结肉的纸箱及包装膜等杂质。

（4）原料冷藏室和处理室要邻近，处理室和加工室要远离。

（5）机械、器具要专物专用，若需他用，则必须先进行清洗、消毒。原料冷藏车和处理室入口处最好设置装有清洗杀菌液的设施，车辆出入时需从杀菌液中通过。另外，原料处理人员不得进入肉制品加工室。

（6）处理室要经常保持低温。

（7）分割修整时，要做到作业台按原料种类实行专用，若需处理其他原料，使用前必须进行清洗和消毒。

三、添加物和辅料及水质应注意事项

（1）确定购买品种和购买商店：对天然的或合成的添加物和辅料要熟悉其使用目的和作用，以及对卫生和制品质量会产生哪些有益影响，若认为有必要使用，应该先做使用实验再确认是否购买，不要轻信厂家的广告宣传。购入添加剂和辅料要选择信誉高的厂家或商店。

（2）添加物的品质必须稳定、安全。购入的添加物和辅料应检查包装器外部有无成分表示，包装是否完整，并进行微生物检查。

（3）保管设施应整洁、卫生、便于温度控制、降低细菌和灰尘的散落率。

（4）记录每天使用量。

（5）采购员和肉制品直接制造者要加强联系。

（6）保持配料室的卫生。

（7）香肠加工用水硬度不能过高，最好使用软水或去离子水，因为水中某些离子，会对氧化有促进作用。

四、原料水和冰的安全

生产用水（冰）的卫生质量是影响食品卫生的关键因素。食品加

工企业的一个完整的 SSOP 计划，首先要考虑与食品接触或与食品接触物表面接触的水（冰）的来源与处理应符合有关规定，并要考虑非生产用水及污水处理的交叉污染问题。

（1）食品加工厂须采用符合国家饮用水标准的水源。对于自备水源，要考虑水井的周围环境、井深度、污染等因素的影响。对两种供水系统并存的企业，采用不同颜色的管道加以区分，防止生产用水与非生产用水相混淆。对贮水设备（水塔、储水池、蓄水罐等）要定期进行清洗和消毒。无论是城市供水还是储备水源都必须有效地加以控制，有"合格证明"后方可使用。

（2）对于公共供水系统须提供供水网络图，并清楚地标明出水口的编号和管道的区分标记。合理设计供水、废水和污水管道，防止饮用水与污水的交叉污染及虹吸倒流造成的交叉污染。检查时，水和下水道应追踪至交叉污染区和管道死水区。

（3）水管龙头要有真空排气阀、水管离水面两倍于水管直径或有其他阻止回流的保护装置，以避免产生负压的脏水被回吸入饮用水中。

（4）定期对大肠杆菌和其他影响水质的成分进行分析。企业至少每月要进行一次微生物监测，每天对水的 pH 和余氯进行监测，当地主管部门对水的全项目的监测报告每年 2 次。水的监测取样，每次必须包括总的出水口，一年内做完所有的出水口。

（5）对于废水的排放，要求地面应有一定的坡度易于排水；加工用水、台案或清洗消毒池的水，不能直接流到地面；地沟（明沟、暗沟）要加篦子（易清洗、不生锈），水流向要从清洁区到非清洁区，与外界接口要防异味、防蚊蝇。

（6）当冰与食品或食品表面相接触时，制冰用水必须符合饮用水标准，制冰设备要卫生、无毒、不生锈，贮存、运输和存放的容器要卫生、无毒、不生锈。制冰机内部应定期检验，以确保清洁并不存在交叉污染。若发现加工用水存在问题，应终止使用，直到问题得到解决。水的监控、维护及其他问题的处理都要记录下来并保存。

第二节　生产过程的质量控制

生产和流通过程的质量管理要遵照《食品卫生法》和相应的产品

标准法规来实施。只有满足法律法规的要求，并努力谋求产品质量稳定，才会得到消费者的信赖。因此，每道加工工序都要实行严格的管理。从选择原料到加工过程中每一个细节的质量控制都将直接影响产品的最终质量，任何一个细节的影响未被消除，都将最终表现出来而影响产品的品质。而且在生产过程中，每道加工工序在工艺上的执行情况都或多或少地影响产品最后的质量，如果对某个加工工序控制不好，就会出现"出汗"、发黏、发霉、切片松散、颜色不均、灰心、黑皮、酸败变质、质保期短等不同的质量问题。所以，在设定各个工艺条件及确定与下一道工序的连接条件时，必须注意工艺管理要点。

一、分割过程

（1）加工室内温度需保持在10℃左右为宜，最高不可超过18℃。

（2）加工室，机械和器具结构应有耐久性，并且易于清洗，不易产生肉屑、脂肪屑等残留物。

（3）高处理能力的机械，需要有对应容量的容器。最好是不使用容器，而使用不与外界接触的连续作业式机械、器具或管道。

（4）机械器具类和地面、墙壁应经常保持清洁。

（5）原料处理、调味、香辛料、食品添加剂和辅料室应与加工室分开，搬入加工室的添加剂类和辅料不应超过1天的用量，淀粉、大豆蛋白在添加前，要通过筛网过滤，香辛料要充分混合。

（6）斩拌或混合好的肉馅要及时灌装，灌装后的肉馅要检查是否密实及是否有肉馅露出。

（7）斩拌或混合用原料摆放要有秩序，斩拌或混合时遵守"先进先出"的原则，并严格控制原辅料的温度，一般在斩拌或混合前：腌制肉（原料肉不腌）0～4℃，肥膘－2～－1℃，蛋白粉、淀粉及香料在15℃以下。

（8）加工室内人员不能戴首饰上岗，以免异物落入肉馅，同时上岗前不能涂抹化妆品。

二、腌制过程

（1）防止中毒性细菌和腐败菌进入肉中。

（2）使用卫生的腌制剂和机械。机械类和腌制容器每使用一次都要进行清洗，并且应注意腌制库的卫生管理。

（3）腌制库要保持清洁，温度控制要适当。

（4）亚硝酸钠及硝酸钠等辅料的添加要准确，分散要均匀，最好先用少部分水溶解后再加入。

三、熟制过程

（1）充分干燥　特别是烟熏炉用过之后，在进入第二批产品之前一定要将烟熏室内的空气排净。

（2）烟熏室（包括蒸煮间）应与加工室分开，烟熏室和蒸煮间需排气通畅。烟熏室和蒸煮间与加工车间要用风幕加以隔离。

（3）烟熏室要及时清洗。

（4）时常检查烟熏状态，即烟熏温度和烟浓度、时间等。同时注意装入量及产品摆放形式。

四、熟制过程

（1）加热（蒸煮）要充分。

（2）正确把握各种制品的加热温度和时间。

（3）容量和温度的均等化及其装置的检查。每次装入的产品数量要稳定，并经常检查烟熏或蒸煮设备各部件是否工作正常。

（4）为有效监视蒸煮设备的工作状态，可对各烟熏或蒸煮设备另设传感线路，所有传感线路与中心电脑相连，并设专人监视烟熏或蒸煮设备的工作状态。

（5）冷却用水应使用低温流动水，并应保持清洁，最理想的冷却水温度应低于 10℃。

（6）对利用聚酰胺或塑料肠衣制成的低温香肠，可采用以下渐进式加热工序。

① 香肠的起始加热阶段　将加热室的温度调校到 55～60℃，相对湿度 100%，时间 20～40min（视香肠直径而定）。

② 快速升温阶段　将加热室的温度提升到 80℃使热力快速穿过香肠内部 25～45℃的温度，维持 20～40min，相对湿度为 100%。

③ 长热处理阶段　将加热室的温度降至 75～78℃进行蒸煮，直至香肠中心温度达到 72～74℃。

④ 巴氏杀菌阶段 进一步将加热室的温度降到 72℃蒸煮 10min。

(7) 结扎生产出的半成品要及时装篮摆放，产品规格要一致，不准混装。传送带及操作台的死角所滞留的半成品要及时清理，不能滞留时间过长。

(8) 半成品摆满一车后，要推到专放区，不能拉到杀菌间停放，以防升温，半成品停放时间不能超过 20min。

(9) 半成品要按先后顺序进锅（炉），入锅前半成品中心温度不能超过 15℃，入锅（炉）后要及时升温，升温时间为 12～15min，恒温时允许温度波动±0.5℃。

(10) 蒸煮后，应对香肠进行及时冷却（喷淋）10～20min。然后进行充分冷却，直至香肠中心温度降至 0～10℃，最终产品应在 (4±2)℃下贮存。高温火腿肠要求降至 37℃以下。

五、包装过程

(1) 与食品保存性密切相关，所以，在包装时，尽可能做到逐根检查结扎是否结实、严密，是否有可能受到污染。

(2) 经常保持包装机械的清洁，保持制品容器的卫生，并且要求包装操作人员熟悉包装机械特征，避免发生机械故障，降低次品率。尽可能一次包装成功，坚决杜绝多次反复包装。

(3) 保证其他材料的清洁、卫生操作，特别应注意不可有导致制品污染的物品进入包装室内。

(4) 保存中，制品的搬运保管要讲究卫生，不要使制品产生温度差。

六、成品管理

对最终产品的微生物含量、理化指标、感官质量等进行检查，并应制定出详细的产品企业标准。

(1) 肉制品包装应在无菌室或低温条件下进行，为防止灰尘或空气污染，多使用空气清洁机或空气过滤器，使室内处于无菌状态。包装人员为了避免皮肤与产品直接接触，手上需戴乳胶手套，进入包装室时要先对工作服、长筒靴等进行消毒。使用的包装材料应按照工艺设计要求选定的材料使用，不得随意更换取代。

（2）包装要注意质量，要逐根、逐块检查包装的效果，即检查结扎是否结实，或密封是否严密。不要绝对相信包装机，若包得不结实或密封不好漏气、或包装后没有按工艺要求的储存温度去储存等，已包装的制品仍然会腐败变质。

（3）经常保持包装机械、盛装产品的容器、包装材料的清洁、卫生。包装操作人员要熟悉包装设备的性能特征，避免发生机械事故，降低次品率，尽可能做到一次包装成功。要认真擦拭机械，要认真检查清理包装机器四周的污染源，要检查润滑系统，防止润滑油混入到食品中，要检查用于包装的各种材料用具、标签、操作台等的卫生，防止对产品的污染。

（4）熟肉制品应与生肉制品分库储存，熟肉制品入库之前应晾凉。熟肉制品应与生的腌制品分库保管，防止互相影响质量。熟肉制品入库之前，应在晾肉间晾去表面水分，减少入库后库温上升，防止墙壁、顶板滋生霉菌。

（5）对包装后的每批进行检验，看是否有漏气、破袋等残次品入箱，是否有带水、带油等产品入箱，是否有色泽不均一、贴标不规范、成形差等感官质量不合格产品入箱。

（6）对已经确认的合格产品，要监督车间放入合格证，并监督车间将包装纸箱封好、封严。

（7）按正规的生产工艺及卫生要求生产的香肠制品在 20℃ 以下温度可以储存数月。高档灌肠制品及西式火腿类小包装，从成品到售出都必须冷藏于 0～5℃，否则不能保证质量。含水量多，含淀粉量多的中低档制品，在 0～5℃，储存期不超过 3 天。

（8）对最终产品的微生物、添加物含量、营养价值（或主要成分含量）、感官质量和理化指标等进行检查，尽可能根据产品分类确定工厂产品质量标准。

七、影响产品质量的重要因素及加工关键控制技术

1. 原辅料

（1）添加水量　斩拌制馅时添加一定量的水是蒸煮香肠加工中必不可少、至关重要的环节，而肉馅保水性取决于肉蛋白量和肉的 pH 值。应根据不同类型产品和不同原料调节适宜的添加水量。

（2）**脂肪加工** 脂肪对保证蒸煮香肠特有的组织结构和美味性极为重要，应选用优质脂肪为原料，并采用适宜的斩拌工艺以确保脂肪粒在肉馅中呈现良好的接着与外观。

（3）**肉馅发色** 除少数无硝香肠（白肠）外，所有蒸煮香肠都必须经发色工序。技术难点之一是接着性良好的肉馅往往发色较难，此外肉馅 pH 值也影响发色效果。

2. 原料肉的绞制和斩拌

原料肉在细斩制馅前均需绞碎，以利于肌细胞经挤压和切割破裂后蛋白的溶出，再通过盐的作用，提取的盐溶肌动蛋白和肌球蛋白才具有较强的吸水性。当盐浓度为 5％时，对这两种蛋白质的抽提作用最佳。

脂肪与水和食盐一样，不是保水载体，必须经斩拌乳化使之结合于肉馅中。脂肪是以脂肪细胞形式存在，脂肪球粒通过脂肪膜包裹于脂肪细胞内，胞膜被破坏后脂肪球才游离出脂肪细胞外，并与肉汁结合形成乳化肉糜。在此肉糜中，肉蛋白质是脂肪球的外围支撑保护体。在热烟熏和蒸煮时，肉蛋白形成的外膜凝固，从而阻止脂肪球的析出。未受破坏的脂肪细胞外膜是由胶原蛋白构成的结缔组织膜包裹而成，它可与含有肌动球蛋白的蛋白质网络相结合呈稳定结构状。如果具吸水性强的肉蛋白不足，或者添加的水和脂肪量过高，则肉蛋白达不到所需的保水性要求，香肠出现"油水分离"现象。其简要机理如下：

肉经绞制斩拌，蛋白质析出→通过盐溶，抽提出蛋白质→肌球蛋白溶于水中，肌动球蛋白膨胀吸水→脂肪球与肌球蛋白和肌动球蛋白形成乳化状均质结构体→蛋白质热凝固，中间是脂肪球，外围是肌球蛋白，通过肌动球蛋白网络结合固定，香肠形成特有组织结构，具切片性和结实性。

肉馅中的各种成分可以三种状态存在，即悬浮态、分散态和乳化态。细胞、组织成分和水形成悬浮液，肉汁和脂肪细胞组成分散液，脂肪球分散于肉汁中构成乳化液。良好乳化肉馅形成的条件包括：肉经绞制和斩拌使肌细胞破裂，抽提出肌动蛋白和肌球蛋白；肌肉较高的 ATP 含量；肉糜较高的 pH 值（5.8～6.5）；添加盐。

3. 不同特性原料肉的加工

（1）**热鲜肉** 肉畜宰杀后 6h 内剔骨分割获取的肉称为热鲜肉。

热鲜肉具较高的 pH 值（pH6.2～6.5），肌肉 ATP 含量也就较高，最宜用于加工蒸煮香肠。为阻止热鲜肉中 ATP 的分解，应在热鲜时及时绞制并添加食盐盐渍。肉中含有的内源性磷酸盐足以使之具良好保水性，因此热鲜肉制作肉馅时无需再添加磷酸盐。

经盐渍的热鲜肉如果不能尽快用于制作肉馅，则需立即将其装入容器内，厚度可为 6～10cm，于−2～−1℃下冷却贮存，在 3 天内制作肉馅仍具最佳工艺特性。也可将其置于−20～−18℃下冻结贮存，3 个月内可保持较佳工艺特性。冷却或冻结贮存时间过长，加工产品的鲜度下降。用冻结贮存后的热鲜肉制作肉馅，需要在冻结状态下绞制和斩拌，不能先解冻再加工。因为解冻时肉中 ATP 可因酶的分解而使其含量大为减少，从而导致肉馅保水性降低。

（2）冷却肉　肉畜宰杀后充分冷却，并早已经过了尸僵阶段，再剔骨分割获取的肉称为冷却肉。在冷却阶段，肉中发生的理化过程包括 pH 值的下降（降至 pH5.6～5.9）、ATP 的分解以及肌动蛋白和肌球蛋白结合为肌动球蛋白。

使冷却肉回复到热鲜肉保水性状态的工艺措施是添加辅助斩拌剂。辅助斩拌剂包括磷酸盐和食用酸盐（柠檬酸盐、醋酸盐、乳酸盐、酒石酸盐等）。

斩拌助剂的作用机理是使肌动球蛋白重新分解为肌动蛋白和肌球蛋白，此外提高肉馅 pH 值（可提高至 pH7.3），较高 pH 值有助于改善保水性。热鲜肉与冷却肉在加工中有如下差异：

① 在相同的斩拌条件下热鲜肉更易于斩细，这就意味着热鲜肉有更多的肌细胞破裂，更多的肌动蛋白和肌球蛋白释放，肉馅有更佳的保水性。

② 在添加相同的食盐量的情况下，热鲜肉制作的产品比冷却肉的产品味淡，因此可容许添加更多的盐，较高盐浓度易于肌动蛋白和肌球蛋白的抽提，从而可提高肉馅的保水性。

③ 在相同的斩拌条件下，即使不添加食盐，热鲜肉因其较高的 pH 值，可比冷却肉吸收更多的水，也就可通过添加更多的水而提高产品出品率。

（3）其他肉类

① 禽肉或羊肉　蒸煮香肠的主要原料是猪肉和牛肉，也可适量

添加禽肉、山羊肉、绵羊肉、兔肉等肉类，但其添加量不应高于5%。高于5%的添加量对产品感官有不利影响，特别是羊肉，易导致味道上的显著差异。禽肉比羊肉更为适宜，添加量也可稍高。例如蒙特拉香肠中添加量可至10%。在生产上一般是选用禽胸肉或腿肉。但禽肉极易污染沙门氏菌，加工中应特别注意卫生管理。最好是设立专用加工车间，蒸煮的中心温度要求最好是上限，即是至75℃。

　　② 肥肉　肥肉对香肠蒸煮时的失重和热加工温度的透入，对产品的色泽、味道和结实度等均产生影响。蒸煮香肠含脂量一般为30%，原料中添加的肥膘应从量和质两方面考虑。添加量应扣除瘦肉中已含有的7%～14%的脂肪。所选用的肥肉应是结实度较强，具可切粒性，熔点不能过低（猪脂平均熔点为26℃），要求切粒后的成粒度至少70%，最好是90%呈良好粒状。还应注意斩拌制馅时肥肉的加入时间，应在斩拌临近结束时加入，再快速短时斩匀即可，此法可使肉馅保持最佳保水性。蒸煮香肠中肥脂的分布可呈两种状态：一是乳化均质状；二是小颗粒状。对于前者，蒸煮时热透入中心的速度快，如法兰克福香肠。对于后者，热透入速度慢，至中心达到所需温度的时间较长，如蒙特拉香肠。为此应适当延长蒸煮时间。

　　③ 冻干肉　将新鲜的畜禽肉绞碎，采用真空冷冻等方法干燥脱水成为冻干肉，可达到长期防腐保鲜的目的。在工业国的肉制品加工中，冻干肉的加工与利用越来越广泛。将冻干肉作为蒸煮香肠的加工原料，有着与热鲜肉相似的较佳的特性。在以冷却肉或接着性较差的肉作原料时，可通过添加适量冻干肉使肉馅的工艺特性大为改善。以冻干肉为原料的制馅方法如下：

　　冻干肉→入斩拌机→慢速细斩，同时添加适量香辛料→添加适量冰水（10kg冻干肉可加入25kg冰水）→提高斩速细斩10min→加入其他鲜原料瘦肉、辅料、肥肉→按常规方法斩拌制馅。

　　4. 肉馅发色

　　色泽是肉制品极为重要的质量指标，影响蒸煮香肠产品色泽的因素包括：原料肉肌红蛋白含量；原料肉pH值；原料肉脂肪含量；肉馅中氧含量；添加水中Cl^-量；肉馅发色温度；产品贮存温度；加工和贮存阶段光照的影响；烟熏的影响。

腌制发色是赋予肉制品特有色泽的关键工艺，而各种肉制品中，发色难度最大的又是蒸煮香肠。肉馅发色最佳的 pH 值是 5.2～5.7，而加工上的关键难度之一是要使肉蛋白具良好保水性则需较高的 pH 值，为此应将肉馅的 pH 值尽可能提高到 5.8～6.3。因此良好发色和最佳保水性不能同时达到，更不能两全其美。

原料肉中肌红蛋白是肉制品形成良好色泽的色素源，热加工是肌红蛋白与一氧化氮形成结合物亚硝肌红蛋白，从而呈现稳定的腌制红色泽。肉中肌红蛋白含量取决于畜禽品种、年龄和肉的部位，其差异也较大。例如牛肉高于猪肉，猪肉高于禽肉，壮年畜高于幼畜，腿肉高于胸肉。犊牛肉、猪肉、绵羊肉和牛肉中肌红蛋白含量平均差异比例为 1：2：3：4，显然牛肉所含肌红蛋白量最高。

脂肪不含肌红蛋白，均匀分布于肉馅中可使产品色泽光亮，肥脂添加量越高，产品色泽越淡。

大气中氧和氮的含量分别为 21% 和 78%，氧具极强化学活性，可与几乎所有其他物质结合而彻底改变其特性。而氮在一般条件下无结合性，对加工无多大影响。在斩拌过程中，随刀片高速斩切旋转，大量空气也随之进入肉馅中，斩切时间越长越久，空气也进入越多。其中的氧则可与肉成分紧密结合而产生不利于产品质量的变化。例如导致脂肪氧化酸败，影响肉馅发色等。尤其是对后者，氧可与肌红蛋白结合生成褐色的氧合肌红蛋白，使红色素不再发生作用。含 Cl 的水对发色的不利影响的机理与此相似，肌红蛋白色素与具化学活性的 Cl 发生反应而失去呈现红色泽的功能。

光是化学反应的催化剂，可促进氧与肌红蛋白反应生成氧合肌红蛋白而呈现褐灰色，从而影响香肠的色泽稳定性。

温度不仅影响色泽的形成，也影响现成色泽的稳定性，但在不同阶段所起的作用大不相同。在色泽形成期，即一氧化氮与肌红蛋白反应阶段，所需温度高达 45℃ 左右，所需持续的时间也不是很长，取决于肠体的粗细。例如猎肠，大约需 60min。以往通常做法是将充填灌装后的香肠在常温下悬挂隔夜，即可起到充分发色作用。此方法不足之处是易导致肠馅中不利微生物生长繁殖而影响产品卫生质量。加工后的产品则与之相反，较高温度有助于氧合肌红蛋白的形成，使香肠尤其是切片产品很快褪色。因此产品储存应尽可能保持低温，最佳贮存温度是 2℃。

烟熏主要是对香肠外观色泽起作用，对肠馅的助发色性不是很强。但烟熏时的较高温度及熏烟中的氧化氮均有益于发色。

除考虑上述因素外，在生产上还可通过添加发色助剂和优化工艺等措施促进发色。常用发色助剂是葡萄糖、维生素 C 钠盐、葡萄糖醛酸内酯（GDL）等。工艺上的主要措施是真空斩拌制馅。

也即是应用加盖可抽出空气的真空斩拌机，使肉馅在斩拌时与氧隔绝。真空斩拌的最大益处是保证较佳的发色效果和色泽稳定性，此外还可防止脂肪氧化酸败，使肉和香料保持较好的香味物，减少油水分离及胶质析出的现象发生。真空斩拌唯一的缺点是由于制馅时缺少了空气，香肠组织结构会比非真空斩拌产品稍硬，由于肠馅结构更紧密后对热传导的影响，热加工时间会略微延长。如果在真空斩拌时充入氮气，则可弥补这一缺陷。在现代蒸煮香肠的加工中，以液氮作为冷凝剂的斩拌制馅法已进入应用阶段，此技术不仅以冷却肉为原料制作肉馅，也可不添加磷酸盐等辅助斩拌剂，液氮蒸发的氮气也弥补了真空斩拌时气体的缺乏。

八、产品常见质量缺陷及原因

1. 外观缺陷

（1）肠体外表有的部位未呈现烟熏色：熏烟不匀，烟熏时未上下移动位置。

（2）肠体外表有烟熏斑点：熏烟不匀，烟熏室湿度太大。

（3）脂肪或胶质析出：肉馅接着性不良。

（4）切片面不均，有分布不均的大块肉粒，甚至肉粒呈现绿色：蒸煮温度过低或时间过短。

（5）肠馅中有小孔或空隙：充填灌装不当。

（6）肉馅发白：配料错误或未经发色。

（7）肠馅中心发褐：发色时间过短，充填后过快蒸煮。

（8）肠体外表发黏：熏烤不当，贮存室湿度过大。

2. 结实性缺陷

（1）过软：肉馅斩拌过细、脂肪量过高或水添加过多。

（2）过硬：原料选择或配比不当，采用真空法斩拌时真空过度。

（3）肠皮发硬：采用热熏法熏烤时干爆过度。

3. 味道缺陷

（1）苦熏味：熏烟发生器温度过高。

（2）酚醛状熏味：烟熏料选择不当，锯木树脂含量较高。

（3）香味不足：发色时间过短，或原料肉冻结贮存时间过长。

（4）味过淡：辅料配方不当，特别是食盐量过少。

（5）香料味过浓：肠衣透气性差。

（6）味单一：增香调味剂添加量不准确。

第三节 流通过程质量控制

对从工厂的成品库到最终消费者之间的产品的贮藏、运输及销售条件处理好坏（特别是温度、湿度和二次污染的可能性）进行管理，至少应确定一定的基准和允许范围。

一、贮藏

成品入库，首先进行抽检，其次按照生产批次、日期分别存放。同时要注意做到以下几点。

① 仓库应采用机械通风，通风面积与地面面积之比不小于 1：16。

② 仓库内物品与墙壁间距离不少于 30cm，与地面距离不少于 10cm，与天花板保持一定的距离并分垛存放。

③ 根据码垛要求，监督操作人员垫好后将不同品种、不同日期产品分类码放整齐。

④ 仓库要保持清洁，库内不得存放退货及杂物，必须做到无尘土、无蚊蝇、无鼠害、无霉斑。

⑤ 对仓库必须采取严格的卫生措施，以减少微生物污染食品的机会，延长食品的保藏期，保证食品的卫生质量。

二、运输过程注意事项

对于经检验合格出厂后的肉制品，要加强运输检验，保证冷链运输，保证运输器具的安全卫生，特别要把好冷库关，防止肉品在储存过程中的二次污染。及时按要求的贮存条件进行贮运销售，而且应尽量缩短产品的周转时间与环节，使产品在较短的时间内销售到终端消费者，从而确保产品的质量。

（1）装卸货物要注意卫生，尽量缩短装卸时间，如有可能，货台最好设计成不会产生与外界空气直接接触的结构，并应经常保持运输车辆、货台等的清洁。

（2）运输车的装载方法及温度管理要恰当，制品在发送时应注意：

① 尽量使用纸箱，若使用聚乙烯容器，需每天进行清洗、消毒，以防止对制品及车内造成污染。

② 使用冷藏车（制品的保存温度在10℃以下），车内安装隔栅，以避免制品等装载过高（防止制品冷却不完全或压坏），并有利于冷气流通（防止产生白毛），尽量安装风幕（车用）。

③ 加快装卸货的速度，缩短开门时间，发送货人员应尽快将产品搬入冷藏库内。

④ 运输车内应始终保持低温。

⑤ 经常对运输车、容器、设施等进行清洗、消毒，保证运输车、容器、设施的卫生。

⑥ 生产者与销售者应经常沟通。

三、销售管理注意事项

销售是流通的终端。此时的食品质量水平才能说明生产企业是否具有向消费者提供符合质量要求的产品的能力。一方面，不要销售超过保藏期的食品；另一方面，注意食品销售过程中的卫生管理、防止食品污染。

销售管理人员的职责是指导商店的销售工作，因此必须掌握专业知识和卫生知识，如果由于零售店操作不当而造成产品质量问题，不要盲目退货，而应认真查找原因，检查项目包括：

（1）冷藏柜的设置场所是否正确；

（2）陈列的商品是否事先进行了预冷；

（3）装入量是否超过设计能力；

（4）是否执行了商品先入先出的原则；

（5）对陈列商品的灯光照明是否过强；

（6）是否定期检查柜内温度；

（7）除霜是否充分；

（8）清扫是否彻底。

四、生产设施管理

对建筑物、机械器具、给排水、排烟、污水处理等与生产有关的一切设施都应实行管理，才能保证产品的质量。而且，特别应注意做好安全防范工作，做到安全第一、预防为主。

1. 厂房、车间布局要合理

厂房的设计应符合国家有关设计规范规定，设置安全警示标志，使安全意识深入人心，能够防止动物和昆虫的进入，并具备相应的照明、取暖、通风、降温和给排水设施，室内墙、柱、地面应该耐清洗消毒。

加工车间是清洁区，要求室温保持在 0～4℃，应便于清洗、消毒，并有防止蚊、蝇、鼠及其他害虫进入的措施。而原料肉处理间和辅料间相对来说是次清洁区，为了减少交叉污染，原料肉处理间、辅料间与加工间应分开。

2. 设施应配套

肉制品加工中各种加工设备的摆放应与生产工序相协调，尽量缩短搬运距离。大型的加工机械需要与其配套的设备相匹配。配套设备及工具应与先进的加工设备相配套，这样才能生产出高质量的产品。另外，为方便各种设备的清洗，应配备高压水枪、常备肥皂及洗洁精。相同的作业尽可能一次完成，避免反复操作，增加污染机会和劳动强度。

3. 清洗

每班工作前要把工具、用具、机器、设备认真清洗，严防灰尘、杂质混入。每班生产完毕，地面、工具、用具、机械、设备要彻底清洗，重点应放在灌肠机、拌馅机和斩拌机下侧不易看到的地方，以免泄漏在这些地方附着的残留物，机器表面的水珠和油迹要擦净。班与班之间应建立交接制度。

第四节 HACCP 卫生管理

一、HACCP 的产生与发展

HACCP 是"危害分析关键控制点"的简称，是一种食品安全保证体系，由食品的危害分析（Hazard Analysis，HA）和关键控制点（Critical Control Point，CCP）两部分组成。1959 年美国皮尔斯柏利（Pillsbury）公司与美国航空和航天局（NASA）的纳蒂克（Natick）实验室在联合开发航天食品时，形成了 HACCP 食品质量管理体系。1971 年皮尔斯柏利公司在美国食品保护会议（National Conference on Food Protection）首次提出了 HACCP，几年后美国食品与药物管理局（FDA）采纳并作为酸性与低酸性罐头食品法规的制定基础。1974 年以后，HACCP 的概念已大量出现在科技文献中。目前，HACCP 在美国、日本、欧盟已被广泛加以应用，并正在被推向全世界，将成为国际上通用的一种食品安全控制体系。

我国从 1990 年开始在食品加工业中进行 HACCP 的应用研究，制定了"在出口食品生产中建立 HACCP 质量管理体系"的规则及一些在食品加工方面的 HACCP 体系的具体实施方案。在应用 HACCP 对乳制品、熟肉、饮料、水产品和水果等进行质量监督管理时，取得了较显著的效果。

二、HACCP 对肉制品安全和质量的控制

1. 组建 HACCP 工作小组

HACCP 工作小组应包括负责产品质量控制、生产管理、卫生管理、检验、产品研制、采购、仓储和设备维修各方面的专业人员，并应具备该产品的相关专业知识和技能。工作小组的主要职责是制订、修改、确认、监督实施及验证 HACCP 计划，负责对企业员工进行 HACCP 培训；负责编制 HACCP 管理体系的各种文件等工作。

2. 产品描述

对产品的描述应包括产品名称（说明生产过程类型）、产品的原料和主要成分，产品的理化性质（包括水分活度 A_w，pH 值等）及

杀菌处理（如热加工、冷冻、盐渍、熏制等）、包装方式、销售方式和销售区域，产品的预期用途和消费人群、适宜的消费对象、食用方法、运输、储藏和销售条件、保质期、标签说明等，必要时，还要包括有关食品安全的流行病学资料。

3. 绘制和验证产品的工艺流程图

HACCP工作小组应深入生产线，详细了解产品的生产加工过程，在此基础上绘制产品的生产工艺流程图，制作完成后需要现场验证流程图。流程图应明确包括产品加工的每一个步骤，以便于识别潜在的危害。

4. 危害与危害分析（HA）

危害是指在食品加工过程中，存在的一些有害于人类健康的生物、化学或物理因素。对食品的原料生产、原料成分、加工过程、贮运、市场和消费等各阶段进行危害分析，确定食品可能发生的危害及危害的程度，并提出控制这些危害的防护措施。危害分析是HACCP系统方法的基本内容和关键步骤。

进行危害分析时，应采用分析以往资料、现场实地观测、实验室采样检测等方法，了解食品生产的全过程，包括：食物原料和辅料的来源；生产过程及其生产环境可能存在的污染源；食品配方或组成成分；食品生产设备、工艺流程、工艺参数和卫生状况；食品销售或储藏情况等。然后对各种危害进行综合分析、评估，提出安全防护措施。危害分析时要将安全问题与一般质量问题区分开。应考虑涉及安全问题的危害包括如下几点。

（1）生物性危害　食品中的生物性危害是指生物（包括细菌、病毒、真菌及其毒素、寄生虫、昆虫和有害生物因子）本身及其代谢产物对食品原料、生产过程和成品造成的污染，可能会损害食用者的健康。

（2）化学性危害　食品中的化学性危害是指化学物质污染食品而引起的危害。可分为以下几类：天然的化学物质（组胺）、有意加入的化学品（香精、防腐剂、营养素添加剂、色素）、无意或偶然加入的化学品（化学药品、禁用物质、有毒物质和化合物、工厂润滑剂、清洗剂、消毒剂等生产过程中所产生的有害化学物质）。

（3）物理性危害　物理性危害在食品生产过程中的任一环节都有

可能产生,主要是一些外来物,如玻璃、金属屑、小石子和放射线等因素。

5. CCP 的确定

CCP 是指能对一个或多个危害因素实施控制措施的环节,它们可能是食品生产加工过程中的某一些操作方法或工艺流程,可能是食品生产加工的某一场所或设备。在危害分析的基础上,应用判定树或其他有效的方法确定关键控制点,原则上关键控制点所确定的危害是在后面的步骤不能消除或控制的危害。关键控制点应根据不同产品的特点、配方、加工工艺、设备、GMP 和 SSOP 等条件具体确定。一个 HACCP 体系的关键控制点数量,一般应控制在 6 个以内。

6. 建立关键限值(CL)

每个关键控制点会有一项或多项控制措施,确保预防、消除已确定的显著危害或将其降至可接受的水平。每一项控制措施要有一个或多个相应的关键限值。关键限值的确定应以科学为依据,可来源于科学刊物、法规性指南、专家、试验研究等。用来确定关键限值的依据和参考资料应作为 HACCP,方案支持文件的一部分。通常关键限量所使用的指标,包括温度、时间、湿度、pH、水分活度、含盐量、含糖量、可滴定酸度、有效氯、添加剂含量及感官指标,如外观和气味等。

7. 建立监控程序

要确定控制措施是否符合控制标准,是否达到设定预期控制效果,就必须对控制措施的实施过程进行监测,建立从监测结果来判定控制效果的技术程序。一个监控系统的设计必须确定如下几点。

(1)监控内容 通过观察和测量来评估一个 CCP 的操作是否在关键限值内。

(2)监控方法 设计的监控措施必须能够快速提供结果。物理和化学检测能够比微生物检测更快地进行,是很好的监控方法。

(3)监控设备 温湿度计、天平、pH 计、水分活度计、化学分析设备等。

(4)监控频率 监控可以是连续的或非连续的,如有可能,应采取连续监控。

(5)监控人员 可进行 CCP 监控的人员包括:流水线上的人员、

设备操作者、监督员、维修人员、质量保证人员等。负责监控 CCP 的人员必须接受有关 CCP 监控技术的培训，完全理解 CCP 监控的重要性，能及时进行监控活动，准确报告每次监控工作，随时报告违反关键限值的情况，以便及时采取纠偏活动，如图 7-1 所示。

监测结果需详细记录，作为进一步评价的基础。

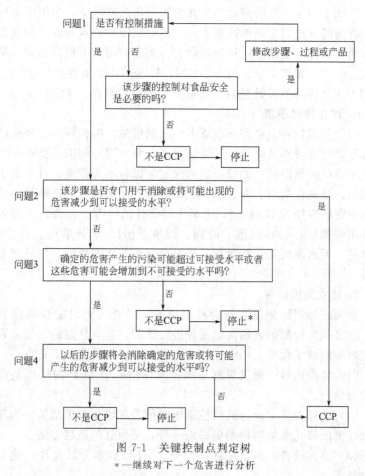

图 7-1　关键控制点判定树

*—继续对下一个危害进行分析

8. 建立修正措施

如果监测结果表明生产加工失控或控制措施未达到标准时，则必须立即采取措施进行校正，这是 CCP 系统的特性之一，也是

HACCP 的重要步骤。校正措施依 CCP 的不同而不同。

9. 建立验证程序

验证的目的是要确认 HACCP 系统是否能正常运行。验证工作可由质检人员、卫生或管理机构的人员共同进行，验证程序包括对 CCP 的验证和对 HACCP 体系的验证。

（1）CCP 的验证 CCP 的验证包括监控设备的校准，以确保采取的测量方法的准确度，再复查设备的校准记录，设计检查日期、校准方法以及试验方法；然后有针对性地采样检测；最后对 CCP 记录进行复查。

（2）HACCP 体系的验证 验证的频率应足以确认 HACCP 体系可有效运行，每年至少进行一次或在系统发生故障时、产品原材料及加工过程发生显著改变时或发现新的危害时进行。检查产品说明和生产流程图的准确性；检查 CCP 是否按 HACCP 的要求被监控；监控活动是否在 HACCP 计划中规定的场所执行；监控活动是否按照 HACCP 计划中规定的频率执行；当监控表明发生偏离关键限制的情况时，是否执行了纠偏行动；设备是否按照 HACCP 计划中规定的频率进行了校准；工艺过程是否在既定关键限值内操作；检查记录是否准确和是否按照要求的时间来完成等。

10. 建立 HACCP 记录管理系统

一般来讲，HACCP 体系须保存的记录应包括如下几方面。

（1）支持文件 包括书面的危害分析工作单和用于进行危害分析和建立关键限值的任何信息的记录。支持文件也可以包括：制订抑制细菌性病原体生长的方法时所使用的充足的资料，建立产品安全货架寿命所使用的资料以及在确定杀死细菌性病原体加热强度时所使用的资料。除了数据以外，支持文件也可以包含向有关顾问和专家进行咨询的信件。

（2）HACCP 计划 包括 HACCP 工作小组名单及相关的责任、产品描述、经确认的生产工艺流程和 HACCP 小结。HACCP 小结应包括产品名称、CCP 所处的步骤和危害的名称、关键限值、监控措施、纠偏措施、验证程序和保持记录的程序。

（3）HACCP 计划实施过程中发生的所有记录。

（4）其他支持性文件 例如验证记录，包括 HACCP 计划的修订等。

三、常用卫生消毒方法

（1）漂白粉溶液　适用于无油垢的工器具、操作台、墙壁、地面、车辆、胶鞋等。使用浓度为 0.2%～0.5%。

（2）氢氧化钠溶液　适用于有油垢沾污的工器具、墙壁、地面、车辆等。使用浓度为 1%～2%。

（3）过氧乙酸　过氧乙酸是一种新型高效消毒剂，适用于各种器具、物品和环境的消毒。使用浓度为 0.04%～0.2%。

（4）蒸汽和热水消毒　适用于棉织物、空罐及重量小的工具的消毒。热水温度应在 82℃以上。

（5）紫外线消毒　适用于加工、包装车间的空气消毒，也可用于物料、辅料和包装材料的消毒，但应考虑到紫外线的照射距离、穿透性、消毒效果以及对人体的影响等。

（6）臭氧消毒　适用于加工、包装车间的空气消毒，也可用于物料、辅料和包装材料的消毒，但应考虑到对设备的腐蚀、营养成分的破坏以及对人体的影响等。

四、肉品企业卫生要求

肉品企业卫生要求严格，某熟肉制品厂把卫生管理归为四勤劳、四经常、四分开、四消毒。

① 个人卫生（四勤劳）：勤洗手、剪指甲，勤洗澡、理发，勤洗衣服、被褥，勤换工作服。

② 车间卫生（四经常）：地面经常保持干净，室内经常保持无苍蝇，工具经常保持整洁，原料经常注意清洁、不得接触地面。

③ 加工保管（四分开）：生与熟分开（人员、工具、场所），半成品与成品分开，高温肉与低温肉分开，食品与杂品分开。

④ 防止食品污染（四消毒）：班前、便后洗手消毒，拣拿物品前洗手消毒，工具、容器洗刷消毒，污染产品回锅消毒。具体要求如下。

1. 食品接触表面的清洁和卫生

保持食品接触表面的清洁是为了防止污染食品。

（1）设备的设计和安装应无粗糙焊缝、破裂和凹陷，不同表面接触的地方应具有平滑的过渡。设备必须用适于与食品表面接触的材料制作，要耐腐蚀、光滑、易清洗、不生锈。多孔和难以清洁的木头等材料，不应被用做食品接触表面。

（2）食品接触表面在加工前和加工后都应彻底清洁，并在必要时消毒。加工设备和器具首先须进行彻底清洗，再进行冲洗，然后进行消毒。加工设备和器具清洗消毒的频率为：大型设备在每班加工结束之后；工具每2～4h，加工设备、器具（包括手）被污染之后应立即进行。器具清洗消毒的注意事项：固定的场所或区域；推荐使用热水，但要注意蒸汽排放和冷凝水；流动水要注意排水问题；注意科学程序，防止清洗剂、消毒剂的残留。

（3）手套和工作服也是食品接触表面，每一个食品加工厂应提供适当的清洁和消毒的程序。不得使用线手套。工作服应集中清洗和消毒，应有专用的洗衣房，洗衣设备及其能力要与实际相适应，不同区域的工作服要分开清洗，并且每天都要进行清洗消毒，不使用时它们必须储藏于不被污染的地方。

（4）要检查和监测难清洗的区域和产品残渣可能出现的地方，如加工台面下或钻在桌子表面的排水孔内等，它们是产品残渣聚集、微生物繁殖的理想场所。在检查时，如果发现问题应采取适当的方法及时纠正。记录包括检查食品接触面状况；消毒剂浓度；表面微生物检验结果等。记录的目的是提供证据，证实工厂消毒计划是否充分。

2. 防止交叉污染

交叉污染是通过生的食品、食品加工者或食品加工环境，把生物或化学的污染物转移到食品的过程。此方面涉及预防污染的人员要求、原材料和熟食产品的隔离和工厂预防污染的设计。

（1）人员要求　皮肤污染也是一个相关点。未经消毒的裸露皮肤表面不应与食品或食品接触表面接触。适宜地对手进行清洗和消毒能防止污染。个人物品也能从加工厂外引入污染物和细菌导致污染，需要远离生产区存放。在加工区内不允许有吃、喝或抽烟等行为发生。

（2）隔离　防止交叉污染的一种方式是工厂的合理选址和车间的合理设计布局。工厂的选址、建筑设计应符合食品加工厂要求，厂区周围环境无污染，锅炉房设在厂区下风处，垃圾箱应远离车间，并根据产品特点进行产品的流程设计。

（3）工厂预防污染　卫生死角、加工车间地面以及加工设备是肉制品加工厂引起交叉污染的主要来源。应该及时清理卫生死角并消毒；对车间地面要按时清理，防止产品掉到地上；加工设备在加工后要及时清理，以防止交叉污染。食品加工的表面必须维持清洁和卫生。接触过地面的货箱或原材料包装袋，要放置到干净的台面上，或因来自地面或其他加工区域的水、油溅到食品加工的表面而污染。

若发生交叉污染，要及时采取措施防止再发生；必要时停产直到改进；如有必要，要评估产品的安全性；记录采取的纠正措施。记录一般包括每日卫生监控记录、消毒控制记录、纠正措施记录。

3. 操作人员洗手、消毒和卫生间设备的维护

手的清洗和消毒的目的是防止交叉污染。一般的清洗方法和步骤为：清水洗手、皂液洗手、用水冲净、用消毒液消毒、用清水冲洗、干手。手的清洗和消毒台要有足够的数量并设在方便之处，也可采用流动消毒车，但它们与产品不能离得太近，以免构成产品污染的风险；需要配备冷热混合水，皂液和干手设施。手的清洗台的建造需要防止再污染，水龙头应为非手动式。检查时应该包括测试一部分的手清洗台是否能良好工作。清洗和消毒频率一般为：每次进入车间时，加工期间每 30min 至 1h 进行 1 次。

卫生间的设施要求：卫生、进入方便和易于维护，能自动关闭；位置与车间相连接，门不能直接朝向车间，通风良好，地面干燥，整体清洁；数量要与加工人员相适应；使用蹲坑厕所或不易被污染的坐便器；清洁的手纸和纸篓；洗手及防蚊蝇设施；进入厕所前要脱下工作服和换鞋；一般情况下，要达到三星级酒店的水平。检查应包括每个工厂的每个厕所的冲洗。

4. 防止外部污染

可能产生外部污染的原因如下。

（1）有毒化合物的污染　非食品级润滑油、燃料污染、杀虫剂和灭鼠剂可能导致产品污染；不恰当地使用化学品、清洗剂和消毒剂可能会导致食品外部污染，如直接的喷洒或间接的烟雾作用。当食品、食品接触面、包装材料暴露于上述污染物时，应被移开、盖住或彻底地清洗；员工们应该警惕来自非食品区域或邻近加工区域的有毒烟雾。

（2）因不卫生的冷凝物和死水产生的污染：缺少适当的通风会导致冷凝物或水滴滴落到产品、食品接触面和包装材料上；地面积水或池中的水可能溅到产品、产品接触面上，使得产品被污染，如脚或交通工具通过积水时会产生喷溅。水滴和冷凝水较常见，且难以控制，易造成霉变。

一般采用的控制措施有：顶棚呈圆弧形；良好的通风；合理地用水；及时清扫；控制车间温度稳定等。包装材料的控制方法常用的有：通风、干燥、防霉、防鼠；必要时进行消毒；内外包装分别存放。食品贮存时，物品不能混放，且要防霉、防鼠等。化学品要正确使用和妥善保管。工厂的员工必须经过培训，达到防止和认清这些可能造成污染的间接途径。任何可能污染食品或食品接触面的掺杂物，建议在开始生产时及工作时间每 4h 检查 1 次，并记录每日的卫生控制情况。

5. 有毒化合物的正确标记、储存和使用

食品加工中的有害有毒化合物主要包括：洗涤剂、消毒剂、杀虫剂、润滑剂、试验室用药品（如氰化钾）、食品添加剂（如亚硝酸钠）等。所有这些物品都需要有适宜的标记并远离加工区域，应有主管部门批准生产、销售、使用的证明；主要成分、毒性、使用剂量、有效期和注意事项要有清楚的标识；要有严格的使用登记记录和单独的贮藏区域，如果可能，清洗剂和其他毒素及腐蚀性成分应贮藏于密封的贮存区内；要由经过培训的人员进行管理。

6. 员工健康状况的控制

食品加工者（包括检验人员）是直接接触食品的人，其身体健康及卫生状况直接影响着食品的卫生质量。管理好患病或有外伤或其他身体不适的员工，他们可能成为食品的微生物污染源。对员工的健康要求一般包括：不得患有碍食品卫生的传染病（如肝炎、肺结核等）；不能有外伤，不得化妆，不可佩戴首饰和带入个人物品；必须具备工作服、帽、口罩、鞋等，并及时洗手消毒；应持有效的健康证，制订体检计划并设有体检档案，包括所有和加工有关的人员及管理人员，应具备良好的个人卫生习惯和卫生操作习惯；涉及有疾病、伤口或其他可能成为污染源的人员要及时隔离；食品生产企业应制订卫生培训计划，定期对加工人员进行培训，并记录存档。

7. 预防和清除鼠害、虫害

虫害的防治对食品加工厂是至关重要的。害虫的灭除和控制包括加工厂（主要是生活区）的全范围，甚至包括加工厂周围，重点是厕所、下脚料出口、垃圾箱周围、食堂、贮藏室等。去除任何产生昆虫、害虫的滋生地，如废物、垃圾堆积场地、不用的设备、产品废物和未除尽的植物等吸引虫子的因素。安全有效的害虫控制必须由厂外开始。厂房的窗、门和其他开口，如开的天窗、排污洞和水泵管道周围的裂缝等不能进入加工设施区。

采取的主要措施包括：清除滋生地和采用预防灰尘和飞虫进入的风幕、纱窗、门帘，适宜的挡鼠板、翻水弯等；还包括产区用的杀虫剂、车间入口用的灭蝇灯、黏鼠胶、捕鼠笼等，但不能用灭鼠药。家养的动物不允许在食品生产和储存区域活动。由这些动物引起的食品污染构成了同有害动物和害虫引起的类似风险。

第八章

冷链物流体系

　　近年来，随着社会经济水平的快速发展和人们生活水平的不断提高，对优质安全的肉类需求成为我国消费者的普遍行为取向。肉类的安全问题越来越受到人们的关注。我国作为世界上最大的肉类生产国，对肉类安全生产流通的需求也越来越迫切。冷链物流作为肉类安全流通的媒介，成为保证肉类品质的关键。

第一节　冷链物流概述

一、冷链物流概念

　　冷链物流（Cold Chain Logistics）泛指冷藏冷冻类食品在生产、贮藏运输、销售，到消费前的各个环节中始终处于规定的低温环境下，以保证食品质量，减少食品损耗的一项系统工程。它是随着科学技术的进步、制冷技术的发展而建立起来的，是以冷冻工艺学为基础、以制冷技术为手段的低温物流过程。

二、肉类冷链物流的特点

　　肉类食品的含水量高，保鲜期短，极易腐烂变质。这大大限制了运输半径和交易时间，因此对运输效率和流通保鲜条件提出了很高要求。由于肉类冷链是以保证肉类品质为目的，以保持低温环境为核心要求的供应链系统，所以它比一般常温物流系统的要求更高，也更加复杂。

首先，比常温物流的建设投资要大很多，它是一个庞大的系统工程。

其次，肉类食品的时效性要求冷链各环节具有更高的组织协调性。

第三，肉类冷链的运作始终是和能耗成本相关联，有效控制运作成本与食品冷链的发展密切相关。

第二节 肉类冷链物流的构成

冷链物流作为一种特殊的服务性商品，其构成要素不同于一般的生产制造企业。对冷链物流流程进行详细的分解，每一个环节进行价值分析，找出冷链物流的主要构成因素，成为目前冷链物流研究的重要发展方向。一般将冷链物流构成要素分为冷环境加工、冷环境存储、冷环境运输配送、冷环境销售四个方面，如图 8-1 所示。

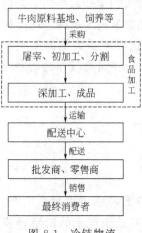

图 8-1　冷链物流

一、冷环境加工

冷环境加工是指根据冷链物流服务对象对温度状态的不同要求，在其加工环节对温度的调控。冷环境加工作为冷链物流的第一个环节，其质量的高低很大程度上决定了冷链肉类的品质。牛肉的冷却有空气冷却、盐水冷却和水冷却等，但目前一般采用空气，即在冷却室内装有各种类型的氨液蒸发管，以空气为媒介，将肉体的热量散发到空气中，再传至蒸发管，使室内温度保持在 $0\sim4℃$ 左右。冷却时间决定于冷却室温度、湿度和空气流速，以及胴体大小、肥度、数量、胴体初温和终温等。牛肉多冷却到 $3\sim4℃$，然后移到 $0\sim1℃$ 冷藏室内，使肉温逐渐下降；加工分割胴体，先冷却到 $12\sim15℃$，再进行分割，然后冷却到 $1\sim4℃$。

肉冷却的条件主要有冷却间的温度、湿度和空气流速。为了尽快抑制微生物生长繁殖和酶的活性，要尽快把肉温降低到一定范围。肉的冰点在-1℃左右,冷却终温以0℃左右为好。因而冷却间在进肉之前,应使空气温度保持在-4℃左右。应注意的是牛肉在pH值尚未降到6.0以下时,肉温不得低于10℃,否则会发生冷收缩。

冷却间的相对湿度(RH)对微生物的生长繁殖和肉的干耗(一般为胴体重的3%)起着十分重要的作用。湿度大,有利于降低肉的干耗,但微生物生长繁殖加快,且肉表面不易形成皮膜;湿度小,微生物活动减弱,有利于肉表面皮膜的形成,但肉的干耗大。在整个冷却过程中,水分不断蒸发,总水分蒸发量的50%以上是在冷却初期(最初四分之一冷却时间内)完成的。因此在冷却初期,空气与胴体之间温差大,冷却速度快,RH宜在95%以上,之后,宜维持在90%~95%之间,冷却后期RH以维持在90%左右为宜。

空气流动速度对干耗和冷却时间也极为重要。相对湿度高,空气流速低,虽然能使干耗降到最低程度,但容易使胴体长霉和发黏。为及时把由胴体表面转移到空气中的热量带走,并保持冷却间温度和相对湿度均匀分布,要保持一定速度的空气循环。冷却过程中,空气流速一般应控制在0.5~1m/s,最高不超过2m/s,否则会使肉的干耗显著提高,也增大能耗。

分割加工的冷却、结冻、冷藏包装过程中的低温环境,是抑制微生物繁殖的有效措施。分割车间的温度控制在7~12℃,排酸间的温度控制在0~4℃,结冻间温度控制在-28℃,包装间温度控制在10℃,肉品冷却的中心温度控制在7℃。

二、冷环境存储

冷环境存储是指按照冷链物流食品对其存储温度的不同要求,进行存储环境的温度调控,使食品在存储过程中都保持在合适的温度下,保证食品品质。牛肉的冷却方式如下。

1. 慢速冷却

冷却间库房温度为0℃,相对湿度为90%~95%,空气流速为0.5~1m/s,冷空气循环次数为80~100次/天时,经12d时,牛肉中心温度可以达到10℃。

2. 快速冷却

即隧道式冷却,牛从开始屠宰至牛白条进入隧道冷却需在2个小时内完成。再经 8h 的冷却，肉体中心温度大约是 20℃。羊和猪则相应地减少 4h。隧道式的快速冷却，2h 的宰杀冷却量为 16～18t（二分体的牛白条单片重 120～150kg，一般为 120kg）。冷却是通过两个阶段实现的，第一阶段冷却间空气温度为 -4～-2℃，相对湿度为 90%，空气流速为 1.5～2m/s。空气循环次数大于 200 次/天，时。第二阶段冷却间空气温度为 0℃，空气流速减小，这两个阶段实际上相当于两次不完全冷却。

3. 冷却肉的贮藏

冷却肉贮藏间库容量为 30～40t。库房温度为 0～4℃，相对湿度为 85%～90%，空气循环次数每小时不大于 30 次，在这种条件下牛肉的贮藏期是 4 个星期（羊和猪是 2 个星期）。在整个冷却过程中，采用专用的冷藏运输工具，并且采用自动屠宰加工线减少屠宰过程中污染环节。另外适当加快冷却速度和减少相对湿度，可延长贮藏期限，同时要控制和改变空气中的二氧化碳含量，在 5～10 之间为适合。

三、冷环境运输配送

冷链作业流程：牛肉的进货→存储领料→缓化→生产加工→成品存储→分播→装车及物流配送。

冷环境运输配送是指在食品长途运输或短途配送过程中，都需要根据食品保质的基本要求，利用冷藏车或是车载冰箱完成运输配送。冷环境运输一般包括长途冷藏汽车运输、集装箱运输、冷藏船运输等。在长途运输中，除了需要保证冷环境运输外，还要注意运输过程中保持温度的实时控制，保证运输温度的稳定性。除此之外，短途配送也是冷链物流的一个重要环节，目前由于我国冷链物流发展还比较滞后，在配送过程中常常会出现"断链"的现象，不能实现冷物流的"门对门"配送，严重影响了食品的品质。因此，冷环境运输应该充分利用我国现有的资源，积极发展铁路、公路、水路多种运输方式联合的运输配送模式，形成冷链物流的多式联运体系。

冷环境运输是冷链的硬件保证条件之一。发展和建设冷链应该有合适的冷藏库。有专业生产企业，能生产国产的质优价廉的速冻装置、冷藏保温车、冷藏集装箱、冷藏柜、解冻装置、与生产冷冻食品相关的辅助设备。

　　冷却肉装运前应该将产品降低到 0～4℃ 范围内，将冷却肉从一个保鲜库运送到另一个保鲜库或从保鲜库到零售商的过程中，运输时间少于 4h，可采用保温车（船）运输，但应加冰块以保持车厢温度，时间长于 4h 的，运输设备应能使产品保持在 0～4℃ 范围内，冷却肉运输时间不应超过 24h。在装货前，将车厢温度预冷到 10℃ 或更低。冷却肉运输时无论运输长短，运输车应配有自动温度记录仪器，以便及时对车厢内温度进行调控。产品入库、出库和装库与撞车、卸车的速度应该尽快，使用的方法应以产品温度上升最少为宜。产品装卸所使用的工器具、推车，在使用前后应进行清洗消毒，保持卫生。

1. 地运输

　　（1）卡车　这里卡车一般是指一体式的卡车，其制冷箱体是固定在底盘上的。也可以是多功能面包车，车厢后部与驾驶室分开并且进行绝热处理以保持货物温度。卡车的制冷系统分为两个大类：非独立式（车驱动）和独立式（自驱动）。非独立式使用卡车的发动机来驱动制冷机组的压缩机或者驱动发电机，然后通过发电机来驱动制冷机组的压缩机。独立式则有自带的发动机，通常是柴油发动机，以此来独立地驱动制冷系统，而无需借助车辆的发动机动力，见图 8-2。

图 8-2　卡车

　　（2）拖车拖头牵引的制冷拖车是另外一种运输方式　与安装在卡车上的独立式机组相似，安装在拖车车厢上的拖车机组尺寸更大，适应于需要更大制冷量的拖车厢体。拖车的制冷机组安装在箱体的前端，调节的空气通过拖车厢内顶部的风槽将冷空气送到车厢的各个部位并最终在压差的作用下回到制冷机组。跟卡车机组一样，拖车机组中的顶部送风系统通常不能对货物进行快速降温，因此承运人要确保在装货前将货物预冷到货物所需的合适温度。见图8-3。

图 8-3　制冷拖车

（3）铁路冷藏集装箱　拖车以及标准的冷藏集装箱都可以被用作铁路冷藏运输。一种特殊的拖车，被设计成能与火车底盘相匹配，也可通过铁路运输，然后采用标准的公路拖头将拖车拖至最终目的地，

图 8-4　铁路冷藏车厢

这些拖车采用与公路应用一样的制冷机组，经常采用空气悬挂系统。见图8-4。

（4）铁路冷藏车厢铁路冷藏火车车厢一般采用集成的自带动力制冷机组。其送风系统和拖车的送风系统类似，制冷系统将冷空气送到车厢的顶部，冷空气流经货物，从车厢底部返回。与集装箱类似，只要货物的堆放合理，满足气流布局要求，一般都可以长距离运输。通常用来运输不易腐蚀的货物，如柑橘、洋葱和胡萝卜等。一般车厢都要求很好的气密性，满足气调的要求。铁路运输方式具有大容量的特点，一般最多可运输 113m³，45t 的货物。

2. 水运

水上冷藏运输主要有两大类：一类是冷藏集装箱；另一类是冷藏船。

（1）冷藏集装箱　冷藏集装箱依靠电力驱动压缩机，其电力由船上的发电机或者便携式发电机提供。当集装箱到达码头之后，被转运到底盘上，这些底盘一般都会装有发电机组，即前文提到的发电机

图 8-5　水运冷藏集装箱

组。这样，装在底盘上的冷藏集装箱就可以像拖车一样，由拖头牵引，在陆路继续运输。见图 8-5。

（2）冷藏船　冷藏船的货舱为冷藏舱，常隔成若干个舱室。每个舱室是一个独立的封闭的装货空间。舱壁、舱门均为气密，并覆盖有泡沫塑料、铝板聚合物等隔热材料，使相邻舱室互不导热，以满足不同货货物对温度的不同要求。冷藏舱的上下层甲板之间或甲板和舱底之间的高度较其他货船的小，以防货物堆积过高而压坏下层货物。冷藏船上有制冷装置，包括制冷机组和各种管路。制冷机组一般由制冷压缩机、驱动电动机和冷凝器组成。

3. 空运

尽管成本高温控效果也不尽如人意，运输公司还是选择航空冷藏运输作为一种快速的运输手段，通常用来运输附加值较高，需要长距离运输或者出口的易腐货品，例如鲜切花及某些热带水果等。

当采用空运时，为了适合飞机某些位置的特殊形状，需要将货品装入集装器（ULD，也称为航空集装箱）。一般的冷藏集装器采用干冰作为冷媒，但是干冰作为冷媒具有一定的局限性：控温精度不高；没有加热功能；需要特殊的加冰基站等。近来 Envirotainer 公司推出的新型 RKNe1 系列航空温控集装箱解决了上述困扰，它采用机械压缩式制冷方式，使用英格索兰公司冷王（ThermoKing）品牌的 AIR100 制

冷机组。该航空温控集装器主要应用于一些特殊的温控运输用途，例如疫苗以及对温度敏感的药品（蛋白质类药物）等，其温度控制范围一般在 2～8℃，这些货品都具有很高的附加值。如图 8-6 所示。

图 8-6　空运集装箱

四、冷环境销售

冷环境销售是指食品配送到销售终端后，其销售环境也必须保证在低温状态下进行，它是冷链物流的最后一个环节。随着近年来我国各大超市的蓬勃发展，超市已经成为冷链食品销售的主要渠道，由于超市销售模式的规范性，一般可以保证冷链食品在低温环境下进行销售。但是目前我国除超市销售外，农贸市场也是冷链食品销售另一重要渠道，其杂乱的销售环境也必然导致冷链食品品质在该环节受到一定的影响。在食品冷链物流的建设过程中，应把涉及到的生产、运输、销售、经济和技术性等各种问题集中起来综合考虑，协调相互之间的关系，最终确保冷链食品在经过加工、储藏、运输配送和销售等环节之后的高质量消费。

肉类冷链包括冷冻加工、冷冻储藏、冷藏运输、冷藏销售四个重要环节。冷冻加工环节主要涉及的冷链装备是冷却、冻结和速冻装置。该冷链不仅要求产品本身低温，还要求加工环境低温，以有效抑制环境中微生物的繁殖。冷冻储藏环节主要涉及各类冷藏间、加工间的制冷，除了对温度有严格要求之外，对环境中的湿度也有严格要求。冷藏运输环节的核心是连续、精确、可靠的温度控制，这对冷藏车的性能及实时监控提出了非常高的要求。冷藏销售环节重点在于冷冻储藏和销售，肉类在超市的销售过程中还要经历冷藏、二次加工和销售三个小环节，而这一环节最关键的是冷藏柜的正确使用和销售人员的规范操作。在这四个环节中最不容易做好的就是温度控制。目前，这四个环节的相关技术和设备并不缺乏，主要的问题是设备使用率低下和技术操作不规范等。

第三节　冷链环节温度控制

一、冷库温度控制

1. 冷藏库门应随时注意关闭（随手关门）

一般情况下冷热空气相遇会发生冷热对流现象。冷空气在下流出，热空气在上流入。将会导致冷库温度迅速失温，即使有 PVC 门帘间隔，失温也在所难免。而关闭库门后，温度再次均衡又要花费很长的时间。随着冷库门的开启与关闭、温度的上升与下降，冷库内的肉品就会随温度的不断变化而导致品质下降。同时制冷风机不停地运转亦会浪费电能，造成不必要的经济损失。因此冷库门的开启与关闭一定要迅速，切不可有库门大敞的现象发生。冷却肉物流过程中温度监控示意图见图 8-7。

2. 冷冻冷藏库内应分区管理

成品、半成品、不同分类之商品应分区放置。一有利于商品管理，二避免不同分类商品堆放在一起造成交叉污染。

3. 冷藏库的温度应控制在−2～4℃之间

肉的结冰点的温度为−1.7℃，在这一温度下是冷藏肉品保存的最佳温度。而超市因其行业的特殊性做到这点比较困难，是以应将温度控制在 4℃以下。各店应有专人每日不少于 3 次对温度记录表作检查，并签字确认（建议应由当班负责人做该动作，店总每周一次作稽核）。如温度发生异常升致 4℃以上，当班人员应马上联系维修人员紧急检查并做相应处理。

4. 冷藏、冷冻库的商品应离墙放置，以利于冷空气的流通

现在冷库的墙角均为直角，很容易积存污垢，且不利于清洁。可

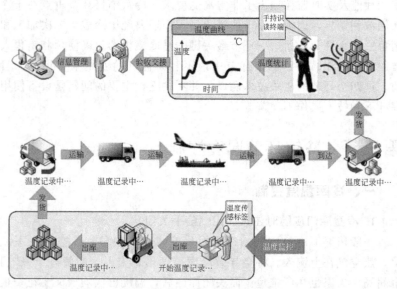

图 8-7　冷却肉物流过程中温度监控示意图（一）

考虑将直角改为半径 5cm 圆弧，一方面有利于清洁；另一方面也可很好的执行离墙放置商品的原则。各类杂物如备品、棉衣、胶靴、清洁用品等应严格禁止存入冷库，最大限度地减少微生物的污染源。

二、建立温度监控系统

应建立冷链物流温度测量与监控制度。冷链物流作业中，应明确物品在不同物流环节的规定温度要求、可允许的温度偏差范围、温度测量方法、温度测量结果的记录要求和保存方法要求。冷链物流所采用的设施设备应配备连续温度记录仪并定期检查和校正，应设置温度异常警报系统，应配备不间断电源或应急供电系统。温度监控流程如图 8-8 所示。

采用物联网温度传感技术、RFID 技术、移动网络通讯等技术，对食品、药品等对温度敏感的产品从生产、仓储、运输直到销售的全过程的温度变化信息进行实时化的监控管理，实现冷链供应链整个温度"生命周期"的信息的可视化管理化。该监控系统可与企业的 ERP 系统融合，实现企业的一体化管理。

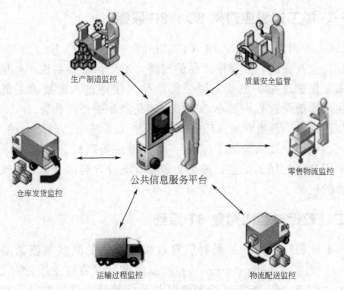

生产制造监控

质量安全监管

仓库发货监控

公共信息服务平台

零售物流监控

运输过程监控

物流配送监控

图 8-8　冷却肉物流过程中温度监控示意图（二）

第四节　冷链的全过程质量管理

对于冷鲜肉加工来说，运用冷链物流系统保证肉类产品在养殖、防疫、检疫、屠宰、加工、运输、销售直到烹饪前的整个过程始终处于 0～4℃ 的环境中，中间哪一环节控制不好，都意味着冷链的中断。保持低温是冷链的核心，从原料到成品，任何细小的温度变化都会导致细菌的滋生及食品质量的降低。在食品加工和流通过程中，当异常情况发生时，一般都非常难于正确把握究竟是哪一环节发生了哪些问题，这就要求对冷链系统的全过程进行实时温度管理。不但要建立温度记录，而且还要跟踪温度控制的情况。只有对冷链各环节中的运行状况实施严密、高效的管理监控，才能有效保障食品的质量安全。随着食品流通速度的加快和范围的扩大，食品流通中的不安全因素也越来越多，如何将先进的技术运用到冷链系统中成为关键问题。而在引进先进技术的同时，还应加强对工作人员的岗位培训。因此冷链物流系统比常温物流系统要求更高、更复杂，投资也更大。

一、加工过程应遵循 3C 、3P 原则

"3C 原则"是指冷却（Chilling）、清洁（Clean）和小心（Care）。也就是说，要保证产品的清洁，不受污染；要使产品尽快冷却下来或快速冻结，也就是说要使产品尽快地进入所要求的低温状态；在操作的全过程中要小心谨慎，避免产品受任何伤害。

"3P 原则"是指原料（Products）、加工工艺（Processing）和包装（Package）。要求被加工原料一定要用品质新鲜、不受污染的产品；采用合理的加工工艺；成品必须具有既符合健康卫生规范又不污染环境的包装。

二、贮运过程应遵循 3T 原则

"3T 原则"是指产品最终质量取决于冷链的储藏与流通的时间（Time）、温度（Temperature）和产品耐藏性（容许变质量）（Tolerance）。"3T 原则"指出了冷藏食品品质保持所允许的时间和产品温度之间存在的关系。冷藏食品的品质变化主要取决于温度，冷藏食品的品温越低，优良品质保持的时间越长。由于冷藏食品在流通中因温度的变化而引起的品质降低的累积和不可逆性，因此对不同的产品品种和不同的品质要求都有相应的产品控制和储藏时间的技术经济指标。

三、整个冷链过程的 3Q 、3M 条件

"3Q"条件：即冷链中设备的数量（Quantity）协调，设备的质量（Quality）标准的一致，以及快速的（Quick）作业组织。冷链链中设备数量（能力）和质量标准的协调能够保证冷却牛肉总是处在适宜的环境（温度、湿度、气体成分、卫生、包装）之中，并能提高各项设备的利用率。因此，要求产销部门的预冷站、各种冷库、运输工具等，都要按照冷却牛肉物流的客观需要，互相协调发展。快速的作业组织则是指加工部门的生产过程，经营者的货源组织，运输部门的车辆准备与途中服务、换装作业的衔接，销售部门的库容准备等均应快速组织并协调配合。"3Q"条件十分重要，并具有实际指导意义。例如，冷链中各环节的温度标准若不统一，则会导致食品品质极大地

下降。这是因为在常温中暴露 1h 的食品，其质量损失可能相当于在
－20℃下储存半年的质量损失量。因此，对冷链各接口的管理与协调
是非常重要的。

"3M" 条件即保鲜工具与手段（Means）、保鲜方法（Methods）
和管理措施（Management）。在冷链中所使用的储运工具及保鲜方法
要符合冷却牛肉的特性，并能保证既经济又取得最佳的保鲜效果；同
时，要有相应的管理机构和行之有效的管理措施，以保证冷链协调、
有序、高效地运转。

在上述条件中，属于产品特性的有原料品质和耐藏性；属于设备
条件的有设备的数量、质量，低温环境和保鲜储运工具；属于处理工
艺条件的有工艺水平、包装条件和清洁卫生；属于人为条件的是管
理、快速作业和对食品的爱护。其中，有些因素是互相影响的，如设
备条件对处理工艺、管理和作业过程均有直接影响。

四、质量检查要坚持"终端原则"

冷藏食品的鲜度可以用测定挥发性盐基氮等方法来进行。但是最
适合冷藏食品市场经济运行规律的办法，应以"感官检验为主"，从
外观、触摸、气味等方面判定其鲜度、品质及价位。而且，这种质量
检验应坚持"终端的原则"。不管冷藏链如何运行，最终质量检查应
该是在冷藏链的终端，即应当以到达消费者手中的冷藏食品的质量为
衡量标准。

参 考 文 献

[1] 曾洁，马汉军．肉类小食品生产．北京：化学工业出版社，2012.10.

[2] 高海燕，张建．香肠制品加工技术．北京：科学技术文献出版社，2013.9.

[3] 董淑炎．小食品生产加工7步赢利—肉类、水产卷．北京：化学工业出版社，2010.9.

[4] 高海燕，朱旻鹏．鹅类产品加工技术．北京：中国轻工业出版社，2010.9.

[5] 孔保华，韩建春．肉品科学与技术．第2版．北京．中国轻工业出版社，2011.7.

[6] 岳晓禹，李自刚．酱卤腌腊肉加工技术．北京：化学工业出版社，2010.12.

[7] 于新，赵春丽，刘丽．酱卤腌腊肉制品加工技术．北京：化学工业出版社，2012.5.

[8] 曾洁，范媛媛．水产小食品生产．北京：化学工业出版社，2013.2.

[9] 高翔，王蕊．肉制品加工实训教程．北京：化学工业出版社，2009.8.

[10] 董淑炎．小食品加工7步赢利—肉类、水产卷．北京：化学工业出版社，2008.10.

[11] 彭增起．肉制品配方原理与设计．北京：化学工业出版社，2009.1.

[12] 彭增起．牛肉食品加工．北京：化学工业出版社，2011.5.

[13] 赵改名．酱卤肉制品加工．北京：化学工业出版社，2010.7.

[14] 黄现青．肉制品加工增值技术．郑州：河南科学技术出版社，2009.10.

[15] 乔晓玲．肉类制品精深加工实用技术与质量管理．北京：中国纺织出版社，2009.4.

[16] 王卫．现代肉制品加工实用技术手册．北京：科学技术文献出版社，2002.7.

[17] 黄德智，张向生．新编肉制品生产工艺与配方．北京：中国轻工业出版社，1998.9.

[18] 张国弄．食品工厂设计与环境保护．北京：中国轻工业出版社，2013.1.

[19] 赵秀兰．冷藏技术．1990，(2)：42-44.

[20] 霍青梅．物流技术与应用（货运车辆），Truck & Logistics，2009，(01)：88-90.

[21] 中国冷链技术网 http://www.lenglian.org.cn/llwl/10/7863.shtml.

[22] 如何选用冷链运输车辆．http://www.lenglian.org.cn/llwl/10/8373.shtml.

[23] 国外食品冷链技术．http://www.doc88.com/p-545885622330.html.

[24] 甘艳．基于质量链的北京市肉制品冷链物流过程控制研究 [J]．北京交通大学．2012，
(09) 硕士论文．